国家出版基金项目
NATIONAL PUBLICATION FOUNDATION

“十四五”国家重点出版物出版规划项目
国家出版基金项目
国家自然科学基金重点项目(U23B2092)
国家矿山安全监察局重点实验室项目

煤矿安全监管理论与实践

著　　者　李　爽　刘蓝予
殷宗平　许正权

中国矿业大学出版社
· 徐州 ·

内 容 简 介

本书在论述我国煤矿安全监管特色和成功经验的基础上，首先讨论了当前我国煤矿安全监管所面临的主要问题及突出矛盾，提出了安全监管力的理论体系，包括其思想体系、作用规律、分析框架、发力和受力机制、实践与应用等。随后，对中国场景下的安全监管力作用机制进行了实证研究，重点检验了其在促进煤矿企业选择生产行为轨迹上的作用。最后，汇编了现有的煤矿安全监管方式方法及典型案例，编制了煤矿安全监管力的操作手册，以期规范解决煤矿安全监管的实际问题。本书还讨论了基于安全监管力理论架构实现中国煤矿安全监管新时代的行动方案及中国煤矿安全监管的新趋势，为新时代煤矿安全治理模式现代化提供理论借鉴。

图书在版编目(CIP)数据

煤矿安全监管理论与实践/李爽等著. —徐州：
中国矿业大学出版社，2025.3
ISBN 978-7-5646-6059-8

Ⅰ. ①煤… Ⅱ. ①李… Ⅲ. ①煤矿—矿山安全—安全管理—研究—中国 Ⅳ. ①TD7

中国国家版本馆 CIP 数据核字(2023)第 218453 号

书　　名　煤矿安全监管理论与实践
著　　者　李　爽　刘蓝予　殷宗平　许正权
责任编辑　章　毅
责任校对　王慧颖
出版发行　中国矿业大学出版社有限责任公司
　　　　　　(江苏省徐州市解放南路　邮编 221008)
营销热线　(0516)83885370　83884103
出版服务　(0516)83995789　83884920
网　　址　http://www.cumtp.com　**E-mail**:cumtpvip@cumtp.com
印　　刷　湖南省众鑫印务有限公司
开　　本　787 mm×1092 mm　1/16　**印张** 18.25　**字数** 308 千字
版次印次　2025 年 3 月第 1 版　2025 年 3 月第 1 次印刷
定　　价　98.00 元

前 言

安全监管学在很大程度上是一门实践科学，它探索监管主体如何通过监管资源的合理配置来有效督促和引导监管对象的行为活动，让监管对象在生产活动中尽可能少地出现违规行为，减少或者杜绝事故，以取得让监管主体满意的预期监管效果。在本书的写作过程中，作者深入安全监管实践一线，收集了大量有关安全监管力实践的素材，进行了理论逻辑加工，进一步完善了安全监管力思想，并发展了安全监管力理论架构，编写了安全监管力的操作手册。在本书中，作者以安全监管力（本书中也简称“安监力”）思想作为逻辑基础，把安全监管力定义为监管主体对于监管对象的作用，当监管主体将安全监管力作用于监管对象时，后者的心理、行为及其嵌入的结构会发生相应的变化，也就是说监管对象会发生心变（心理变化）、形变（心理和行为所嵌入的组织结构或者关系的变化）或者行变（行为变化或者行动变化）。安监力作用使得监管对象“发生变化”或者保持不变，从而达到让监管对象不出事故或者少出事故，以实现监管方所预期的目的。在监管实践中，安全监管主体可以灵活改变监管力的作用：既可以对监管对象施加推力，也可以施加拉力。安监力既表现出科学性，也表现出艺术性。对于被监管方，监管方既要放权，又要适当加以引导，才能取得良好的安全监管效果。因此，从安全监管力的视角来看，煤矿安全监管学“既是一门科学，也是一门艺术”。安全监管力在本质上具有“力的属性”，而在实践中又具有艺术的属性。同样的安监力，发力主体不同或者受力对象不同，其作用效果会出现明显的差异。

本书内容主要包括八个部分，分别是：

第一部分主要论述了我国煤矿安全监管的特色和成功经验。煤矿安全监管实践的演化历程充分表明，我国的煤矿安全监管工作取得今天的巨大成就是来之不易的，也不是偶然的，这与我国的煤矿安全监管主体的巨大付出是密不可分的，充分体现了监管主体的卓越智慧和非凡领导力。监管主体在长期的煤矿安全监管实践中所形成的智慧、领导力及经验则构成了煤矿安全监管学的思想基础。

第二部分主要讨论了当前我国煤矿安全监管所面临的主要矛盾及成因。煤矿安全监管主体一方面不断强调煤矿企业主体责任制度建设，另一方面又不断加强对企业日常生产的管控，形成所谓的监管悖论，导致企业在主体责任制度落实上左右为难。另外，虽然当前我国煤矿安全监管取得了巨大成就，但煤矿安全监管投入巨大、监管承诺不断升级，这种高消耗、高成效的监管模式使得监管主体因承受着巨大职业压力导致职业倦怠问题突出，企业也疲于应对各级监管部门的频繁检查，煤矿安全监管的集约仍然存在不足，这与我国当前构建节约型社会愿景也存在一定的矛盾。而解决我国煤矿安全监管中出现的主要矛盾及成因正是本书的重点之一。为了突出研究重点，本书对中国的煤炭主产区所存在的安全监管问题加以分类，并选择具体地区的煤矿安全监管工作作为典型案例，深入讨论我国煤矿安全监管所面临的九大问题和四大突出矛盾。

第三部分主要研究了安全监管力理论体系。这部分是本书的创新点和理论基础。首先梳理了安全监管力的实践基础及发展历程，并在此基础上对于安监力概念进行了细化和界定，逐步发展成了安监力理论体系。该理论体系主要包括安监力的思想体系、作用规律、分析框架、发力和受力机制、实践与应用等内容。

第四部分对中国场景下的安监力理论进行了实证研究，重点检验了安监力在促进煤矿企业选择生产行为轨迹上的作用，研究结果表明，在不同类型的安监力作用下，煤矿企业的安全表现差异显著。

第五部分汇编了煤矿安全监管方式方法及典型案例。现有的煤矿安全监管方式方法主要是根据高层抓安全工作的战略思想和监管实践经验的不断总结而逐步形成的。如果监管主体在实践中的煤矿安全监管做法能够案例化或者实例化，这将有益于提高现实中的典型煤矿安全监管做法的可复制性和可推广性，避免监管部门的主要负责人离任后继任者又要重走前任已经摸索过的煤矿安全监管方式方法旧路。这部分可以为新任煤矿安全监管负责人快速掌握煤矿监管方式方法提供参考。

第六部分是安全监管力实践操作手册，用于帮助监管主体把安监力理论准确地运用于实践。安监力操作手册是促进安监力理论实践推广普及的必要一环。一旦安监力操作手册汇编完成，监管主体在监管实践中就可以与其对照来规范解决煤矿安全监管中的实际问题。

第七部分主要讨论基于安全监管力理论架构实现我国煤矿安全监管新时代的行动方案及煤矿安全监管的新趋势。这部分内容涵盖了基于安监力理论框架实现煤矿安全生产“零死亡”的行动方案，实现煤炭产业去污名化的行动方案，实现安全管理、监管及治理一体化的行动方案以及基于大数据、人工智能的新时代煤矿安全治理模式。

附录部分收录了支持安监力理论分析所需要的事故统计数据。

书中疏漏之处，恳请广大读者批评指正。

著　者

2023 年 6 月

目 录

第一章

我国煤矿安全监管的特色及成功经验

近20年来,我国煤矿安全监管越来越规范,已经构建起了相对完善的安全监管制度,让中国煤矿安全监管逐步从人治过渡到法治,取得了举世瞩目的成绩,同时也通过一系列安全监管方法方式的改进和创新,大幅度提升了安全监管效率,快速推动了煤炭行业整体安全监管水平的显著提升[1-2]。从统计数据上看,近年来煤矿重特大事故数量逐年持续下降,目前约为20年前的1/20,取得这样的成绩与煤矿安全监管规范化、煤矿安全监管方式方法的创新和持续改进是密不可分的。另外,实践证明,在中国煤矿生产中重特大事故从多发到偶发的过程中,煤矿安全监管发挥了非常关键的作用[3]。监管主体在大量的煤矿安全监管实践中积累了丰富的经验、智慧,形成有效措施,并以此为基础形成了实践中特别“管用”的煤矿安全监管方式方法[4]。但这些方式方法有的只有寥寥几个字,具有高度的思想性和自由发挥性,在执行上具有随意性,缺乏规范化和理论依据。针对上述问题,我们通过实地调研,对这些安全监管中的经验、智慧和措施进行系统的总结、整理及加工,力争形成有体系、能够反映中国煤矿安全监管智慧的理论及方法,向世界范围输出中国时代背景下的彰显中国制度优势的安全监管理论。这样做一方面可以推动中国煤矿安全治理体系和治理能力的现代化，另一方面也可以扩大中国在世界舞台上的影响力。

当前，尽管中国煤矿安全监管已经取得了巨大成绩，但仍然面临着很多挑战。首先，虽然我国煤矿企业数量相对于20年前已经大幅度减少，但和世界其他主要产煤国相比，我国煤矿企业绝对数量仍然众多，行业集中度仍然偏低，从业人员素质参差不齐，“三违”多，事故隐患仍然存在，没有从根本上消除诱发重大事故的致因，煤矿重大事故每年仍然偶有发生[5]。其次，我国煤炭开采技术和工艺多样，标准多，各个地方都或多或少有自己的“土办法”，这给统一监管造成较大难度，意味着安全监管体系中仍然存在某些漏洞。第三，煤炭产业在不同地区产业结构中的地位不同，监管主体难以但又常用统一的政策和标准来应对不同地区煤矿在生产中暴露出的安全问题，这种“一刀切”的手段在现实中常常遇到“水土不服”的问题。尽管我们在调研中发现监管部门有关煤矿安全监管工作的困难很多，但一个不争的事实是，虽然我国煤矿安全监管很难干、挑战多，但还是能管好，而且可以管得很好。在良好的安全监管机制作用下，一些产煤区既能够做到煤矿生产高产高效，还能够把事故率保持在非常低的水平。这充分说明虽然煤矿安全监管工作不好干，但在不同层级的监管部门和煤矿企业的共同努力下，还是管好了，而且有些地方还管得非常好。如果我们能对这些监管实践中所积累的成果、经验或者做法进行提炼和加工，形成规范化的煤矿安全监管方式方法，这对于推动中国煤矿安全治理现代化及促进煤炭产业可持续性发展都将具有重要的意义。本书的第一部分内容将重点对我国主要产煤区煤矿安全监管模式的特色和成功经验进行总结，从中发现中国煤矿安全监管的共性问题及主要矛盾，为找到最有效的煤矿安全监管方式方法提供实践依据。

第一节　重特大事故效应驱动的煤矿安全监管模式

重特大事故效应驱动型煤矿安全监管模式的典型代表是榆林地区，所以这种模式也被称为榆林模式。《煤矿安全生产标准化管理体系基本要求及评分方法(2020)版》中提到，本矿发生死亡事故或涉险事故、出现重大事故隐患，全国煤矿发生重特大事故，或者所在省份、所属集团煤矿发生较大事故后，开展1次针对性的专项辨识评估：① 专项辨识评估由矿长组织分管负责人和科室进行；② 识别安全风险辨识评估结果及管控措施是否存在漏洞、盲区；③ 编制专项辨识评估报告，有新增重大风险或需调整措施的补充完善《煤矿重大安全风险管控方案》；④ 辨识评估结果应用于指导修订完善设计方案、作业规程、操作规程、安全技术措施。换句话就是说，当发生重特大事故后，煤炭企业要通过开展相关专项检查，及时发现本企业存在的事故隐患或者其他不安全因素，增强事故预防和应急处理能力。自2019年1月12日起，榆林地区的煤矿安全生产形势发生了根本性的变化。2020年1月1日至9月4日，榆林地区发生的煤矿事故仅导致了一人死亡。在本书的写作过程中，笔者用了近一周时间对榆林市的各级政府、煤矿安监部门、煤管部门、企业内部安全监管单位及相关个人进行实地调研(见附录二)，结果发现在这段时间内榆林地区不仅煤矿安全生产形势焕然一新，煤矿企业对于安全的认知也发生了根本性的改变，主体责任意识越来越强，安全投入和管理的积极性也明显加强。一些成功的做法和经验在榆林地区得到了普及和坚持，取得了非常好的效果，也非常值得其他兄弟产煤区的安全监管部门学习并推广应用。

大量的事实表明榆林模式的成功有其必然性。陕西省神木市百吉矿业李家沟煤矿“1·12”事故(以下简称“1·12”事故)后，经过榆林市分管煤矿安全生产的党政干部近两年时间的励精图治，狠抓煤矿安全生产，以及各级安全生产监管主体的共同努力，榆林市的煤矿安全形势彻底改变，几乎杜绝了煤矿死亡事故，并且榆林市煤炭产业良好的安全形势已经形成了很好的可持续性。基于此，我们甚至可以认为榆林市已经在煤矿安全监管模式上实现了成功转型。榆林市煤矿安全监管部门及煤矿企业在促进煤矿安全监管模式成功蜕变方面投入了大量资源，积累了非常有价值的经验和做法，值得我们进行系统的梳理和提炼，以供全国其他仍受到安全问题困扰的矿区借鉴。从宏观上看，榆林模式的成功对推动中国场景下的煤矿安全生产治理能力的现代化有很强的积极意义。

总体来看，榆林模式主要有以下几个特征。

（1）政府重视，科学筹划。

榆林市不仅对煤矿安全非常重视，拔高对煤矿各种安全标准的要求，也非常注重如何把这些要求切切实实地贯彻下去。榆林市对于煤矿安全的重视不仅体现在“提高要求”上，更体现在严格落实所提要求上，实现了安全领导力和安全执行力的完美结合[6-7]。如图 1-1 所示，监管部门深入生产现场进行严管，夯实企业的安全生产基础，而企业按照高标准组织生产，生产过程中的安全问题也越来越少。目前榆林市已经完成了对于煤矿安全监管的各项改革，理顺了煤矿生产、安全及监管之间的关系。在制度方面，榆林市已经建立起高效的煤矿安全监管的各项制度；在安全技术和设备方面，榆林市推动了煤矿企业安全生产技术更新换代，全市已经淘汰了所有炮采采煤工艺，普及了综采采煤工艺，有条件的矿井也正在大力建设智慧矿井。

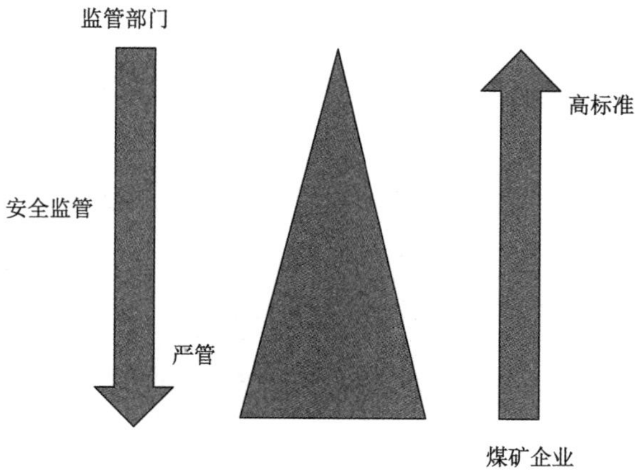

图 1-1 煤矿安全监管部门与煤矿企业之间的责任划分

(2)"严管就是厚爱"。

榆林市对于煤矿安全监管非常重视，发现问题后及时解决问题，秉持着煤矿安全问题拖不得的理念，把"严管就是厚爱"的煤矿安全监管的理念真正落到了实处。"1·12"事故后，榆林市的地方党政干部高度重视煤矿生产安全，不仅对煤矿安全生产提出高要求、高标准，也对自身监管工作提出高要求、高标准，逐步改变了煤矿从业人员和监管人员对于煤矿安全的认知。相关部门人员坚持每月下矿井检查一次，并且对检查中发现的问题实行闭环管理，在下一次检查中要确认上次检查所发现的问题是否得到解决。现场检查不仅要发现问题，还要高度重视问题有没有得到解决。这种看似简单的做法在煤矿安全监管实践中取得了非常好的示范效果，不仅明显提升了安全领导力，而且提升了主管领导的安全执行力[8-9]。对安全问题的闭环管理使得煤矿企业对于问题整改的重视程度增加，整改的效果也明显提升，久拖不决的现象少了，煤矿安全隐患也少了。

(3)重大事故效应推动安全承诺逐层升级。

"1·12"事故后，榆林市分管煤矿工作的市领导对于煤矿安全给出了承诺，而下级分管领导在市级领导的安全承诺驱动下又做出了更高的承诺，即不同层级领导对于煤矿安全的承诺随着管控层次的下降而逆向升级(安全承诺逐层升级)[10]。例如，神东煤炭集团有限责任公司(以下简称神东煤炭集团)长期贯彻执行安全风险预控体系，并不断更新和升级。该体系内嵌入的安全标准比国家标准更高更全面，这确保了神东煤炭集团长期稳定向好的安全生产形势。重特大事故效应驱动安全承诺逐层升级监管模式的核心特征之一就是安全承诺的自上而下升级。"1·12"事故是榆林市煤矿安全承诺逐层升级的触发事件。事故后，榆林市委对榆林市属地煤矿进行停产整治达半年之久，力图彻底扭转榆林市属地煤矿安全生产形势。监管部门提高了对于煤矿生产的安全标准，即市里下发的相关安全标准超过国家标准，区里贯彻执行的安全标准又超过市里的标准，煤矿企业贯彻执行的安全标准又高于区里的标准，如此循环，安全承诺逐层升级，监管部门和煤矿企业都对煤矿安全问题严防死守，最终在短时间内实现了榆林市煤矿安全形势的彻底改变。过去，有些安全问题已经被发现了，却可能拖了几年都得不到解决，但在"1·12"事故后，同样的问题几乎是几天就解决了。例如，井下要使用防爆车这个问题很早就被提出来了，但一直就没有得到解决，因为榆林地区都是低瓦斯矿井，大家都认为没有必要使用防爆车，"1·12"事故后，榆林市迅速将所有井下车辆都更换为防爆车。另外，榆林市规定矿长必须有大专学历，而府谷县则明确规定矿长必须具有全日制大专学历，该规定明显高于榆林市的规定。因此，榆林市安全监管方式方法的转变具有典型的事故效应驱动性，并促使不同层次责任主体的安全承诺逐层升级，在短时间内促进了榆林市煤矿安全监管模式的蜕变，监管主体和客体的安全思想、认知、意识及态度在短时间内发生了彻底改变。

（4）各级领导都强调人的因素在确保煤矿生产安全中的重要性。

榆林市特别强调了人在保证煤矿安全上的重要性，并把提高各层次煤矿从业人员素质作为煤矿安全监管的一项核心任务。目前，榆林市规定煤矿从业人员必须每年接受一次培训，自此，每年有 8 万多名矿工接受培训。为了提高培训质量，避免“走形式”，分管煤矿安全工作的市领导要参加矿长和煤矿实际控制人的培训，其他各级领导要参加相应级别的煤矿员工培训。据榆阳区安全监管部门的主要负责人介绍，该区的煤矿工人将近 30％文化水平有限，每年一次的培训在提高矿工素质上发挥了重要作用。经过两年多的培训，煤矿从业人员的素质明显提高了，安全意识和认知也明显提升，在工作现场中的安全主动性也明显提高了，“三违”问题明显减少，煤矿安全生产形势出现明显好转。煤矿企业也由过去的被动接受监管大踏步迈向主动接受监管，不仅主体责任意识加强了，而且能够在煤矿生产过程中积极贯彻主体责任机制，主动避免“三违”行为的发生。

（5）煤炭产业是榆林市的支柱产业，搞好煤矿安全是确保榆林市经济健康和可持续性发展的关键。

煤炭产业及煤化工产业是榆林市的支柱产业，也是陕西省产业结构的关键组成部分。榆林市经济发展的好坏主要取决于煤炭产业能否得到健康稳定的发展。榆林市的国内生产总值在陕西省的国内生产总值中占据较大比重，因而陕西省的经济发展在很大程度上依赖于榆林市煤炭产业的可持续发展。“1·12”事故发生后，榆林市的煤矿停产达半年之久，当年度各项经济指标都难以顺利完成，全市乃至全省的经济发展都遭受了巨大打击。之后，榆林市煤矿安全监管部门及被监管的煤矿企业都进一步认识到煤矿生产安全的重要性，要生产必须先抓安全。当前，抓安全促生产在榆林市已经全面展开，无论是监管部门还是煤矿企业的实际控制人都有很强的安全意识，并把安全作为煤矿生产的核心问题来抓，监管部门和煤矿企业在安全问题上达成共识，即搞好安全监管、杜绝煤矿事故。这不仅有利于企业的发展，也有利于地方经济的发展[11]，于国、于省、于市、于企业、于家都是百利而无一害的。“1·12”事故后，榆林市政府针对煤矿安全出台了非常严格的监管措施，比如一个区只要有一家煤矿出了安全事故，该区的所有煤矿都要停产整治。这种监管方式立竿见影，因为停产是煤矿企业的真正“痛点”，也成了监管部门的关键“抓手”。在兼顾地方经济发展的同时，榆林市的煤矿安全监管真正抓住了煤矿生产安全的“痛点”和关键问题，以与支柱产业相匹配的铁腕监管措施保障了支柱产业的可持续发展。

(6) 分级管控与跨级管控相交叉，真正实现了煤矿安全监管的全覆盖。

总体来看，榆林市在煤矿安全监管上的做法以分级管控为主、跨级管控为辅，分级管控和跨级管控相交叉，并在特殊时期对分级管控与跨级管控的主要功能进行翻转，运用了辩证的哲学思维，充分发挥了二者的优点，同时尽可能地回避了各自缺点。在日常监管中，分级管控发挥主导作用，跨级管控则发挥次要作用。也就是说，日常监管主要是通过分级管控来实现的，跨级管控只承担补充作用，弥补分级管控所存在的某些不足，如跨级管控可以让信息传输或者行政命令“走捷径”，避免分级管控行政命令一级级下达导致消耗更多的时间和监管资源。因此，榆林模式将煤矿安全监管“走常规途径和不走寻常路(捷径)”很好地结合起来。在正常情况下可通过一般的途径(走寻常路—分级管控)来管控煤矿安全；而在特殊情况下既可以通过跨层级的渠道获取各种煤矿生产安全的信息，又可以通过跨层级来管控煤矿安全。在重大事故后，既有的煤矿安全监管模式要进行重大革新，这时跨级管控就会利用监管权力的不对称性而担任煤矿安全监管的主导角色。因此，无论是分级管控主导还是跨级管控主导，两者之间都存在一定程度的交叉，从而确保了煤矿监管真正的全覆盖和不留死角。

(7) 事故效应驱动、学习效应驱动与行政权威驱动相结合。

事故效应是推动榆林模式快速转变的重要力量。榆林市发生的几起重大煤矿事故对于监管部门和被监管企业的安全意识、制度、科技创新等产生了非常关键的影响。首先，事故效应推动了人们安全意识上的沉疴发生根本转变，各级监管部门以及煤矿企业真正认识到了煤矿安全的重要意义，“安全是为了生产”，没有安全就没有生产，没有生产就没有地方经济的发展，就业、生活水平的改善也将受到影响。但事故效应无法一直保持下去。随着时间的推移，事故效应会逐步弱化，人们对于事故的惨痛记忆也会逐步减弱。“1·12”事故之前，榆林市发生过更为严重的煤矿事故，但这并没有能够从根本上阻止“1·12”事故的发生。“1·12”事故发生后，各级主管部门以及煤矿企业大多只受到了此次事故效应的影响，鲜少提及之前的重大事故。这说明“1·12”事故之前的事故效应已经严重弱化，对煤矿企业的警示作用已经非常有限。为了避免同样问题的重复出现，榆林市运用“行政权威”开始充分挖掘“学习效应”的作用，将“1·12”事故拍摄成警示片，定期让监管部门和煤矿企业观看，不断强化事故对于人们的警示效应。其次，事故效应推动了榆林市安全监管制度的建设、创新及完善。“1·12”事故发生后，榆林市狠抓制度建设，构建和完善了一系列的煤矿安全监管制度，并确保了这些制度在现实中被落实。监管部门通过各种专项整治、异地安全互检制度、“黑名单”制度、安全积分制度、安全风险抵押金制度（计划扩展到5级矿长）、重大隐患举报制度（目前还没有人因为举报重大隐患而受到奖励）及矿长下井跟班制度等狠抓制度落实和执行，不仅重视制度的有无和规范问题，而且强调制度的执行和落实问题，高举“有制度不执行就是最大隐患”的安全监管理念，迅速遏制了煤矿生产中伤亡事故的发生。最后，事故效应促进了煤矿安全生产的技术创新。井下使用非防爆车问题很久之前就暴露了，但一直没能得到重视。“1·12”事故后，在事故效应及相关部门的积极推动下，井下所有非防爆车辆在短时间内更换。

（8）抓关键少数。

榆林市各级监管部门在实践中把抓关键少数真正落实到位。榆林市煤矿安全监管部门遵循抓关键少数的原则，关键的问题要找关键的人来解决。在分级管控的监管体系内，关键的人一定是金字塔结构顶部的少数人，这些人在煤矿安全生产中扮演了关键角色。矿长和实际控制人是各级监管部门抓关键少数的重点，监管部门到现场检查首先要找的就是矿长。虽然矿长未必是煤矿企业的实际控制人，但矿长全面负责煤矿生产与管理工作，对煤矿生产的各个环节都非常了解，也能够把监管部门发现的问题及时准确地报告给实际控制人。榆林市大量的私有煤矿是煤矿事故的主要发生地。过去，监管部门把矿长作为煤矿安全监管的主要抓手，对私有煤矿实际控制人则很难进行有效控制，以致很多矿主让矿长担任企业法人，这样做的好处是万一煤矿发生事故，受到惩处的是煤矿企业的法人，实际控制人则不会受到多少牵连。因此，榆林市的私有煤矿曾经存在一定程度的“管不住”问题。“1·12”事故后，监管部门对既有的监管制度进行了创新，拓展了事故担责的责任链宽度和广度，不仅要对矿长追责，也会对实际控制人进行追责，甚至对监管部门自身进行追责。榆林模式从抓关键少数入手，多管齐下，有效解决了“管不住”问题，从根本上解决了困扰地方煤矿生产安全问题。

（9）榆林模式表现为高投入、高消耗和高成效。

这种安全监管模式在“1·12”事故后在短时间内取得了显著成效。但这种成效是以高投入和高消耗为前提的。“1·12”事故后，榆林市所有煤矿停产整治达半年之久，这对于以煤炭产业为支柱产业的榆林市经济发展造成了严重的负面影响，经济发展放缓，但煤矿安全的治理投入却大幅增加（即高消耗），直接导致榆林市乃至陕西省难以完成当年的经济指标。“1·12”事故后，榆林市出台了一系列煤矿安全政策，规定一个地区如果有一家煤矿发生重大伤亡事故，全区煤矿都要停产整治。这种监管方式最终都会对地方乃至全省的经济发展造成巨大负面影响，主要是通过惩治性、高消耗来取得监管主体所预期的监管效果。在煤炭资源丰富、赋存条件好、采煤技术先进、煤炭产业是一个地区支柱产业等条件下，上述的这种安全监管方式是有效的。此外，榆林市还针对煤矿生产安全出台了一系列的严管严惩制度，多名煤矿生产安全监管相关人员被追责，导致继任工作人员在随后的任职中不仅任务多，而且压力大、责任重。榆林市煤矿基本上是低瓦斯矿井，几次重大事故后，监管部门的安全承诺不断升级，对煤矿安全投入巨资，几乎达到不惜代价的程度（高投入），如井下的所有车辆更换为防爆车、在采空区建隔离墙、开展采空区普查、煤矿安全从业人员每年一次的全员培训等。目前，榆林市的煤矿安全标准很多都大大高于国家标准，这些都意味着巨额的安全投入。另外，监管部门严抓煤矿生产安全的日常监管，真正做到煤矿安全监管不搞形式主义。煤矿企业几乎每天都要接受检查，而接受检查时矿长必须在场，这也意味着巨大的监管资源投入。总体来看，这种监管模式是卓有成效的，榆林市在2020年上半年只发生一次伤亡事故，死亡一人，百万吨死亡率已经达到甚至超过一些发达国家，煤矿安全生产形势大好。

第二节 匹配产业发展衰退阶段的煤矿安全监管模式

煤矿安全监管模式在特定地区随煤炭产业所处的发展阶段不同而不断演变。总体来看,煤炭产业处于高速发展时期,其在特定地区经济发展中所处地位会较高,受重视程度也较高,安全监管的投入也较大,以此确保煤炭产业保持良好的安全生产形势。当煤炭产业处于衰退期,其在地方经济总量中的占比较低,受重视程度在形式上未必降低,但在实际执行中则会明显降低。本节将重点讨论煤炭产业处于衰退阶段的安全监管模式。

相对于榆林模式,匹配产业发展衰退阶段的煤矿安全监管模式(由于本部分内容是以黑龙江七台河地区煤矿安全监管模式作为调研背景撰写的,因此后文中我们也称之为七台河模式)也很有自己的特色,主要表现为以下几点。

(1) 领导力和执行力。

无论是现场检查还是安全监管政策的决策和运筹,监管主体都表现出高度的领导力和执行力。监管主体既能够对重大安全问题监管做到张弛有度,又能够在具体安全问题上做到细致入微,很好地解决了过去长期困扰七台河市煤矿的生产安全问题。在现实中,完善的煤矿安全监管制度是确保安全监管有效性的关键要素,但这并不意味着制度就是“万金油”,就能解决煤矿生产中出现的所有安全问题。中国传统文化特别强调人在解决现实问题中的重要性,也就是所谓的“事在人为”。当前,虽然形式上的煤矿安全监管制度很完善,但这些制度在现实中的可执行性却受到约束,而执行力和领导力是突破约束并弥补安全监管制度可执行性不足的重要手段。例如,在实地调研中发现,七台河市存在制度上要求关停的煤矿没有按时关停的问题,但监管主体可以通过“人盯人”的手段尽量确保煤矿生产安全。制度可执行性的不足可以通过领导力来弥补,从而形成“人治”与“法治”的互补性竞争。在煤矿安全监管体系内,“人治”和“法治”都会存在某种程度上的漏洞，但当二者形成良性的互补性竞争时，制度的可执行性会得到进一步提升。

（2）智慧和韧性。

在七台河市，监管主体在面对复杂多变的煤矿安全问题时，表现出高度的智慧和韧性，对安全监管方法进行类比和创新，发展出诸如“开小灶”“全覆盖”“抓关键少数”等表面看似相互矛盾实则具有完美构建主义效果的煤矿安全监管方式方法。在面对复杂和艰巨的煤矿安全监管问题时，监管主体不仅及时找准了需要监管的问题，同时也提出了切实可行的解决方案。制度的完善性并不意味着其具有高效的可执行性。当制度在现实中的可执行性不强时，监管主体的智慧和韧性就是确保监管有效性的关键条件之一。现有的制度并没有规定监管主体每年要到煤矿生产一线检查多少次，也没有规定要发文多少次，但为了把煤矿安全抓好，煤矿监管人员会不辞辛劳地跑现场，狠抓煤矿安全监管，不留安全“死角”，真正做到对于煤矿生产安全监管的全覆盖。当前，如果监管主体不表现出巨大韧性，煤矿安全监管的全覆盖就很难贯彻下去并取得良好效果。

（3）制度的同构性和相似性。

随着经济、社会及政治制度的逐步完善，我国也构建起了有中国特色的相对完善的煤矿安全监管制度，该制度与我国煤矿生产实践具有高度的匹配性，保证了其可以在不同区域进行传播和执行。由于不同地区的煤矿安全监管制度具有高度相似性，煤矿安全监管方式方法可以在不同地区进行无变异性的传播。监管主体可以把某些地区行之有效的煤矿安全监管方式方法普及和推广到其他地区，并且这些新引入的监管方式方法在执行过程中不会受到太大的阻力，可以确保煤矿监管“全覆盖”“一刀切”的方式方法在现实中具有可执行性和高效性。因此，也可以说制度同构性和相似性是监管主体领导力和执行力的保障。

（4）投入和勤奋。

新时代，各级监管主体对于煤矿安全投入了巨大热情和精力，这是确保煤矿安全监管有效性的重要影响因素。很多监管部门的工作人员大多数时间都在煤矿生产一线进行检查、调研、走访，通过对煤矿生产安全问题的紧抓不放、精心布局、细心执行，推动了一些存在突出安全问题的煤炭企业持续改善。当前，七台河市老旧矿区都存在不同程度的煤矿资源枯竭问题，某些不达标矿井被监管部门勒令关停，但仍然会偷偷生产。在这种背景下，监管主体需要投入更多的时间和精力来应对煤矿关停过程中可能出现的安全问题。从表面上看，完善的制度可以降低监管主体对于监管对象的可变性干预。但在一个地区的煤炭产业结构处于调整的关键时期，恰恰是监管主体对于监管对象的可变性干预确保了煤矿生产安全的平稳过渡。这推动了七台河市内部结构处于重要调整期的煤炭产业生产形势的持续稳定好转。

（5）良好的关系。

从监管与被监管的关系来看，监管主体和监管对象之间仍然存在某种程度上的利益冲突，如果监管主体和监管对象之间无法形成良性的互动关系，监管对象不配合监管主体的监管，那么监管措施也难以发挥出理想的效果。但是，调研发现七台河市在现行的制度体系下，监管主体之间、监管对象之间及监管主体与监管对象之间仍然能够保持着良好的关系。监管主体对于煤矿生产安全所存在的问题有着非常深刻的认识，能够及时找准并做到有的放矢。正是由于监管主体与监管对象之间建立起了融洽的关系，监管行为有效嵌入其中，才确保了煤矿生产安全监管的有效性。制度具有权威性，但其在现实中的可执行性会受各种现实关系的影响，如政治关系、社会关系、经济关系等。当监管主体和客体之间的关系高度融洽时，就会降低制度在现实中执行的阻力，从而确保监管行为的有效性。总体来看，七台河市监管部门与煤矿企业能够保持非常良好的监管与被监管关系，这保证了监管部门与被监管煤矿企业之间的良性互动，既可以帮助监管部门找准安全问题，又可以帮助企业将煤矿生产中存在的安全问题快速反馈给监管部门。

第三节　匹配产业高水平发展阶段的煤矿安全监管模式

这种监管模式主要适用于煤炭产业已经进入近稳态高水平发展的产煤地区。这类产煤地区通常表现出以下特征：煤炭产业是该地区的支柱产业，煤炭资源丰富，赋存条件较好，开采技术先进，整个煤炭产业经历长期的发展，煤炭产量已经趋于稳定。在国内，山西省是适用于近稳态平衡的煤矿安全监管模式的代表。山西省是产煤大省，监管部门针对山西省煤矿生产安全的特征和规律形成了适宜的煤矿安全监管模式。山西省煤炭储量丰富，煤质好，在过去很长一段时间内一直是我国煤炭产量最高的省份，是我国最重要的能源基地之一。山西省在煤矿安全监管上的做法、经验不仅对于本省的煤矿生产安全有着重要作用，对于其他兄弟产煤大省也有着重要影响。在本书的写作过程中，笔者通过对于山西省监管部门、监察机构及地方政府的深入调研，发现山西省煤矿安全监管模式的特色和成功经验主要有以下三方面。

（1）山西省是国内采煤技术、工艺及监管方式方法的引领者。

长期以来，山西省是国内最大的煤炭能源基地，煤炭产业为山西省乃至全国的经济和社会发展做出了巨大贡献，是我国煤炭行业当之无愧的“领头羊”“老大哥”。山西省的煤炭产业发展历史悠久，采煤技术、工艺包罗万象，既有清朝末年、民国时期的纯人工开采，也有中华人民共和国成立后的半机械化开采，更有如今的现代化智能开采[12-14]。开采技术、工艺及监管模式几经变革，山西省如今已经成为国内乃至世界的采煤技术和监管模式的引领者。在过去20年里，国内的采煤技术革新和监管方式变革大多数先行于山西省。例如，运用煤炭产业政策的调整来实现对于行业的监管最早就试行于山西，典型案例就是始于2001年的关闭小煤窑、整合煤炭资源、上马综采技术等。这是国内首次通过大规模推动煤炭产业政策的调整来引领煤炭产业监管方式的变革，从此我国煤矿生产安全形势迎来了20年巨变，年死亡人数从8 000人上下大幅下降到300人上下。技术和采煤工艺的变革使得煤矿安全监管方式也发生变化，这为当前推动矿山安全治理体系和治理能力现代化提供了必要的经验积累和探索。

（2）有担当煤炭行业“老大哥”的责任心。

长期以来，山西省煤炭产业在国内的能源供给市场上占有举足轻重的地位。山西省监管部门在煤矿安全监管上的一举一动都会在国内煤炭产业中产生非常大的溢出效应。关闭小煤窑、整合煤炭资源、推动煤炭行业技术革新等监管举措大多先行于山西，然后才向全国其他各煤炭主产区推广，对我国煤炭产业的发展产生了非常深远的影响。关闭小煤窑、整合煤炭资源、大规模推行综采、大幅减少下井人数等一系列监管举措的推行在减少煤矿重特大事故数量上取得了非常明显的效果，山西省煤矿生产事故的年死亡人数已经从2003年的496人大幅下降到2019年的52人。山西省煤矿监管部门在煤矿生产安全上取得的巨大成绩也使得他们拥有了担当煤炭行业“老大哥”的责任心，以至于山西省的煤矿安全监管部门认为国内的监管方法方式改革、煤矿安全治理体系现代化在很大程度上都要参考此监管模式。

(3) 煤炭工业是山西省的支柱产业。

作为煤炭大省，山西在保障全国能源供应上发挥着“压舱石”作用。煤炭产业在山西省具有特殊地位，煤炭对全省的贡献不仅表现在对经济的支撑作用，还显现于对财政收入、居民收入的提升里。各级监管部门对于山西省煤矿生产安全都高度重视，这是近年来山西省煤炭产业生产安全一直持续向好的根本保证。煤炭产业是山西省的支柱产业，对山西省的经济发展具有举足轻重的影响作用。因此，山西省把对于煤矿生产安全的监管作为确保全省经济健康持续性发展的基石。笔者在调研中发现山西省的各级政府及煤矿安全监管部门对于煤矿生产安全非常重视，高度认识到煤矿生产一旦出了重大事故，其负面影响不仅作用于煤炭行业，还会波及一些关联行业，如电力、煤化工、钢铁、炼焦等，牵一发而动全身。因此，只有从源头上抓好了煤矿生产安全工作，全省经济发展的持续性才有保障。

第四节 资源及区域依赖型的煤矿安全监管模式

在成书过程中，作者团队通过近半年时间的实地调研和资料分析，将我国的煤矿安全监管模式大体上分为4种，分别是匹配产业发展衰退阶段的煤矿安全监管模式、匹配产业高水平发展阶段的煤矿安全监管模式、重特大事故效应驱动型的煤矿安全监管模式以及资源与区域依赖型的煤矿安全监管模式。第一种安全监管模式是以黑龙江省七台河市为代表，主要以追求煤矿生产不出事为目标。第二种安全监管模式是以陕西省榆林市为代表，表现为高投入、高消耗和高成效。第三种安全监管模式是以煤矿大省山西省为代表，这种监管模式表现为高水平稳态平衡，煤炭产业在经济发展中占比很大，是支柱产业。第一种煤矿安全监管模式主要适用于煤炭产业已经严重萎缩地区，如河北省、陕西省中西部地区、重庆市、贵州省等。第二种煤矿安全监管模式主要适用于煤炭产业仍然处于高速发展且是一个地区支柱产业的地区，如陕北地区、内蒙古自治区和新疆维吾尔自治区等。第三种煤矿安全监管模式，也就是高水平稳态平衡模式主要适用于煤炭产业长期作为一个地区支柱产业的地区，如山西省。

除了上述三种典型煤矿安全监管模式之外，我们把国内还存在的相关煤矿安全监管模式都归为第四种——具有资源及区域依赖典型特征的煤矿安全监管模式。这种煤矿安全监管模式主要适用于煤炭产业在一个地区的GDP占比不高，但又有一定地位的省份或者地区，如山东省、河南省、河北省及安徽省等，这些地区的煤炭产业都曾经占据过非常重要的地位，但随着本省的经济发展、经济总量的不断增加，煤炭产业也逐渐从本省产业结构的重要一级退为次要一级，并在可预见的未来还会进一步萎缩。该模式主要适用的地区包括江苏省、广东省等，这些地方的煤矿安全监管模式具有典型的资源及区域依赖性，具体表现为机构设置不完整、功能缺失、人员编制少、监管任务少且简单。这些地区曾经也有煤炭产业，但煤炭产业任何时期都是处于从属地位。实证研究表明，一个地区对于煤矿安全监管的投入及重视程度与这个地区的煤炭产业的经济地位存在正相关关系。一个地区的煤炭产业在整个经济总量中的占比越高，那么该地区的地方政府以及煤矿安全监管和监察部门对于煤矿安全监管的重视程度和投入也越高。江苏和广东都曾经有小型化的煤炭产业，但在地方经济中未曾占据过主导地位，那么这些地区对于煤矿安全监管的重视与投入与山西、内蒙古及新疆这样的产煤大户相比都有很大差距。目前，广东省的煤矿安全监察机构仍然存在，但编制只有一人，这与山西省、陕西省动辄超过一百人的编制没有可比性。过去很长一段时期内，江苏的煤矿主要集中于徐州市。但随着徐州市的煤炭资源逐渐耗竭，大多数煤矿不是被关闭就是被停产，仍然继续生产的矿井已经屈指可数，江苏省的煤矿安全监管和监察的机构设置、人员编制与其他产煤大省相比也有诸多差异，规模小、人员编制少、监管对象少，监管投入也不上规模，煤炭产业产出在江苏省的经济总量中的占比已经越来越低(注：不足1 000万t)，江苏境内仍然在产矿井只剩下徐矿集团下属的张双楼煤矿以及大屯煤电集团有限责任公司下属生产矿井。煤矿安全监管其他模式的主要特征是监管机构在结构和功能上都已经非常不完整，人员编制少，监管对象少，监管任务少，面对的监管问题简单，基本上是通过“一对一”或者“人盯人”的方式就可以顺利完成监管任务，并且这些地区煤矿基本上处于停产和关闭状态，在客观上已经不具备发生事故的可能。

第五节　不同地区的煤矿安全监管模式的对比

通过对榆林市、七台河市以及河北、山西等省（自治区、直辖市）的煤矿安全监管现状的调研并对比，发现一个地区的煤矿安全监管模式及所采用的方式方法与该地区的煤炭产业发展所处的阶段、煤炭产业在该地区经济结构中的地位密切相关。煤炭产业发展阶段不同，煤炭产业在一个地区的经济和社会地位不同，监管主体所面临的监管问题也不同，因此要采用的监管方式不同，监管方式在实践中发挥的作用也不同。从几种典型的煤矿安全监管模式来看，不同的监管模式凸显了不同地区煤炭产业在地区经济结构中的地位；不同地区煤矿生产中突出的安全问题决定了该地区所采用的煤矿安全监管模式要因地制宜，以问题为导向，以实现监管目标为目的。

（1）调研中发现，榆林地区的煤炭产业发展与七台河地区呈现出不同的特点。榆林地区煤炭资源丰富，煤炭产业处于高速发展期；而七台河地区煤炭资源已经逐步衰竭。虽然榆林地区和七台河地区各自都有几百家煤矿，但榆林地区的煤矿产量普遍比七台河地区高。在榆林地区，产量 100 万 t/a 左右的煤矿都被称为小煤矿，而在七台河地区，这种规模的煤矿则可以称得上是大煤矿了。七台河地区当前还存在很多产量低于 30 万 t/a 的煤矿停产待整顿，而榆林地区则将要对产量为 100 万 t/a 以下的煤矿进行整合。另外，榆林地区的煤矿完成能力明显区别于七台河地区的煤矿。前者产量为 100 万 t/a 的煤矿可以非常轻松地完成，而后者产量为 30 万 t/a 的煤矿完成设计产能则会有某种程度的困难。榆林地区的煤矿在有安全保证的前提下有超产的能力，而七台河地区的煤矿则缺乏超产的能力。在采煤技术和设备上，榆林地区的煤矿基本上实现了综采，井下更新和投入了大量大型的先进设备。七台河地区的煤矿由于煤层薄，难以使用大型综采设备，一个班的下井人数多，安全风险更大。

(2) 煤炭产业发展阶段和特征的不同决定了两个地区所采用的监管方式方法不同，同样的监管方法在实际中取得的效果也不同。榆林地区煤矿产能潜力大、效益好，自身具有很好的安全重塑能力，对监管部门的要求能够较好地贯彻执行。而七台河地区的煤矿产能小、效益差，煤矿企业自身安全重塑能力差，安全投入的主动性差。

(3) 榆林地区煤炭产业处于高速上升期，其间发生了数起重大事故。事故发生后，监管主体及时开展了卓有成效的监管和督导，相关监管经验和做法很典型，具有在同类地区推广和应用的价值。七台河地区地质条件复杂，开采难度大，重大安全隐患多，在过去很长一段时期重大事故频繁，但经过企业和监管部门的共同治理，于 2018 年消灭了重特大事故，于 2019 年消灭了重大事故。七台河地区的成功经验同样具有代表性，可以向与七台河地区存在类似问题的产煤地区进行推广。

调研中还需要根据“拎出问题，有效督导”的煤矿安全监管思想，对这些成功的经验和做法继续深挖和总结。

(1) 从反馈干预理论和权力不对称的视角来看，现有的监管体系中主要以负反馈为主，而负反馈的方向主要为自上而下，监管部门对于煤矿企业的监管主要是以负反馈方式的惩戒为主，几乎是逢查必罚。而煤矿企业对于监管部门的负反馈则缺乏通道。这最终导致我国煤矿安全监管制度的制定过度依赖监管主体的认识，没有充分反映出煤矿安全监管的因地制宜性。在监管的实践中，监管部门屡屡会掣出“一刀切”的法宝。

(2) 煤矿安全监管如何从“管好”向“好管”进行转变。当前，基层煤矿安全监管部门的监管思路难以跟上高层领导监管思路的转变节奏。高层领导在监管思路上更开阔，不仅考虑“管好”的问题，同时还要考虑“好管”的问题。当前，榆林地区、七台河地区的监管部门的确把煤矿安全抓好了，重大事故、重特大事故基本消灭。但是，这种“管好”几乎是煤矿安全监管部门不惜一切代价换来的，监管主体和监管对象每天都承受巨大压力。因此，以事故数量作为考核的标准，监管部门的确把煤矿安全监管好了，但从企业和经济的可持续性发展来看，并没有做到“好管”。大量的现场检查、评比活动、行政干预、文山会海取代了制度力的作用，监管规章制度的执行随意性很大。长期下去，基层监管主体会养成严防死守的习惯，甚至认为煤矿企业不盯着管就不行。因此，现有的煤矿安全监管不仅要进行方式方法的创新，更要进行制度创新，同时还要提升制度在实践中的可执行性。

本章小结

本章是全书的基础。本章对我国当下煤矿安全监管的模式进行了梳理。从资源依赖及制度演化的角度来看，我国煤矿安全监管模式的有效性在很大程度上取决于煤炭资源、监管制度的交叉作用，以致煤矿安全监管很难采用“一刀切”的模式。总体来看，榆林模式、七台河模式、山西模式、山东模式是高效的监管模式，这些监管模式在长期的监管实践中已经与特定煤矿生产环境的煤矿安全监管呈现出高度的匹配性。也就是说，煤矿安全监管模式也服从匹配性原则，匹配性是决定监管模式有效性的基础。我国的煤矿安全监管模式不是单一的，不同的监管模式既有共性也有各自的特色。我国的主要产煤区都有与本地区监管环境相匹配的监管模式。

第二章

我国煤矿安全监管所面临的主要矛盾及其成因

过去 20 年，我国煤矿安全形势出现了根本性的好转，这可以说是我国煤炭产业发展史上的一大奇迹，充分体现了我国煤矿安全监管制度的优越性[15]。尽管我国的煤矿安全监管取得了巨大成就，但一些深层次的矛盾和问题仍然存在。笔者对于黑龙江省、山西省、陕西省、河北省等地的煤矿监管进行了实地调研以及深入学习国家矿山安全监察局在各地安全监察工作中的具体做法，在此基础上对中国煤矿安全监管存在的问题和突出矛盾进行了挖掘和总结。总体来看，我国煤矿安全监管主体在监管实践中积累了非常丰富的经验，这些经验需要不断学习和总结，同时也要不断挖掘煤矿安全监管实践中的成功做法所蕴含的智慧，并用理论、典型案例或者方式方法展现出来。一旦把这些经验和成功的做法转换为监管案例，并将其中蕴含的智慧展现在监管的方式方法中，本书的研究目标也就实现了。本部分内容将重点分析中国主要产煤区的几类典型煤矿安全监管实践所面临的主要矛盾及其成因。

第一节 产业衰退期产煤区近平衡稳态的煤矿安全监管

本节重点剖析煤炭产业处于衰退期的产煤区煤矿安全监管所面临的主要矛盾及其成因。总体来看，黑龙江省是煤炭产业处于衰退期产煤区的典型代表。目前，黑龙江省有很多煤矿面临着资源枯竭问题，有相当数量的煤矿需要关闭或者停产等待整合，安全问题比山西、陕西等省份要突出一些，也受到各级煤矿安全监管部门更高程度的重视，监管任务更加繁重、复杂。经过阶段性的调研，我们总结出黑龙江省七台河地区煤矿安全监管所面临的主要矛盾。

(1) 监管主体的高积极性与企业消极投入之间的矛盾，即“两热两冷”问题突出。

“两热两冷”即政府热、企业冷，老板热、职工冷。七台河市煤矿企业分布特点为地方煤矿多、国有煤矿少；大矿少，小矿多。国有煤矿安全管理水平较高，但因盈利较少、人才流失等原因，导致煤矿领导层能力有滑坡趋势，安全投入少，煤矿下井作业人员不专业、不固定、无培训，领导层背负巨大的安全压力，对如何改善也缺少明确的措施，极大地依赖于监管和监察部门。地方煤矿的所有者虽重视安全问题，但受制于认知水平、办矿理念、管理水平和人才等因素，煤矿安全管理环节薄弱，安全投入少，安全隐患问题突出。煤矿安全监管部门为遏制地方煤矿事故，采用派驻包干安全生产监察员的笨办法，这使得矿井的日常安全管理工作也要依赖煤矿安全监管部门。

(2) 监管各方存在形式和做法不一致问题。

监管主体之间、监管对象之间及监管主体与监管对象之间的关系并没有完全理顺，还存在形式上和做法上的不一致问题，以至于煤矿安全监管仍然存在“多头监管”“重复担责”等问题。总体上看，我国已经建立了非常规范的煤矿安全监管制度，但在现实中，监管主体的具体做法却与相关规定仍然存在差距，不同监管部门甚至存在职能重叠问题，导致责任边界模糊、监管资源重复投入等问题，从而使某些监管制度在实践中很难被有效执行。监管主体之间既存在上下级关系、平行关系，又存在不同职能部门之间的交叉关系，煤监、煤管及地方政府之间形式上的关系非常明确，但政府行为、监管行为、煤管行为之间又相互嵌入彼此之间的各种关系，以至于职能重叠、责任边界交叉，同样的安全问题则会暴露出多头监管、重复担责等问题。当前，良好的煤矿生产形势还是过度依赖于巨大的煤矿安全监管资源投入，安全监管效率还有可提升的空间。

(3) 做法多，方法单一。

现场检查仍然是当前煤矿安全监管最常用的方式，但未必是最有效的方式。煤监煤管部门的主要领导有些甚至一年有 200 多天都在煤矿做各种安全检查。当前，煤矿安全监管搞“全覆盖”“人海战”，既有具备专业知识的驻矿安全生产监察员，也有政府职能部门不具有安全监管专业知识的领导对煤矿进行包保。煤矿企业、地方政府、监管和监察部门认同上述的做法很有效，但大家对这种方法本身又不怎么认同，认为“人盯人”是笨办法，弄得政府部门、煤矿安全监管部门压力都很大，特别是分管煤矿安全监管的区长，每天都像在“走钢丝”。我国煤矿安全形势全面向好发展，其中煤矿安全监管主体发挥了非常关键的作用。当前，我国在煤矿安全监管方面积累了大量的经验和做法，但这些做法大多还没有能够进化为方法，已有的方法也比较缺少理论支撑，还存在煤矿安全监管做法多、方法单一、理论依据不足等问题，需要在未来一段时间内通过煤矿安全监管的理论创新来解决。

(4) 煤矿安全监管制度完善，但制度的可执行性仍有欠缺，并且煤矿安全监管方式单一。

煤矿企业需要投入大量精力应对监管部门的检查，这在一定程度上分散了抓安全生产的精力。在实际做法上，煤管和煤监部门最常用的监管方式仍然是发文和现场检查。上级发文，下级根据上级所发文件又发文，一级一级的监管部门依靠大量的发文来推进煤矿安全监管工作。各种各样的发文繁多，同样的事情每年也都发文，煤矿企业对上级部门针对同样的事情反复发文的情况也很困惑。上级部门不仅仅是发文，之后还要就发文内容对煤矿的相关管理人员进行考试，导致煤矿企业的管理人员每年要花费相当多的时间来学习这些文件的具体内容，以至于自己的日常工作也受到影响。文件多、规定多，但文件和规定在现实中的可行性并没有提升，导致很多文件和规定成了“摆设”，规定与文件和现实的做法并不一致。例如，上级主管部门三令五申要落实企业的主体责任，但现实中却是煤矿企业所要承担的责任被政府部门及煤矿安全监管部门承担了，它们不仅担当了煤矿企业“家长”“保姆”的角色，还扮演了煤矿企业安全总工程师的角色。

(5) 煤矿安全监管存在明显路径依赖性。

在长期的煤矿安全监管实践中，一些做法已经形成了路径依赖性。一些监管方式大家都认为非常合理，但在实践中难以贯彻执行，大多数人都想改变当前的安全监管现状，但又无能为力。煤管和煤监部门对现实中存在的问题很清楚，也提出很多解决方案想改变当前的煤矿安全监管现状，如监管的频次过高，有些煤矿甚至明确提出安全检查对他们的日常生产造成了干扰。当前煤矿安全监管的一个突出现象是：监管部门不愿意频繁到煤矿进行安全检查，企业也不愿意主动接受检查。监管主体和监管对象的关系出现了明显的改善。过去煤矿企业不仅不愿意接受检查，甚至会抗拒检查。现在虽然煤矿企业不愿意主动接受检查，但不再抗拒，发现问题就按照要求整改。长期下去，监管主体的频繁检查难以明显提升煤矿企业的安全主动性，反而强化了煤矿企业对于监管部门的依赖。当前，监管主体和监管对象都想改变这种现状，并且也提出了相应的解决方案，但这些方案却难以贯彻下去。我们在调研中获得的总体印象是：监管主体、监管对象对于监管实践中存在的问题具有高度共识，但解决问题的手段在现实中的执行有很大难度。大家都认为制度很重要，但现实的做法仍然有很多地方是不一致的，制度需要改变，却又难以改变。以企业的主体责任制度为例，监管部门每天到煤矿企业去检查监督，企业如何能承担主体责任？企业主体责任应该是企业自己主动抓安全，主动担责，而不是天天靠监管监察部门的推动作用去抓安全。

(6) 监管各方职责划分不清。

安全监管、监察和管理职能重叠，导致监管主体的责任不是加权式加和，而是累加式加和，难以划清责任边界，这使得煤矿安全监管主体难以抓住关键点。安全监管和监察在很多地方表现出资源重复投入的特点，如监管机构的职能重叠，煤监局和煤管局有不少职能相互重叠，尽管职能部门的名称有所不同，但具体的做法则基本相同，同样的问题有多个监管部门投入监管。企业主体责任是一种很好的制度安排，但在现实中这种制度并没有被很好地贯彻，导致本该企业承担的责任最后却分散到了政府部门、监管监察职能部门。制度是好制度，但安全监管实践的具体做法与这种制度安排存在不一致性，导致好的制度没有执行到位。党政同责在某些监管环境下模糊了“党”和“政”的责任边界，同样的问题让更多人承担了责任，降低了安全监管的投入产出效率，也降低了监管监察的边际效果。在现实中，职责重叠实际上是安全监管全覆盖、不留死角的另一种表现形式，同一安全问题，政府部门、安全监管职能部门、煤矿企业都要承担责任，这本身和煤矿企业承担主体责任存在矛盾，也没有把责任分清楚。目前来看，只要煤矿发生了事故，政府部门、监管部门的相关人员都要承担责任，但追责又没有建立在厘清不同责任主体的责任关系基础上。通常一个地方煤矿发生了恶性事故，区一级负责煤矿安全监管的领导都要被追责，有的甚至要承担刑事责任，尽管被追责的领导对之前的安全监管工作做得很好，但追责没有遵循“尽职免责、失职追责”的原则。当前，煤矿安全监管中的责任划分不是采用责任分担机制，而是采用责任叠加机制，重复担责，以致很多优秀的煤矿安全监管人才因追责而被“消耗”。责任分担机制意味着责任主体所承担的责任有大有小，责任的总量不变；责任叠加机制意味着同样的问题，不同的责任主体所承担的责任叠加起来成倍地高于责任分担机制下的责任主体所应该承担的责任。

（7）监管主体的工作量巨大，效率有待提升。

煤矿安全监管主体所扮演的角色太多、太复杂，时间和精力消耗巨大，存在一定程度的工作疲劳问题。一人需要承担多种角色，不同人员之间的角色又会相互重叠，以至于在监管实践中同样的工作会由不同的监管主体重复做多遍。同一个煤矿，同样的问题，煤管部门会来现场检查，煤监部门也可能会来检查；上级部门检查完不久，下级部门又紧跟着来检查。不同监管部门缺少有效的信息共享机制，导致安全监管主体重复发力，对同一个问题反复解决。究其原因，主要是现有的岗位考核制度决定了监管实践中的做事原则。在监管实践中，大家都在比谁做的工作多，而不是工作的质量和效率，而煤矿安全监管是一项复杂的系统工程，不能仅看投入而不考虑效率和质量[16-17]。当前，安全监管投入不惜代价，不仅监管成本高，企业接受监管所要承担的成本也非常高。例如，大多数监管主体的现场检查通常有较多的企业人员陪同，特别是煤矿一把手，他们必须放下正在做的工作，这可能会影响煤矿的安全；如果完全不会影响煤矿的工作，就意味着这些陪同人员（煤矿主要负责人）在维护煤矿生产安全环节上发挥的作用微乎其微，可有可无。可现实却是，很多监管主体不是在陪同上级领导检查，就是自己在煤矿检查。如果把煤矿安全监管看成是一场大戏，那么高层次的煤矿安全监管主体既要担当"导演"的角色，又要扮演"演员"的角色。目前，国家局、省局的领导每年需要去现场开展大量的监管工作，工作量非常繁重，工作和生活之间的界限模糊，疲劳工作时常发生，也在一定程度上影响了他们的生活质量；即使回到家里，请示汇报的电话仍然不断，白天黑夜心里都紧绷一根安全的弦，精神处于高度压力之下，难以放松，而这又会影响他们监管工作的质量。总体来说，我国煤矿安全监管主体在实践中做了大量卓有成效的监管工作，但不可否认，安全监管投入巨大，监管效率也仍然有提升空间，应该处理好监管成效与监管主体福祉之间的矛盾。

（8）煤矿安全监管实践高度嵌入各种关系。

煤矿安全监管实践高度嵌入各种关系，如工作关系、人际关系等，因此正常的安全监管活动受到很多制约。在实践中，煤矿安全监管领导反复强调其中所存在的利益关系。理论上，这种利益关系被称为安全监管的嵌入性，监管主体向监管对象施加的安全监管力会受到嵌入关系的影响而发生偏离和不聚焦问题，导致安全监管难以做到独立、公正和客观[18]。以"关停产量为 30 万t/a以下的煤矿"这项安全监管措施为例，调查中可发现这个官方支持的正式的煤矿安全监管措施在有些地区却难以有效执行，那些已经被要求关停的煤矿在某些特殊条件下仍然能继续生产。在其些极端的情况下，即使是监管部门在现场检查中发现应关停的煤矿没有按期关停或是根据举报线索获悉某个应关停的煤矿没有如期关闭，但这类煤矿仍然能继续生产。一些煤矿按照规定被责令停产，但煤矿关停涉及的关系非常复杂，既要考虑地方经济发展、就业问题，同时也要考虑投资者回报及法律依据等问题，导致在多方关系的斡旋下仍继续生产，而且相当多层级的监管主体都很清楚这些事情。因为现有的煤矿安全监管制度并不是完全独立存在的，煤矿安全监管与地方政府、职能部门存在密切的联系，即使是"明察暗访"也是相对的。监管部门、政府部门及煤矿企业之间已经形成了相对稳定的约束关系。例如，省一级安监部门独立于行政部门，地方政府并不能决定其人事任免。在实践中，监管活动、企业的生产活动受制于这些关系，当安全监管力作用于监管对象时，上述关系会导致安全监管力出现偏离和不聚焦的问题，煤矿安全监管会和政治关系、社会关系等融为一体。由于煤矿企业、地方政府、监管部门长期以来形成的相对稳定且固定的关系，极少数已经停产的煤矿仍然会违规生产。众所周知，那些被责令停产的煤矿若继续生产会面临着巨大风险，一旦发生事故，这个关系网中的很多主体都会被追责。尽管如此，违规生产仍会发生。煤矿企业停产不仅是"停产"这个简单的问题，还会涉及煤矿企业投资者的投入回报问题、地方政府的就业及财政收入问题、社会稳定问题等。煤矿安全监管主体应该充分利用监管活动的嵌入深度与广度、监管主体与监管对象之间的融洽关系为监管主体抓煤矿安全监管问题提供便利。

(9) 当前的煤矿安全监管体系所采用的业绩考核机制在一定程度上增加了监管对象的负担，导致了所谓的悖论式煤矿安全监管实践。

当前，全覆盖、不留死角的安全监管模式取得了非常好的效果，我国煤矿生产安全形势持续改善，但与 10 年前相比，百万吨死亡率下降的速度已经明显放缓，这意味着安全投入的边际收益明显下降。近年来的事故统计数据进一步证明，我国的煤矿安全监管投入促进事故下降的边际效益在快速下降，更高的安全投入并不能进一步改善煤矿安全状况。

当企业处在快速发展的阶段，全覆盖、不留死角高投入型煤矿安全监管方式方法是非常有效的，而当煤矿企业的产值和利润都处于下降阶段，则可能让企业背上比较重的负担。煤矿安全监管实践中，监管部门以罚代管的做法仍然普遍，甚至成了业绩考核的一个指标，当年的罚款如果比上一年的罚款增加了则被认为是监管工作到位。另外，国家矿山安全监察局定期发布罚款额也在一定程度上加大了执法主体的罚款力度。对于那些收入和利润都处于快速增长的煤矿企业来说，它们本身就可以在安全问题上大力投入，因而被罚款的可能性较小。但越是经营困难、安全投入不足的煤矿企业越要搞全覆盖和不留死角的安全监管，越是需要安全投入，可企业本身就经营困难，又要经常被罚款，安全投入的困难便会越来越大，于是被监管的强度又会随之加大，这就会形成所谓的安全监管悖论。

第二节　产业动态高速发展的煤矿安全监管

本节重点讨论煤炭产业处于动态高速发展的产煤区煤矿安全监管面临的主要矛盾及其成因。总体来看，陕西省榆林地区是煤炭产业处于高水平稳态平衡产煤区的典型代表，该地区的煤炭产业仍然在高速发展，遏制煤矿生产重大事故仍然是煤矿安全监管的“重头戏”。总体来看，榆林地区在经历了近年来发生的几起重大煤矿安全事故之后，致力于解决长期以来在煤矿生产中积累下的“沉疴”，目前已经将煤矿安全生产管理得较为出色，煤矿安全生产形势持续改善，恶性事故的发生频次已经下降到历史最低水平。客观地说，榆林地区的煤矿安全监管做得非常好，成绩有目共睹，其成功经验和做法非常值得其他煤炭主产区学习和推广。但是，我们在调研中也不断听到监管部门的一些焦虑及顾虑。负责煤矿安全监管的领导手机几乎是 24 小时待机，加班加点、跑现场更是天天有的事情，工作和生活之间的界线不明显，不仅工作压力大、精力消耗大，身心疲惫还不能及时恢复，存在很大程度的身心过劳问题，长期下去必然会形成不同程度的职业倦怠，造成煤矿安全监管体系中的内生式安全隐患。虽然榆林地区的煤矿安全监管做得很好，但这种监管方式是高消耗性的，可称为高消耗高成效的煤矿安全监管模式。煤矿安全监管模式实际上也是一种价值创造。对于煤矿企业来说，没有安全就没有收入，搞好了安全，生产才能持续，才能创造价值。煤炭产业是榆林地区的支柱产业。为了抓好生产安全，煤矿企业在生产安全上的投入是巨大的，是那些煤炭产业处于衰退期的煤矿企业难以承担的。总体来看，榆林模式是以榆林地区丰富优质易开采的煤炭资源和安全监管部门不计代价的投入为前提的，这种监管方式是否具有持续性到目前为止还没有定论。随着事故效应的衰减以及人们对事故沉痛教训的逐渐淡忘，这种高消耗性的煤矿安全监管方式可能也会遭遇某种困境。因此，榆林模式要想获得长期的成功并能够向其他产煤区推广需要处理好以下几个方面问题。

(1) 必须长期处理好安全领导力和执行力相互补充、相互促进的问题，避免因为人事任免而导致煤矿生产安全状况的起伏。

目前，一个地区煤矿生产安全的好坏在很大程度上仍然依赖于领导的重视和投入。榆林模式取得成功的关键也是领导重视。现任领导不仅高度重视煤矿安全，而且还具有高度的组织公民行为，做了很多本职责之外的工作。既有的制度并没有规定榆林市分管煤矿安全的领导要每月下一次井，并且每月要下的井是随机抽取的，是实打实地在煤矿生产班中进行检查，基本上都是夜班下井进行现场检查，不走过场，不搞形式主义。领导对于煤矿生产安全不仅是口头上非常重视，行动上也同样重视。但在现有的体制下，领导不可能在一个地方长期分管煤矿生产安全工作，当现任领导离职后，既有的安全监管做法能否继续保持下去？现任领导能够坚持每月下一次井，以后的接任领导能否仍然坚持这个频次？接任领导对井下安全工作能否同样认真细致地检查，并对发现的问题进行闭环管理？接任领导能否具有和前任领导同等程度的组织公民行为？因此，榆林模式要想获得长期的成功就必须处理好领导力和执行力的矛盾，以科学的制度将现有的成功做法确立下来，以后无论谁来管，制度是相对稳定的，制度的可执行性也是有保障的。

(2) 必须处理好当前煤矿安全监管模式的可持续性问题。

当前，榆林地区存在一定程度因为严格监管而导致的煤炭资源浪费问题。榆林模式获得成功关键原因是榆林地区煤炭资源丰富且优质、煤矿规模大，好开采、效益好，这为执行高消耗、高成效的煤矿安全监管模式构建了良好的物质基础。榆林地区的煤矿井下环境的风险要远远小于黑龙江七台河地区的煤矿，因而发生煤矿事故的概率也应该远远小于后者。榆林地区的煤矿事故主要成因是人的因素，环境因素占比很小。榆林地区的煤矿规模普遍较大，机械化程度高，效益好，这使得榆林地区的煤矿有能力通过技术创新来提升煤矿生产安全水平，从而杜绝恶性事故。近几年，榆林地区发生的几起重大煤矿事故让监管部门和煤矿企业痛定思痛，锐意创新，从根本上提升了煤矿生产安全的技术和装备水平，并在实践中取得了非常良好的效果，几乎能够杜绝煤矿生产中的恶性事故。但榆林模式也存在严重的煤炭资源浪费问题。由于监管部门对于火工品及采空区的严格控制，大量的边角煤都没有得到合理的开发利用，不仅浪费了煤炭资源，也招致了一些资源匮乏的私有煤矿企业的埋怨。监管部门与私有煤矿企业的矛盾仍然突出。因此，榆林模式适用于那些煤矿资源赋存好且易开采的产煤区域，如内蒙古自治区、新疆维吾尔自治区等，这些地区煤矿安全监管的好做法也可以较好地移植到榆林地区。但是，再丰富优质的煤炭资源也有耗竭的那一天。因此，榆林模式也要把眼光放得长远一些，处理好地方经济发展与煤炭产业发展的可持续性问题。

(3) 煤炭产业是榆林市乃至陕西省的支柱产业，榆林市及陕西省对于煤炭产业的依赖性过大，易发生经济发展中的“资源诅咒”问题。

2019 年，煤炭产业贡献了榆林市生产总值的 55.92%、陕西省生产总值的 8.97%。煤炭产业健康和可持续发展的关键就是抓好安全。煤矿安全监管是煤矿生产安全的保障，没有煤矿安全就没法生产，对于以煤炭产业为支柱产业的榆林地区来说，只有搞好了煤矿安全监管，煤矿生产不发生事故或者尽可能少地发生事故，榆林市乃至陕西省的经济可持续性发展才有保障。这种局面决定了各级监管部门对于煤矿生产安全的重视，对确保煤矿生产安全的技术及设备不惜代价地投入。但是，一个地区的经济发展高度依赖于某一类资源很可能发生所谓的“资源诅咒”问题——当煤炭产业长期主导榆林地区的经济发展方向时，就会挤占其他产业的发展空间。在就业上，人们会形成高度的共识——只有干煤炭才能赚钱，地方政府官员的业绩考核也会高度依赖于煤炭产业的发展，把大量的资源投向煤矿的安全监管，围着煤炭产业的发展转，导致煤矿安全监管不断升级(一般事故当重大事故抓，重大事故当重特大事故抓)，这又会进一步加剧地方经济发展对于煤炭产业的依赖性，一旦煤炭产业发展遇到“瓶颈”或者煤炭资源耗竭，就业人口会大规模外流，地方经济会出现大规模滑坡，并逐步失去活力，从此一蹶不振。

(4) 榆林模式中仍然存在“管得好”与“好管”之间的矛盾。

调研发现，榆林地区的煤矿安全监管所存在的问题很具有代表性，其成功做法非常值得其他地区的借鉴，但借鉴方要注意自己是否具备某些前提条件。我国煤矿安全监管所面对的问题不外乎以下四类：不好管又管不好；不好管但管得好；好管但没有管好；好管又管得好。榆林地区当前的煤矿安全监管现状基本上属于“不好管但管得好”。在几起重大事故发生之前，榆林地区的煤矿企业在生产安全方面的认知和警惕性都不高，认为当地煤炭埋深浅、地质结构简单、低瓦斯、水文地质条件也不复杂，是不可能发生重大事故的。但恰恰是这种不可能发生重大事故的煤矿最终发生了重大事故。因此，主管煤矿安全监管工作领导的观点是“在任何情况下都不能放松对于煤矿生产安全的警惕性”。煤矿生产安全服从于典型的墨菲定律——只要有发生事故的可能性，那么事故就一定会发生。因为煤矿安全生产“不好管”，稍有大意就可能发生意外。尽管现在榆林地区的煤矿安全监管工作已经做得很好了，成绩有目共睹，但主管领导依然特别强调要谦虚，不要过度宣传煤矿安全监管所取得的成绩，担心盛赞之下会出意外。榆林模式说明，虽然煤矿生产安全不好管，但能够管好，甚至能管得很好。显然，不是全国所有的产煤区都能具备和榆林地区一样的优势条件，而几乎每个地方的煤矿生产安全工作都不好管，当一个产煤区不具备榆林地区所具备的优势条件该怎么办？榆林地区的这种“不好管但管得好”的煤矿安全监管模式能不能逐步蜕变为“好管又管得好”的模式？当现任领导一旦调任其他职位，现有的制度、做法能否被接任领导接受并继续执行？如果接任领导上任后，看到的是一片大好的煤矿生产安全形势，还会不会继续保持前任领导那种对于煤矿安全的认知、重视及警惕性？如果不能，那么前任领导的做法就会逐渐被淡化，重大事故也可能会进入一个新的孕育周期。

第三节　产业高水平稳态平衡的煤矿安全监管

本节重点讨论煤炭产业处于高水平稳态平衡的产煤区煤矿安全监管所面临的主要矛盾及其成因。总体来看，山西省是煤炭产业处于高水平稳态平衡产煤区的典型代表，尽管其作为煤炭产业大省在长期的煤矿安全监管过程中总结和积累了非常成功的做法和经验，但项目组在调研中也观察到其煤矿安全监管模式存在的某些问题和矛盾。

(1)“老大哥”思想倾向严重，导致新的煤矿安全监管体系改革有一定的难度。

前文已经阐述，我国煤矿安全监管由乱至治始于山西省。在过去20多年中，山西省的很多煤矿安全监管举措改革都走在全国前列，积累了非常丰富的煤矿安全监管经验，为推动我国煤矿生产安全形势的根本性好转做出了突出贡献。但也导致部分人认为本省的煤矿安全监管已经做得很好了，没有必要再大力度改革了，甚至有人认为根本就不需要改。这种煤炭行业的“老大哥”思想在一定程度上阻碍了今天国家正在大力推动的矿山安全治理体系及治理能力现代化建设。从既往的经验来看，山西省在煤矿安全监管上的做法在国内具有很强的示范效应，一些兄弟省份对于是否推动煤矿安全监管模式的创新和改革一般都要首先参考山西省的做法。例如，煤矿安全双重预防体系建设也是始于山西[19-20]，然后逐步向国内其他主要产煤基地辐射。可以说山西省在国内煤矿安全双重预防体系建设中起到了很好的带头和示范作用[21]，也就是担当了“老大哥”角色。由于山西省煤炭资源丰富且质量好，交通相对便利，无论是通过铁路、海路还是公路都更快捷地把煤炭资源输送到能源需求巨大的地区，山西省作为国内最关键的能源基地仍然要持续很久的时间，对确保中国的能源需求安全具有战略地位。因此，在未来相当长时间内，山西省在煤矿安全监管上的“老大哥”角色仍然会继续，而这也是一把“双刃剑”。其他产煤大省大多会看山西省在煤矿安全监管上的做法行事，山西省变则其他省份会跟着变，如果山西省不变，则全国煤矿安全监管的改革就会遭遇比较大的阻力。

（2）大型国有煤矿企业或者集团还存在一定程度的“监管难”问题。

部分国有大型矿业集团的高层领导具有一定的“比照”行政级别。从这个角度来讲，有的大型国有矿业集团高层领导的行政级别比当地安监局领导的行政级别还高，以至于现实中安全监管的工作并不好完成。部分安监局的主要领导认为与大型国有矿业集团存在沟通难的问题，在面对大型国有矿业集团领导时会感受到相当大的压力。因此，山西省的煤矿安全监管在客观上对于大型国有企业安全监管还存在某种程度的缺失问题。

（3）个别人仍然存在“不怎么怕死人，死了人也不怎么怕”的错误思想。

山西省具有非常悠久的煤矿开采历史，1949年后我国发生的最严重的一起煤矿事故就在山西——1960年发生在山西大同的白老洞重大瓦斯爆炸事故造成了684人死亡。此后，山西省煤炭产量不断增加，每年的煤矿事故死亡人数一直在几百人到上千人之间波动。直到近15年来，山西省的煤矿事故年死亡人数才下降到30～60人的水平，但仍常居于国内主要产煤省份的前三。可以说，在老一辈矿工记忆里，煤矿生产事故死亡是司空见惯的事情。因此，今天山西省煤矿事故年死亡人数下降到百人以下，有些年份是20～30人，无论是监管部门还是煤矿企业都认为取得这样的成绩很不容易，要让死亡人数再下降的难度太大了。在山西省，煤矿安全监管的效果提升已经遇到了瓶颈，存在煤矿安全监管投入大但效果没有显著改善的矛盾。

（4）“僵尸矿”多，利益盘根错节，难以彻底关闭，有煤矿安全监管漏洞。

目前，山西省的监管部门已经下大力气把监管对象的各方面信息摸清楚了。山西省有600多家生产矿井、100家左右在建矿井，还有300多家僵尸矿井。“僵尸矿”数量几乎是生产矿井的一半。这些矿井既不生产也不关闭，留有一定的安全隐患，每年监管部门仍然要向这些矿井投入一定的监管资源，分散了监管力量。而国家矿山安全监察局进一步压缩了地方监察和监管的编制，同时又把非煤矿山也纳入监管监察体系，监管人手不足问题愈加明显，执法能力也会受到限制。

（5）经济发展对于煤炭产业严重依赖，导致煤矿安全监管在某些特殊情况下难下狠手，存在煤矿安全监管捕获问题。

当地方经济发展成为地方政府的重中之重时，煤矿安全监管也会表现出一定的“弹性”，这时文字和文件上的“安全第一”在实际执行中就会变成“生产第一”，严格的监管制度在现实中难以得到有效执行。监管部门本该对于矿山企业秉公执法，维护国家利益，对国家和人民负责，但在现实中往往会更加倾向于维护企业的利益，也就是所谓的监管捕获，最终导致监管责任难以完全落实。

本章小结

在梳理我国煤矿安全监管模式后，本章深入分析了当前我国煤矿安全监管工作中所存在的矛盾和问题，并针对相关矛盾和问题讨论了各监管模式的优缺点。从建构主义的角度来看，本章试图厘清我国煤矿安全监管中所存在的问题，是解释和预测中国煤矿安全监管中存在问题的前提。

第三章

煤矿安全监管力理论体系

过去相当长一段时间内，我国煤矿安全监管部门把主要精力放在安全监管实践上，很少考虑安全监管理论的创新问题。尽管我国在煤矿安全监管实践中积累了宝贵的经验和知识，也取得了非常卓著的监管成绩，但并至今尚没有提出多少让国内外监管学界认可的监管理论。上述局面在近年来发生了根本性的改变。我国的监管部门不仅致力于提高实践中的监管效果，也开始研究安全监管理论的创新[22-24]。当前，我国监管学界比较有代表性的监管理论创新成果是具有丰富实践经验和卓越领导力的人才提出的安全监管力理论设想和引领性的理论框架。安全监管力（又称作安监力或者监管力）的理论形成过程主要经历了的两个重要阶段。首先，我国煤矿安全监管领域拥有非常丰富的人才资源，他们根据自身的丰富监管经验、敏锐的洞察力及卓越的认知能力首次创造出了安全监管力的概念，并勾画出了构建安全监管力理论及安全监管学的设想。接着，中国矿业大学安全科学与应急管理研究院根据相关安全监管力理论的构想，对安全监管力概念又进行了进一步抽象化和可操作化，并以监管力作为核心概念逐步发展了煤矿安全监管力理论，完善了我国煤矿安全监管的基本逻辑。该理论从

"力"的理论视角入手,把煤矿安全监管抽象为监管主体对于监管对象的作用(安全监管力的作用),监管主体可以运用安全监管力矫正煤矿企业在生产过程中出现的任何可能引起安全问题的偏差[25]。

本章重点论述安全监管力理论的框架,包括安全监管力理论的核心概念、安全监管力的理论逻辑、安全监管力的作用规律及作用机制分析、安全监管力的实践等。

第一节 煤矿安全监管理论概述

一、创新煤矿安全监管理论的必要性及可行性

(一)创新煤矿安全监管理论的必要性

(1)我国煤矿安全监管需要新的理论。

尽管我国煤矿安全监管实践已经有超过70年的历史,并取得了非常好的实际效果,但仍然没有创造出多少具有国际影响力的理论和方法体系。一些监管主体在监管实践中取得非常显著的成绩,也非常有思想,敢想敢干,但监管主体的思想和成功经验大多没有被很好地总结和凝练,没有形成以我国煤矿安全监管实践为基础的监管理论。究其原因,主要是大多数监管主体把监管思想转化理论体系的意识不强,也就是说我国煤矿安全监管主体对监管效果很重视,但对监管效果实现机制的重视程度则不够[26]。监管理论的形成是一个不断进化的过程,通常以简单的思想或者特定的概念作为起点,在监管实践中边用边完成,形成完善的监管逻辑,用于帮助监管主体理解监管问题,进行监管决策,更加有效地解决实际问题,同时发现理论缺陷,并在未来的实践中进一步完善,最终形成被监管实践界广泛接受的理论[27-28]。

(2)我国非常有必要实现安全监管理论的科学化。

虽然我国煤矿安全监管卓有成效,经验丰富,但深挖各种做法的科学依据,

却又存在一定程度的不足，需要通过发展和完善科学的煤矿安全监管理论和方法体系来应对[29]。总体来看，我国煤矿安全监管执行效果主要是通过强大的行政权威来实现的。在实践中有大量的发文、通知或者指导意见，而在发文、发布通知或者指导意见前，很少有科学评价这一关键环节。监管主体和监管对象对于相关监管举措的科学依据是什么、在实践中产生什么样的效果都不太清楚。监管主体的监管举措以问题为导向，在执行时仍然以强大的行政权威作为后盾，以保障任何形式的监管措施都可以执行下去。虽然任何监管举措最终都能取得一定的效果，但监管效果的科学依据却很难预测和解释[30-32]。这些问题都说明我国非常有必要推进煤矿安全监管理论的科学化，为监管举措的制定和执行提供科学依据。

(3) 中国正逐步成长为世界级的引领性大国，需要向国外推广有影响力的理论，以彰显中国特色社会主义制度的优越性和国家实力[33]。

中国作为世界上最大的产煤国，虽然在采煤技术、工艺及流程已经逐渐取得领先地位，但在管理、监管上却鲜有系统的理论和方法[34]。在采煤技术上，中国已经开始向一些发展中国家甚至是发达国家输出技术，但在煤矿安全监管上，却几乎没有理论或者方法的输出，这与我国作为世界第一采煤大国的地位是极不相称的。中国要真正成为世界级的引领型大国，在向外输出采煤技术的同时，也应该向外输出煤矿安全监管的理论方法，在技术、管理及监管上都要有引领性，这样才能真正彰显出国际地位[35]。

(二) 创新煤矿安全监管理论的可行性

(1) 实践可行性。

理论的构建主要有两种基本形式，分别是演绎法和归纳法。演绎法是以既有的理论为基础，通过一系列的假设验证最终构建出新的理论；而归纳法则是以现象为基础，从特殊到一般，最终形成新的理论[36]。毋庸置疑，我国的煤矿安全监管主体已经从实践中积累了丰富经验和成功做法，这足以构成煤矿安全监管理论构建的实践基础。在过去 20 年中，煤矿安全监管在推动我国煤矿安全形势持续向好的过程中进行了大量的探索，很多做法和方法在实践中取得非常好的效果，如“一刀切”“全覆盖”“开小灶”等。20 年前，我国每年因为煤矿事故死亡的人数有七八千人，而近 3 年来，每年的煤矿事故死亡人数只有四五百人。煤矿安全形势的持续改进应该归功于技术进步、安全管理、安全监管水平提升三个重要方面。煤矿安全治理主体在推动煤矿安全治理的技术进步、安全监管和安全管理水平提升上进行了大量的实践探索，已有的成功案例也非常多，这为发展和构建煤矿安全监管理论提供了实践可行性。

（2）政策和制度可行性。

尽管实践可行性对于推动一种理论的形成至关重要，但在我国这样政府具有强大的权威、领导力和执行力[34,37]的国家里，一种新的监管理论如果得不到政府的认可并被允许推行，则很难在实践中得到推广应用。一种新的监管理论一旦获得官方政策和制度的支持，就会为实践中的推广应用扫除大部分障碍。当前，国家矿山安全监察局正在大力推动“矿山安全治理体系及治理能力现代化”建设，力图厘清国家监察、地方监管及企业负责之间的治理关系，构建现代化的矿山安全治理体系，并进行理论创新[38]，以确保矿山安全治理理论体系的先进性[39]。而煤矿安全监管理论是矿山安全治理理论体系的重要组成部分，因此创新矿山安全治理的理论体系不仅为创新矿山安全监管理论提供了契机，也提供了政策和制度上的可行性。

总体来看，中国在矿山安全治理上取得的成绩卓著，但在理论构建和创新方面还存在不足。中国要成长为世界性的引领性大国就必须进行方方面面的创新，输出具有中国特色的理论体系。从现实情况来看，现有的煤矿安全监管理论体系还没有把国家监察、地方监管及企业负责之间的作用机制完全厘清，以致当前的煤矿安全治理在很大程度上仍然依赖于“保姆式”管控，有些地方政府在抓煤矿安全治理上存在“不知道抓什么”和“怎么抓”的问题，监察机构在安全治理上仍要“一竿子插到底”，煤矿企业在安全管理上则是遵从“你查我改、你罚我交、叫停就停”的被动整改方式。在当前国家矿山安全监察局大力推动“矿山安全治理体系及治理能力现代化”的大背景下[40]，创新煤矿安全监管理论在很大程度上能够得到政策和制度上的支持，这将有助于煤矿安全监管新理论体系的发展和完善。

（3）理论可行性。

安全监管力理论秉承构建主义，这种理论在没有成形之前已经经过了大量的实践，其实践可行性毋庸置疑[41-43]。实际上，安全监管理论在成形之前，作为安全监管理论雏形的安全监管力思想已经被监管主体在实践中大量应用。项目组在黑龙江、山西和河北等地的调研中，多次听到监管部门中的负责人提到“安全监管就是矫正偏差(矫正煤矿生产过程中各种可能引起安全问题的偏差)”,这句话实际上就蕴含了安全监管力理论的思想。众所周知,构建一种新的理论,思想是理论成形前的关键一环。安全监管力理论的形成过程也遵循着同样的逻辑。安全监管力理论在没有成形之前,安全监管力思想已经在煤矿安全监管中被大量实践,只不过监管主体在指导安全监管实践时是无意识地应用安全监管力理论,但可以有意识地感觉到安全监管力理论的实践效果,这说明安全监管力理论在理论上是可行的。这个环节非常重要,这为安全监管力理论在实践中推广应用做好了充足的准备,扫除了安全监管力理论应用推广的一些障碍。一旦安全监管力理论成形,监管主体又可以不断有意识地通过实践来检验监管理论的有效性。

从安全监管力思想的孕育、大量的无意识和有意识的实践,到理论逐步成形,再到监管主体有意识地应用安全监管力理论并可以明显观察到安全监管力理论的实践效果,这个过程说明安全监管力理论的形成在很大程度上遵从于构建主义或者实践主义[44]。在大多数监管实践中,监管主体对于监管理论并没有进行事先的规划,而是在实践中边学边做,边用边完善,逐步修正,以最终形成适合于中国煤矿安全监管现实的理论体系。总体上来说,监管主体在监管的实践中积累的大量以效果(结果)为导向的监管经验和做法非常值得进一步凝练和升华,已经完全具备形成有大量实践案例支持的行之有效的监管理论的条件。安全监管力作为安全监管理论的核心概念非常简单明了,逻辑清晰,用清晰的概念展现了安全监管实践的基本逻辑,具有很好的理论可行性。煤矿安全监管实际上就是监管主体通过各种手段来影响(干预、控制、监督)监管对象,也就是监管主体向监管对象施加监管力作用,从而让监管对象避免在生产中出现任何可能造成安全问题的偏差,这些偏差包括思想偏差、行为偏差和结构偏差。例如,组织结构与组织行为不匹配、人岗不匹配、关系不匹配、技术设备与现实问题不匹配等,都可以看作是偏差。一旦这些偏差在可能引起安全问题之前就能够被安全监管力作用而得到及时有效的矫正,那么煤矿企业在安全生产中就不会出现安全问题或者发生事故。

实际上,在煤矿企业抓生产安全的水平不断升级过程中,安全监管力始终发挥着非常重要的作用,但也会随着煤矿生产安全水平的不断升级而呈现出不同的形式,同时也在不断更新和升级,渐进式地提升其理论上的可行性。在煤矿企业实现技术和设备安全的过程中，监管主体主要将安全监管力作用于技术设备上，不断提升技术和设备的可靠性，从而实现煤矿企业安全生产水平的提升[45]。在煤矿企业实现规范和流程安全的过程中，监管主体将安全监管力主要作用于有关生产安全的流程和规范上，用完善的制度来确保煤矿企业的生产安全[46]。在煤矿企业实现文化安全的过程中，监管主体将安全监管力主要作用于企业的文化上，以塑造企业的主动安全氛围，从而培育员工的主动安全行为，减少或者杜绝生产中的"三违"。

二、安全监管力理论形成的实践意义

中国煤矿安全治理体系大致分为安全监察、安全监管、安全管理及社会监督等四个层次，监管主体在每个层次上都积累了丰富的实践案例，但在理论上的抽象和整合还有待提升。随着煤矿安全监管的制度化和规范化，单纯的实践主义已经难以适应中国煤矿安全监管实践的需求，监管主体在监管实践中需要不断面对"为什么要进行安全监管？如何进行安全监管？安全监管主要方式方法有哪些？如何提升安全监管的效果？"等问题，而要系统地回答上述问题，则意味着要将安全监管从实践层面推到理论层面。大量的监管实践表明，煤矿安全监管实践在很大程度上就是监管主体对煤矿企业进行纠偏[47]，如果煤矿企业在生产活动中不发生任何可能造成安全问题的偏差，那么安全监管在整个的煤矿安全治理体系中的作用也会相对弱化[48]。从本质上来看，煤矿生产活动是一种运动，这种运动本来需要沿着固定的轨迹。但在煤矿生产的运行环境中存在大量扰动因素[49]，如果这种生产活动在某些扰动因素的影响下偏离了既定的轨迹，那么就有可能造成事故[20]。为了确保煤矿生产活动保持在既有的安全轨道上，当煤矿生产活动受到扰动因素作用时，就需要改变运动的力的介入。安全监管力对煤矿安全监管实践进行了高度抽象化，把煤矿安全监管体系内的任何监管活动都简化为监管主体对于监管对象的作用，而把安全监管所要的解决的主要安全问题抽象为"纠偏"和"纠错"——即纠正或者纠偏煤矿企业的任何可能导致安全问题的违规生产活动。安全监管力理论是一种关于煤矿生产安全监管的理论，该理论的核心概念是安全监管力，煤矿企业生产活动中出现的任何可能引起安全问题的偏差都可以通过监管主体对于监管对象施加安全监管力而得以解决。当安全监管力作用于安全监管的客体可以促使煤矿企业产生心变（企业精神、领导或者员工的安全思想)、形变(组织机构、部门之间的各种关系)或者行变(个人或者企业的生产行为活动)。心变是指企业或者个人在有关安全思想、态度上的变化,当监管主体将安全监管力作用于客体的思想上时,监管对象在生产安全上的心理变化,避免监管对象在生产中的麻痹大意,时刻将安全放在第一位。行变主要是指煤矿企业生产活动的变化,而形变则指煤矿企业生产体系结构的变化。如果监管对象不能够在内心上彻底改变对于安全的认知,那么他们就很难在生产中改变行为,有意识地避免各种违章行为。当监管对象从思想上改变了对于生产安全的认知后,才会在生产中真正做到主动安全。煤矿企业的生产活动嵌入于煤矿企业生产体系的结构,受到后者的约束作用。因此,当煤矿企业发生了形变或者行变,煤矿企业的安全形势也会随之发生改变。

三、安全监管力理论的核心概念

为了系统地论述安全监管力理论,我们首先需要对力和安全监管力的概念进行界定。力是物理学的核心概念。人类对于力的认知和运用能力的不断提升推动了人类现代文明的发展。从某种意义上来说,人类的发展就是人类认知和运用"力"的发展,经历了从不认识"力"、不理解"力"、不知如何"用力"到知晓"用力""借力""省力"等漫长发展过程。在现代文明中,人类借助于各种"力"来实现自己的目的。随着现代科学的发展,人类对于"力"认知和理解也越来越深刻,也越来越会用力。毋庸置疑,自然科学领域的学者一直在持续不断地推动人类对于力的认知和运用。而在社会科学领域,学者们对于如何理解"力"和如何运用"力"则还存在很大争议。近年来,中国安全监管领域的学者和实践者对于"力"在安全监管领域的应用的认知和理解越来越深刻,并创造了安全监管力这个重要且极具创新性的概念,用于引领中国煤矿生产安全监管理论体系的现代化,并使得构建中国特色的安全监管理论有了新的方向。

力是物体对于物体的作用,力的作用可以使得物体运动、静止或者变形。因而在现实中人们可以利用力来实现自己的目的。例如,在航空和航天上,人们利用发动机的推力可以让飞机在万米的高空中飞行,用飞船把人类送到月球……同样,在煤矿安全监管领域,监管主体也可以利用"力"改变监管对象的思想、行为及结构等来实现相应的监管目的。按照上述"力"逻辑,我们就可以对安全监管力进行定义:"安全监管力是监管主体对于监管对象的作用,当监管主体将监管力作用于监管对象时，监管对象则会发生心变(思想变化)[50]、形变(组织结构或者关系的变化)[51]或者行变(行为活动变化)[52-53]”。监管主体可以利用这些变化来达到相应的监管目的。因此，当监管主体向监管对象施加安全监管力作用，实际上就是通过监管对象所发生的各种“变化”来矫正监管对象在煤矿生产活动中出现的可能造成安全问题的偏差。

煤矿安全监管的主要目的就是要确保煤矿生产的平稳安全运行，尽可能少地发生事故，甚至是不发生任何事故。近年来中国煤矿安全监管主体又提出了煤矿生产零死亡的目标，要实现该目标如果没有安全监管理论和方法体系的创新几乎是不可能的。从演化的视角来看，煤矿生产安全状况的改进是一个渐进的过程，在这个过程中，监管主体不断向监管对象施加影响作用，从而促使监管对象的生产安全向越来越好的方向发展。为了实现对于监管对象的有效监管，国家层面针对煤矿生产安全制定了相关的法律法规，而煤炭产业的行管及监管则出台了各种有关生产安全的规定，企业为了实现生产安全则制定了各种有关安全的规章制度。国家层面的法律法规、行业层面的各种规定、企业层面的规章制度则构成了安全监管主体对于监管对象进行监管的依据。在煤矿安全生产过程中，合规是监管主体常用的一种监管手段[54]。监管主体对于监管对象的监管在很大程度上就是观察监管对象的生产管理活动是否合规[55]。当煤矿企业的生产活动处于平稳有序状态则意味着企业的任何生产活动都是合规和合法的，处于受力平衡状态[37,56]。因此，如果煤矿企业生产中的任何活动都能主动做到合法、合规，那么监管主体就不需要向监管对象施加直接的安全监管力。相反，如果监管对象在生产活动中出现了可能导致安全问题的偏差，且监管对象依靠内力不能够把生产活动重新推动到平衡状态上时，那么监管主体就要想办法来矫正或者纠正偏差。这就好比我们想要改变一个物体的运动轨迹，需要对其施加外力作用一样。当监管对象的生产活动出现了偏差，如果自身无法主动纠正偏差，那么就需要外力来纠正偏差。因此，对于煤矿企业来说，安全监管力是一种外力。安全监管力的提出为煤矿监管实践提供了理论和方法上的依据。

四、安全监管力理论的逻辑

按照安全监管力的定义，当安全监管力作用于监管对象时，监管对象会在安全监管力的作用下发生变化，这些变化是多维度的，包括心变、形变、行变或者保持不变。具体如下：安全监管力可以改变监管对象的思想，从而使其重视安全问题，如神木市百吉矿“1・12”事故后，榆林市新任分管煤矿安全的市领导对于煤矿安全问题高度重视，狠抓煤矿安全生产；安全监管力可以改变监管对象抓生产安全的做法，如神木市百吉矿平时没有对井下各种探头进行定期检查和清洁，但“1・12”事故发生后，在监管主体的要求下，其对井下的各类探头进行定期的检查；安全监管力可以改变监管对象所嵌入的组织架构，该做法包括撤换责任人、改变组织结构、设置新部门或者撤销旧的部门，如黑龙江七台河近年来推行的30万 t/a产能以下的小煤矿停产重组，关停一批小煤矿，停产重组一部分小煤矿，彻底改变了一些煤矿企业的形式。

安全监管力理论的主要逻辑是“监管主体通过安全监管力的作用可以使得监管对象发生监管主体所想要的某种改变”，该逻辑在实践中具体表现如下：让那些违规生产的煤矿企业能够合规地生产；整顿产量不达标的小煤矿，让一个产煤地区的所有煤矿的年产能达到30万 t以上。在安全监管力理论体系中，安全监管力的主要形式主要表现为“行政力、政策力、法律力、行业规定或者规范力、科技力等”，此外还包括监管主体的魅力和权威力。当监管主体将上述这些类型的安全监管力作用于监管对象时，监管对象就会做出某种程度的改变，这就意味着安全监管力发挥了作用，即有作用效果。如果监管对象没有发生任何改变，则意味着安全监管力没有产生作用效果。因此，安全监管力的作用就是要让监管对象发生监管主体所想要的改变或者不改变，避免监管对象的生产活动出现可能造成安全问题的偏差。监管主体为了实现对于监管对象的安全监管目的，通过向监管对象施加影响作用，从而让监管对象的生产管理行为保持变或者不变，杜绝或者避免监管对象在生产中出现可能引起安全问题的偏差。

五、安全监管力理论的理论逻辑实现

安全监管力的逻辑阐释了其如何在安全监管实践中实施的问题。因此，根据该理论我们可以把安全监管力落实到安全监管实践中。在本研究中，我们把安全监管的重要职能定义为纠偏，因为这些偏差会造成安全问题，导致事故的发生。监管对象在生产的过程中会出现各种偏差，这些偏差既可能是由监管对象造成，也有可能是外部环境的变化而被动形成的，如国家针对某个地区出台了新的煤炭产业政策，要求在规定的时间内所有的煤矿产能必须达到30万 t/a 以上。

但如果能在规定的时间内那些无法达标的煤矿企业还在继续生产，那就是违规行为，煤矿企业的生产行为就因为相关政策的变化而被动发生了偏差，尽管这些煤矿除了产能其他都是合规的[57]。煤矿企业在生产过程中发生的偏差是动态的，不是一成不变的，这些偏差如果不能及时被纠正，其引起的负面影响作用就可能不断积累，导致安全隐患越来越大，最终可能诱发事故。煤矿企业在生产过程中所产生偏差的动态性使得煤矿安全监管对于保证煤矿生产安全具有至关重要的意义[58]。

在监管主体监管实践中，对企业监管要找准作用点[59]，如重点企业、重大隐患、第一责任人等，实践证明这些都是很重要的作用点。要让第一责任人落实七条职责，同时还要进一步要求其实施责任制，这样安全监管力就找准了作用点。因此，监管主体对于监管对象的监管实际上可以抽象为安全监管力的作用。监管主体要想取得良好的监管效果，就需要从监管力的大小、方向、作用点、作用时间及作用环境等方面入手。同时，监管力还要为煤矿安全监管方式方法提供理论和方法依据。最有效的煤矿安全监管方法是什么？如何衡量一种煤矿安全监管方式方法是不是最有效的？已经在应用的方式方法的有效性如何？如何对现有的煤矿安全方式方法进行改进以取得更好的效果呢？现有的理论和方法针对上述问题都没有给出明确的答案。但是，监管力的理论逻辑为监管主体找到最有效的煤矿安全监管方法提供了一条科学的路径。监管主体设计、应用和评价一种具体的煤矿安全监管方式方法都可以从监管力的理论逻辑上入手。

从监管力的理论逻辑入手，监管主体要设计一种有效的煤矿安全监管方式方法主要包括以下几个步骤：

第一，明确监管主体和监管对象，也就是明确监管力的发力方和受力方，厘清监管力的作用关系。

安全监管力体系中必须包含至少一个监管主体和监管对象的耦合。煤矿安全监管体系可以在安全监管力的作用下沿着既定的监管路线运行，并形成有中国特色的煤矿安全监管秩序，从而推动中国煤矿安全有序生产。

第二，监管主体发现并明确要解决的问题，也就是要找到监管力的作用点。

监管主体不仅要知道监管对象，还必须发现和明确监管对象所存在的安全问题，也就是要找准问题，找准监管力的作用点。因为在监管实践中，煤矿生产安全问题分布在井下作业场所的各个点，如果监管主体找不准作用点，或监管力作用在错误的作用点上，那么问题就无法得到解决。

第三，监管不仅要发现安全问题，还必须要找到解决问题的措施，也就是找准监管力的作用方向。

在很多情况下，监管主体虽然知道问题所在，但是却不知道如何解决问题，也就是不知道如何选择监管力的作用方向，同样无助于问题的解决。例如，监管主体知道某个煤矿井下瓦斯超标了，首先要找到瓦斯、明火等作用点，而降低瓦斯浓度（增大通风量而不是减少通风量，实际上就是确定了安全监管力的作用方向。另外，安全监管力的作用方向也需要根据实际情况进行调整。随着工作面向前推进，瓦斯含量也会随之降低，这时就要适当降低通风量）、消除明火隐患（找到可能产生明火的地方，然后找到避免明火的措施，如洒水、增加空气湿度、使用防火等级更高的设备）则是监管力的作用方向。监管主体只有找准了监管力的方向，监管力才能产生效果，否则监管力只能是白费力。

第四，监管主体要确定解决问题的力度，也就是确定监管力的大小，该投入多少监管资源来解决所存在的问题。

明确了监管主体与监管对象的关系、找准了问题（实际上就是找准了监管力作用点）、找准了解决问题的方向（实际上就是明确了如何解决问题、找准了监管力的作用方向），这时监管主体就可以放心地向监管对象施加安全监管力了。通常，监管主体会根据个人的经验和知识结构预估出一个监管力大小的区间，配置监管资源，并把具体的措施执行下去。

第五，确定监管力的作用时间和环境。

通常，监管主体在解决实际煤矿安全问题时，并不是把安全监管力施加到作用点上，问题立马就可以解决，问题的解决需要一个过程，因而安全监管力在作用于监管对象时需要以一定的强度持续一段时间，而持续时间的长短不仅与安全问题本身有关，还与安全监管力的作用环境有关。通常，对于简单安全问题，安全监管力作用的时间较短；对于复杂安全问题，安全监管力作用时间相对较长。例如，如果一个地区的煤炭产业结构内部在进行优化调整，这通常要持续比较长的时间，那么监管主体就需要将安全监管力持续性地作用于监管对象，以不断修正监管对象的行为可能出现的各种偏差，避免安全问题的发生。必要时监管主体需要向该煤矿派驻矿安全生产监察员，以确保安全监管力的强度，取得最有效的安全监管效果。

六、安全监管力理论的理论运用及效果评价

（一）基于安全监管力理论逻辑的煤矿安全监管方式方法的应用

很多监管主体可以在较短的时间内理解安全监管力理论的基本逻辑，但要在实践中熟练运用这种理论来解决煤矿安全监管的问题则需要相对较长的时间。因此，本项目不仅要构建完善的安全监管力理论逻辑，还需要帮助监管主体掌握如何应用。目前，监管主体的安全监管工作主要依据自己在监管实践中积累的经验和监管体系中的制度、法规等。大多数监管主体仅知道监管方法能够在实践中产生效果，但对于监管方式方法的理论依据的认知仍然存在不足。监管主体如果能够掌握监管方式方法的理论依据，将会有助于监管主体不断对监管方式方法进行改进，最终找到最有效煤矿安全监管方式方法。监管主体掌握基于安全监管力理论逻辑的煤矿安全监管方式方法的应用是推动其不断完善、改进及最优化的必要环节。否则，一种煤矿安全监管方式方法只能被监管主体在实践中重复使用，得到改进，监管主体永远都无法找到最有效的监管方式方法。

安全监管力理论逻辑有助于监管主体运用有效的煤矿安全监管方式方法，并支持监管主体对煤矿安全监管方式方法进行持续改进，明确煤矿安全监管方式方法改进的方向。为了保证安全监管力理论具有实践可操作性，我们以安全监管力理论逻辑为基础编写出安全监管力在煤矿监管实践中的操作手册，涵盖“发力主体——监管主体”“受力客体——监管对象”“发力主体与受力主体的关系，也就是发力主体如何向受力客体施加安全监管力，受力客体如何接受安全监管力的作用”“安全监管力作用点、方向及大小的选择及优化”“安全监管力作用时间或时机的选择及优化”“安全监管力作用效果的评估——如何运用安全监管力来优化煤矿安全监管的方式方法，并取得最好的效果”等内容。在安全监管实践中，监管主体并不缺少可行的煤矿安全监管方式方法，但对于自己所采用的方式方法在实践中是否取得了最优的效果却难以给出一个明确的答案。监管主体可以判断自己所采用的方式方法是有效的，但通常难以判断是不是最有效的，这则意味着监管主体对于煤矿安全监管资源是否得到了最优配置也无法确定。监管主体在煤矿安全监管实践中采用了各种各样的做法，这些做法的效果如何？这些做法是不是最好的方法？有没有成为最有效监管方法的可能？现有的安全

监管理论并没有给出明确的答案。但是，借用安全监管力的理论逻辑，监管主体不仅用来设计煤矿安全监管方式方法，还可以用于判断一种煤矿安全监管方式的有效程度，从而采取必要的手段对于可行的煤矿安全监管方式方法进行优化。

（二）基于安全监管力理论逻辑的煤矿安全监管方式方法的有效性评估

我们可以运用安全监管力的理论逻辑对于现行的煤矿安全监管方式方法的有效性进行评价。在安全监管实践中，监管主体很少对于监管方式方法进行量化评价，大多数情况下主要采用主观的评估，靠自己的主观来评价监管方式方法是否有效。每次当监管主体到现场检查后，也会提交一个报告，但对于现场检查所能取得的效果则很难进行量化。一些监管主体一年中有一百多天都在现场检查，但这些现场检查取得了什么样的效果？究竟需要多次去现场检查，还是可以适当去现场检查？这些问题在现有的监管理论中都没有给出明确的答案。监管主体到现场检查的次数越多则意味着消耗的监管资源就越多，但这并不意味着监管的效果就越好。我国正在推进煤矿安全治理体系及治理能力的现代化，那么实现科学最优的煤矿安全监管也是治理体系和治理能力现代化的一个重要组成部分。以煤矿监管的安全监管力理论逻辑为基础，我们可以对于煤矿安全监管方式方法的有效性进行评价。从安全监管力理论入手，我们可以明确一种煤矿安全监管方式方法有效性的关键评价指标，分别如下：

（1）监管主体（发力主体）。

监管主体是安全监管力体系中的发力方，承担安全监管的计划、决策、组织及领导，通过配置和支出安全监管资源形成安全监管力，首先必须能够做到利用和配置安全监管资源而形成安全监管力。子指标包括：监管主体的经验、职位、知识结构等。这些指标决定了监管主体具有还是不具有安全监管力？监管主体拥有安全监管力只是监管有效性的必要条件，监管主体还必须会用安全监管力，能够把安全监管力作用于正确的监管对象上，这时安全监管力才能发挥作用。

（2）监管对象（受力客体）。

监管对象是安全监管力体系中的受力方，监管对象的生产行为偏离规定标准的程度是衡量监管力是否介入监管主体向监管对象施加多大安全监管力的条件，监管主体主要依据监管对象的生产行为的合规程度而决定是否施加安全监管力及安全监管力的大小。监管对象同样也会影响安全监管力的作用效果。如果监管对象不主动接受安全监管力的作用，对安全监管力的作用不主动向监管主体反馈，所有关于安全监管力作用效果的信息都要靠监管主体去收集和分析，那么这不仅会大幅度增加监管主体的投入，也会显著降低安全监管力的效果。监管对象的可变性，包括思想、行为及组织结构等的可变性是衡量监管力作用效果的子指标集。

(3) 监管主体与监管对象之间关系。

这个子指标集主要包括：信息对称性，监管主体和客体对于安全信息的知晓程度，如果监管主体对于同样的安全问题的信息的知晓程度是一致的，那么监管主体和客体对于安全问题的信息是对称的。在监管实践中，如果监管主体掌握的信息充分程度低于监管对象，那么监管对象就可以利用信息的不对称性来欺骗监管主体，这就会使得监管主体难以找到最有效的、作用于监管对象的安全监管力。显然，有关安全问题的信息，监管对象通常要比监管主体所掌握的要充分一些，这就使得监管主体经常到现场检查。显然，监管主体与监管对象之间的关系越密切、对称，则越有利于监管主体找准安全监管力的作用点和方向，并用合适的安全监管力作用于监管对象，从而能够收到最有效的安全监管力作用效果。另外，监管主体和监管对象的行为活动都嵌入于两者之间存在的工作、社交关系上，并受到上述关系的约束。如果监管主体和监管对象之间构建了良好的工作和社交关系，那么这会让监管对象更愿意及时主动地向监管主体汇报安全监管力的作用效果，当监管主体能够及时得到安全监管力作用效果的反馈，降低信息的不对称性，那么可以帮助监管主体更准确地掌握监管力的作用点、方向、大小和作用时间。

(4) 作用点(发力点和受力点的匹配性)。

监管力的作用点可以分为两个部分，即监管主体的发力点和监管对象之间的受力点，发力点和受力点同时存在，但会存在不匹配问题。发力点和受力点之间是否匹配这也会对于安全监管力的作用效果产生重要的影响作用。在监管力体系中，当监管主体的安全监管力发出后，总是会落在受力点上，但是这个受力点有可能不是能够解决安全问题的受力点，这就会导致受力点与发力点之间不匹配。在监管实践中，有些监管主体经常到某些企业去现场检查，但是去了很多次之后，所收到的监管效果仍然非常有限，这就有可能是由于发力点与受力点之间的不匹配所造成的。

在安全监管力体系中，当确定了监管主体、客体及其之间的关系后，监管主体如果要进一步解决安全问题,就要确定安全监管力的作用点。只有找准了安全监管力的作用点,安全监管力才可能发挥作用。否则监管主体向监管对象施加再大的安全监管力也无助于问题的解决。在确定安全监管力作用点时,监管主体和监管对象之间的关系在帮助监管主体确定安全监管力作用点上会发挥出关键作用。监管主体与监管对象之间的关系越紧密、融洽,那么监管主体对于监管对象就越了解,监管对象也会更加愿意将问题暴露给监管主体,这会帮助监管主体抓准安全监管力的作用点。监管主体对于监管对象越熟知,监管主体对于安全监管力作用点的数量和分布知晓越透彻,从而准确分辨出关键点,取得安全监管力作用最佳效果。

(5)作用方向。

安全监管力作用点犹如一条路径的起点,监管主体明确了起点还必须要明确安全监管力的方向。这就如同一群人拉弓射箭,每个人都知道靶点在哪儿,但要射中靶点则必须要找准方向,谁瞄得方向准,谁射出的箭正中靶心的概率就越大。也就是说,监管主体找准了作用点,并不意味着安全监管力就能发挥出最佳作用效果,如果不能找准作用方向,就可能会导致安全监管力起不到作用,只能是白费力。

(6)作用力大小。

当监管主体找准了安全监管力的作用点和作用方向后,监管主体只要向监管对象施加一定大小的安全监管力,就能够产生一定的效果。也就是说当安全监管力的作用点和方向确定后,安全监管力的大小和作用效果在一定的范围内呈正相关性,安全监管力越大,则安全监管力的作用效果就越好。监管主体在实践中究竟要向监管对象施加多大的安全监管力取决于问题的严重性,通常问题越严重,需要施加的安全监管力也越大。

(7)作用时间。

力的作用时间是决定力的作用效果的关键因素。力的作用效果之一是物体运动或者做功。在同一个力的作用体系中,力的作用时间越长,物体移动的距离会越远,因而做的功也越大。在安全监管力体系中,力的作用时间越长,安全监管力的作用效果也会越明确。在传统的煤矿安全监管方式方法效果的评价体系中,研究者和实践者都很少考虑时间因素。而在以安全监管力理论为基础的煤矿安全监管方式方法的效果评价体系中,安全监管力具有时间的维度,因而煤矿安全监管方式方法也需要考虑时间因素,这样可以提升煤矿安全监管方式方法效果评价的精确性。

(8) 作用环境。

企业内部环境、煤炭产业结构、国内外经济环境、国内重大政治或者节假日活动、季节的变化等构成了影响安全监管力作用效果的环境。同样,安全监管力作用在其作用环境的变化过程中也会产生不同的作用效果,也会影响监管主体对于安全监管力的作用点、方向及大小的选择。例如,当煤矿处于转型期,产量大幅度增加或萎缩、多元化发展,会对企业的生产安全造成比较大的影响,这时监管主体就要及时调整施加在监管对象上的安全监管力,如搞安全监管全覆盖,尽可能地将安全监管力作用于所有可行的作用点,不留任何安全监管的死角。当煤炭产业结构处于调整期,通常煤炭产业结构的调整与经济结构调整成同步趋势,这时监管主体作用于监管对象上的安全监管力也要适时作出调整。2000年后,中国经济迎来了历史上一个快速增长期,能源需求陡增,煤炭产量也迎来了快速增长期,而在此期间中国煤矿的恶性死亡事故也出现了一个短暂的高发期[60]。此后,我国政府调整了煤炭产业的政策,在提升煤矿生产设备和技术现代化的同时,关闭了大量的小煤窑,煤炭产业的安全形势在短期内发生了根本性好转,煤矿事故年死亡人数也从五六千人下降到当前的四五百人。在关闭小煤窑过程中,监管主体主要将安全监管力作用于那些产量不达标的小煤窑上,以确保小煤窑在关闭的过程中不能进行突击抢产,从而降低事故风险。此外,煤炭产业内部的局部性结构调整也会影响监管主体对于安全监管力的使用。当一个地区的煤炭资源整体性枯竭,需要关停大量的煤矿,而在煤矿关停的过程中,有些煤矿会处于短期利益考量而超能力超限生产,从而加大事故发生的概率,这时监管主体就对安全监管力的作用点、作用方向和大小做出调整,对某些存在严重安全问题的煤矿派驻矿安全生产监察员,对于特定煤矿采用"人盯人"的监管方式。在理论上,有些学者认为"人盯人"是一种落后的监管方式,但在实践中,特别是在特定的环境中,当煤矿的安全生产不能完全进行标准化和制度化时,"人盯人"是一种特别有效的监管方式。当国内外经济环境发生巨大变化时,经济出现大幅度下滑,能源需求严重不足,煤矿产能严重超过需求,这时煤矿企业的收入和利润也会随之发生下滑,在生产安全上的投入也同步下降,这时监管主体作用于监管对象上的安全监管力也要随之发生变化。例如,当煤矿企业处于收入增长期时,利润丰厚,监管主体可以将安全监管力作用于企业在安全技术和设备投入上，并可以明显促进煤矿企业的生产安全形势的改善。此外，随着季节变化，监管主体也需要对安全监管力做出适时调整。如当汛期来临前，监管主体需要提前告知监管对象做好防汛准备，同时依据安全监管力的作用点、方向等制定最佳的防汛策略。

第二节　安全监管力及安全监管力的作用规律

一、力与力的作用

安全监管力理论研究的一个重要构成部分是要弄清楚安全监管力的作用及其规律，这样才能有助于监管主体将安全监管力正确地应用于监管实践，取得理想的监管效果。物理学意义上的力被定义为物体与物体之间的作用，这种作用可以使得物体运动、停止或者发生形变。力的定义中已经包含了力的作用效果的定义。具体地，我们可以将力的作用效果定义为作用在物体上的力会导致物体改变其形状或大小，位移，停止，加速或减速。另外，当两个对象之间存在相互作用时，它们会相互施加作用力，这些作用力的大小相等，但方向相反。在汉语语境中，人们把力也理解为能力，于是就把力定义成做事或以特定方式行事的能力，指导或影响他人行为或事件过程的权力或能力。由力的定义我们可以看到，力的存在至少需要两个物体，一个发力，一个受力，受力方通常会出现形变或者行变。在安全监管实践中，安全监管至少会涉及两个主体（对象），分别是监管主体和监管对象。监管主体可以对监管对象施加影响作用，从而让监管对象做出某些改变以实现监管主体的监管目的，如避免煤矿事故的发生，或者尽可能地降低煤矿事故的负面影响作用。由此，我们可以将安全监管力定义为“安全监管主体对于安全监管对象施加的影响作用，以矫正监管对象在煤矿生产活动中出现的任何可能引起安全问题的偏差”。目前，人们已经掌握了大量的不同类型的力的规律，如果我们能够由物理学意义上关于的力的认知推及安全监管力的认知，这会有助于我们掌握安全监管力的规律。

规律，又叫法则，马克思主义对此范畴的定义及定性如下：规律是事物、现象和过程内在的、本质的必然的联系[61]，具有客观性和普遍性，不依人的意志为转移，人们不能创造改变和消灭规律，只能认识它，利用它来改造自然界，改造人类社会，并且限制某些规律对人类的破坏作用，是人们进行科学预测，制定实践计划的客观依据[62]。那么监管力有没有规律？监管实践中有没有规律可循？如果监管实践有规律可循，那么我们用什么样的工具来认知和掌握监管实践的规律？通过大量实地观察和理论演绎，本项目主张监管力是有规律可循，并且我们可以以监管力作为工具来认知煤矿安全监管的规律。监管力的规律实际上可以简化为"监管力的方向、大小、作用点、作用时间、作用环境"之间的内在的、本质的必然的联系，研究监管力的规律就是研究监管力的方向、大小、作用点、作用时间、作用环境之间的联系。

安全监管力是安全监管主体对于监管对象的作用。监管主体可以运用安全监管力向监管对象施加影响作用，产生监管主体所想要的结果，实现监管目的。安全监管对象在生产活动中会发生偏离安全路径的行为活动，从而会造成安全问题（如事故）。安全监管力的作用主要是矫正监管对象可能造成安全问题的行为（思想）活动（思想并不能够直接造成事故，但思想会对行为产生决定性的影响作用，通过行为活动表现出来，从而产生间接的影响作用）。安全监管力主要由三个构成要素，分别是力的方向、力的作用点、力的大小，此外还有两个条件要素，分别是力的作用时间和环境。安全监管力的构成要素和条件要素共同作用决定了安全监管力的作用效果。

二、力的作用与安全监管力的作用

在煤矿安全监管实践中，安全监管力的主要作用是使监管对象发生形变、行变或者是不变（维持现状）。当煤矿生产活动出现变化或者煤矿生产体系的结构出现变化，这种变化可能会引起安全问题时，安全监管主体就需要及时地将监管力作用于监管对象。如果煤矿生产体系一直运行良好，生产活动一直合规而没有出现行变和形变，那么安全监管力的作用就是要将煤矿企业的"行"和"形"保持下去。由此可见，煤矿安全监管力和物理学意义上的力有着同样的作用。力的作用主要有三个，分别是使得受力的物体运动、静止或者变形。这三种情形的第一种和第三种、第二种和第三种是有可能同时出现，但三种不可能同时出现，另外第一种和第二种不可能同时出现。例如，力的作用让物体既是运动又是静止，这是不可能出现的，但力的作用可以使得物体既运动又变形，或者既静止又变形。在事故的事后调查分析中，大量的煤矿事故主要是由于煤矿生产系统中的各种活动没有按照安全法规、操作规程执行，也就是生产活动偏离了既定的行为路径，从而引起了安全问题。安全监管力的作用是矫正或者纠正发生在煤矿企业行为活动出现的各种偏差，促使煤矿企业行为活动回到既定的安全行为路径上。在煤矿生产系统设计和运行过程中，既定的规程已经确定了煤矿企业运行的安全路径，但生产中的各种扰动因素会迫使煤矿企业的行为偏离既定的路径，从而诱发安全问题。不仅煤矿企业的生产活动会引起安全问题，煤矿生产体系自身也可能引发安全问题，如部门之间的关系不协调，系统结构本身设计得不合理、存在缺陷等，这就意味着煤矿生产体系的“形”同样会引起安全问题。

中国安全监管主体根据自身丰富的安全监管实践经验形成了安全监管理论的核心思想，将煤矿安全监管抽象为安全监管力的作用，运用安全监管力解决安全监管实践中的问题。由于力的作用可以使得物体发生位移、静止或者变形，而安全监管力同样可以使得监管对象发生心变、形变或者行变，甚至是保持不变，从而纠正监管对象在生产和经营中出现的可能引起安全问题的偏差或者错误。安全监管力的提出使得中国安全监管实践具有了核心理论的思想性。安全监管力对于安全监管实践进行了高度概括，把复杂的安全监管问题进行了简单化和形象化，认为安全监管就是安全监管主体对于监管对象的作用，就是通过纠正监管对象在煤矿生产和经营过程中出现的能够引起安全问题的错误或者偏差而实现安全监管目的。安全监管力的提出推动中国煤矿安全监管实践形成了具有中国特色的安全监管理论。在过去 30 年，中国煤矿安全监管积累了大量成功案例，但很少形成具有中国特色、代表中国安全监管水平的理论体系。这主要是由于中国安全监管的践行者重于实践而疏于从实践中凝练理论，这种局面也给中国的煤矿安全监管实践带来了某些不利的影响——好的安全监管实践经验由于缺少理论支持而很难在整个行业内进行推广，当监管领导调任或者换届时，那些既有的好的监管实践难以被继承和延续。因此，安全监管力理论的形成和发展有助于中国的典型安全监管案例在整个煤炭行业内的传播和普及，实现煤矿安全监管的科学化，不至于把好的安全监管实践“偏方化”。以安全监管力为理论基础而形成的安全监管实践的主要目标之一就是要让行之有效的安全监管实践做到可复制和可推广，提升煤矿安全监管的科学性，实现安全监管效果的定量化和可预测化，帮助监管主体对安全监管举措进行优化，找到与监管实践相匹配的最有效的安全监管方式方法。

三、安全监管力的实际作用效果分析

在煤矿安全监管实践中，监管主体要想实现预期的监管效果，就需要针对相应的监管问题而选择合适的安全监管力。在现实中，监管主体常常采用的监管力主要有推力、拉力、压力，这些不同形式的安全监管力可以帮助监管主体实现预期的监管效果。安全监管力的作用效果是指监管主体将安全监管力作用于监管对象所能产生的效果，如图 3-1 所示。当监管对象有意掩盖生产过程中的安全问题时，即被动抓安全管理时，监管主体就需要向其施加表现为推力方式的安全监管力；当监管对象抓安全管理和安全生产的动力不足时，监管主体就需要向其施加表现为拉力方式的安全监管力；当监管对象有意违背安全生产的法律法规，并想方设法逃避监管时，监管主体就需要向其施加表现为压力方式的安全监管力。项目组在陕西榆林地区的调研中发现，该地区的监管部门很好地运用了安全监管力。针对过去长期存在的私有煤矿实际控制人规避事故追责问题，当地党委政府及监管部门不仅向煤矿矿长施加压力，同时也向煤矿的实际控制人施加压力，规定矿长与煤矿的实际控制人在煤矿生产安全问题上要承担同等程度的责任。煤矿出了事故，矿长要被追责，煤矿的实际控制人也要被追责。榆林地区通过向煤矿的实际控制人施加压力，很好地解决了过去在事故追责问题上管不住煤老板的问题。

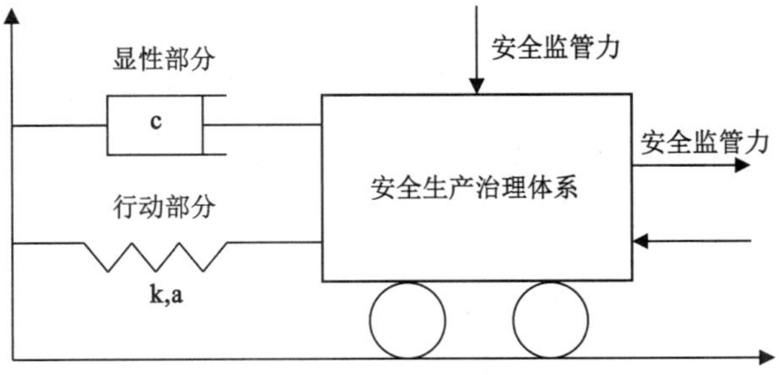

图 3-1　安全监管力的作用效果示意图

c 表示安监力作用造成监管对象可见刚性变化；k，a 表示安监力作用所产生监管对象的运动式波动。

安全监管力在煤矿安全监管实践中所能发挥的主要作用效果有两个方面，一方面可以改变煤矿企业明面可以看到的方方面面，如企业的规章制度、人员安排等，另一方面可以改变企业在生产中的行为活动。借鉴动力学和弹性波动理论，我们可以很好地分析安全监管力在煤矿生产实践中所能发挥的作用。力是运动的基础，安全监管力主要是推动安全生产治理体系或者监管体系运动。安全监管力（来自安全监管主体）实际上是一种力的合成体系，当作用于监管对象时常常会产生反作用力，或者力的涟漪效应（图 3-1）。力的作用的结果是推动物体（监管对象）的运动或者波动，维持或者改变物体（类似于监管对象）的运动轨迹（监管对象的行为活动轨迹）。基于此思路，监管主体可以运用相应的安全监管力来干预、控制监管对象的行为活动，实现预期的监管目标。另外，我们也可以根据安全监管力与其作用效果之间的关系推演煤矿安全监管的规律及煤矿安全生产治理的运行机制，对于煤矿企业的安全运行趋势进行预测，提前采取监管措施，对煤矿事故进行预防。

第三节　安全监管力的分析框架

一、安全监管力作用体系的结构

安全监管力的作用体系是指安全监管力的构成要素及其关系。总体上来看，有 5 个要素影响安全监管力作用效果，分别是安监力的作用点、作用方向、作用强度、作用时间和作用环境。这 5 个要素之间相互影响、相互依赖最终融合成安全监管力的作用体系。安全监管力作用体系的结构最终决定了监管主体向监管对象所施加的安全监管力能够产生怎样的效果，监管主体要想让安全监管力发挥出最佳效果，找到最有效的煤矿安全监管方式方法就需要掌握安全监管力作用体系的结构[63]。安全监管力作用体系结构的优化是优选煤矿安全监管方式方法的基础。监管主体要想获得最有效的安全监管效果，首先必须构建最优的安全监管力作用体系的结构。否则，安全监管效果的提升只能依赖于监管主体的实践经验的积累以及个人认知能力的提升。安全监管力作用体系的基本结构主要包括以下几种（见图 3-2）。我们可以以安全监管力的作用体系作为基础来搭建安全监管力的分析框架。

总体上来看，监管主体向监管对象所发出的安全监管力主要是推力、拉力、压力及扭力。这些安全监管力都是监管主体直接用力。此外，监管主体也可以通过间接的方式来间接发力。在煤矿安全监管实践中，安全监管主体需要采用不同种类的安全监管力来向监管对象发力，从而改变监管对象的行为路径，避免安全问题的发生。“牵住遏制重特大事故这个牛鼻子”就是监管主体向监管对象施加的拉力，以重特大事故作为安全监管力的作用点，而且安全监管力的作用时间是长期的，监管主体需要充分汲取已经发生的重大事故的教训，在任何时间和环境下都不能在重特大事故防控上放松警惕，这意味着监管主体在预防重特大事故上需要持续发力。虽然监管主体需要在预防煤矿生产中的重特大事故上持续发力，但这并不意味着所有的安全监管力都需要持续发力。在某些环境下（安全监管力的作用环境），安全监管力只需要间断性的发力。例如，监管主体间断性地或者周期性地去煤矿生产现场检查，这就是安全监管力的间断性发力，只会持续几个小时或者几天。当监管主体离开监管的环境，安全监管力也随之消失，煤矿生产又恢复以内力作用为主动的自控、自管、自纠偏模式。

安全监管力作用体系的结构会影响安全监管力的作用效果（考虑监管主体构成、作用点及方向）。在中国煤矿安全监管体系中，监管主体具有多元性，同一监管层次中存在并行监管主体，如煤管局（能源局、应急管理厅）、煤监局及地方政府，他们都可以同时向监管对象施加安全监管力，这就有可能形成图 3-2(c)的监管力作用效果，虽然监管主体都向监管对象施加了安全监管力，但监管对象却可能在原地打转，无所适从，或者是安全监管力相互抵消[图 3-2(d)]，并不能够起到良好的监管效果。因此，在监管体系中，党政同责、并行监管层次的存在尽管可以带来监管资源的丰富性和监管体系的鲁棒性，同时也会在很大程度上影响监管体系的效率，造成监管资源的高投入、高消耗。对于同样的问题，大家都在发力、担责，但最终的监管效果却并不是十分明显，形成所谓的监管效果稀释效应。监管对象也会对于频繁的现场监管失去敏感性，形成所谓的惩罚惰性（即受罚免疫效应）。另外，多监管主体同时发力还可能导致监管责任模糊问题，一

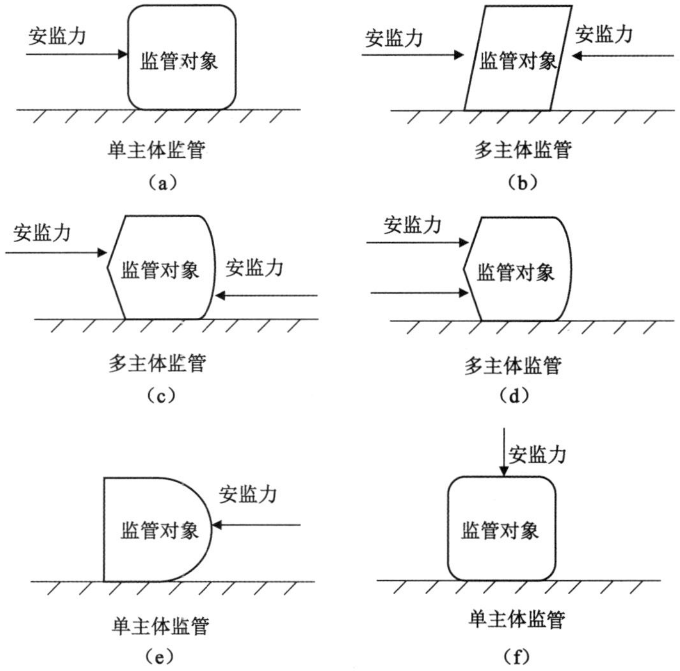

图 3-2 安全监管力作用体系的结构

旦出了事故大家都要担责,但又不清楚各自应该担多少责任。于是一旦被监察、监管的煤矿出了事故,一些地方监管部门就采用追最后一位到煤矿检查的监管人员责任这种追责模式。由于在中国制度场景下,多主体安全监管是最常见模式,所以本书重点讨论了这种安全监管力作用体系的结构。除了多主体安全监管模式,在一些制度场景下也存在单主体安全监管模式,这时监管对象只会受到一个安全监管力的作用[图 3-2(a)(e)(f)]。当监管对象所出现的安全问题是确定性的简单问题时[图 3-2(a)],那么安全监管力作用体系就相对简单,作用在任何作用点上都可以发挥基本相同的效果。但是,当监管对象所出现的安全问题相对复杂且具有不确定性[图 3-2(e)],那么安全监管力的作用点选择就非常关键,在不同的作用点上,相同的安全监管力所发挥的作用会有很大变化。另外,在只有一个监管主体的条件下,如果安全监管力的作用点和作用方向的选择不当,也会导致安全监管力作用无效问题,如图 3-2(f)所示。

二、安全监管力图示说明

图 3-2(a)(e)表示单一监管主体向监管对象发力,这是最简单的安全监管力

作用体系，监管主体和客体之间有着简单而明确的关系，责任清晰。通常，监管主体对于客体非常了解，两者对于安全信息基本处于对称地位。在单一监管力作用体系中，由于不存在多头监管问题，监管力直接作用于监管对象，因而可以产生更为直接和明确的监管效果。在实践中，当特定地区或者特定煤矿存在某个非常突出的安全问题时，这种单一监管力作用体系是解决这类监管问题的最佳结构。当前，在七台河地区，驻矿安全生产监察员与煤矿之间的关系从某种程度上来说就是这种安全监管力作用体系结构的典型代表。

图 3-2(b)(c)(d)则是存在多个监管主体的多元监管力作用体系的结构。这类监管力作用体系要比单一监管力作用体系结构复杂得多。多元监管力体系会发生安全监管力相互抵消或者盲动问题[图 3-2(b)]，在同一个时间内，不同监管主体同时向监管对象发力，当这些监管主体之间如果没有很好协同的话，就会导致监管主体发出的监管力一部分相互抵消了，或者是产生力偶作用[图 3-2(c)]，导致监管主体无所适从。当前巨大的安监资源投入尽管取得了很好的效果，但我们不可否认也存在巨大的监管资源浪费问题。过度监管、无效监管也比较普遍，企业被频繁的现场检查、各种活动、各种行动搞得焦头烂额，监管主体为完成现场检查的任务整天奔波于现场和来去现场的路上。监管主体的工作几乎挤占了所有休息时间，工作倦怠问题明显，亟须创新安全监管模式，提升安全监管效率，不仅要让安全监管有效果，更要让监管主体和监管对象从工作中得到乐趣、幸福。

三、安全监管力的作用要素、关系及功能

这里我们将根据安全监管力的 5 个维度来阐释安全监管力的作用要素、关系及功能。监管力除了有空间方向性，还具有时间方向性和环境依赖性，即同样的监管力作用在同样的监管对象上，当时间和环境发生改变，监管力所产生的作用也会不同。

监管主体的发力方式主要包括推力、拉力、压力、扭力还有各种力的组合。在安全监管力的实践中，安全监管力的作用对象(也就是监管对象)非常繁多。在宏观层面上，监管对象可以是矿业集团、煤矿企业甚至是整个煤炭行业。在中观层面上，监管对象可以是安全生产的技术、工艺、流程。而在微观层面上，安全监管对象可以是人、设备或者某项具体的技术等。安全监管力的作用效果是指

监管主体将安全监管力作用于监管对象所能产生的影响作用。在上文中，我们已经介绍了力的作用效果为监管对象为心变、形变或者行变。我们无法直观地用图示或者图形来展现人的心变，但形变或者行变我们可以通过图形或者图示来展现。图 3-2 的(a)、(b)、(c)及(d)可能会产生行变或者形变，而图 3-2(f)通常只能产生形变。受力方式主要取决于发力方式，但当监管对象的受力意愿出现变化时，这会对力的作用效果产生影响。例如，受检的煤矿如果主动接受检查，主动把问题暴露出来，那么监管主体就可能发现真正的问题。因此，安全监管力的作用同样也存在所谓的反作用问题。

由于安全监管力用于纠正监管对象在安全生产过程中出现的各种可能导致安全问题的偏差，需要消耗相应的资源，而资源的消耗不是瞬间就可以完成的。因此，当安全监管力作用于监管对象时，其作用效果一般不会在瞬间就表现出来，而是作用于监管对象上要持续一段时间。除了时间因素外，我们在分析安全监管力时，还要考虑安全监管力的作用环境。安全监管力作用于监管对象时，其作用效果在很大程度上要依赖于“监管主体和监管对象的性质、监管主体与监管对象之间的关系、监管环境”等所谓的条件因素，同样的安全监管力在不同的条件下，其作用效果有可能会发生变化。因此，我们在构建安全监管力分析框架时，又额外考虑了时间和条件因素。

安全监管力方向是指监管主体向监管对象施加影响作用的角度。不同的角度会使得作用效果出现差异，有可能导致监管对象被推动、被静止、被压制或者被支持。安全监管力的方向对于监管对象行为轨迹的方向选择会产生关键性的影响作用。如果事故是由煤矿企业的行为轨迹偏离既定的合规的行为路径而造成的，那么监管力的作用就是要把煤矿企业的行为活动拉回到这些既定的合规的行为路径上。因此，安全监管主体所发出的监管力可能是拉力、推力、阻力、压力、扭力，或者是这些力的某种组合(见表 3-1)。在大多数情况下，多个监管主体同时发力，或者安全监管主体同时使用多种力来增加力的作用效果，提升安全监管的效率。

安全监管力的大小是指监管主体对于监管对象的作用强度。通常作用强度越大，作用效果越是明显。决定安全监管力大小的因素主要包括，监管主体的职位、所有权、专业知识、威望。监管主体所在的单位行政级别越高、职位越高，监管主体所能发出的安全监管力也越大。除了监管主体的职位，监管主体的专业知识和威望也会影响监管力的大小，通常威望高、专业知识丰富的监管主体会拥有更大的安全监管力。在中国的制度体系下，监管主体一般只是充当了党和政府的代理人（或者说是国家的代理人），不拥有对监管对象的所有权。因此，在中国制度体系下，党和政府授予监管主体的代理权越大，其所能发出的监管力就越大。

表 3-1　安全监管力作用方向与作用效果的关系

序号	按照力的方向分类	作用效果
1	推力	推力可以影响监管对象的在抓安全上的方向选择，但抓安全的方向选择权还主要在监管对象手里。例如，监管主体对于监管对象的激励，适当放权，让监管对象自己选择方向，以提升监管对象在抓安全上的主动性
2	拉力	监管对象在抓安全的方向上已经失去选择的能力，已经需要依赖于监管主体来引导方向。当监管主体向监管对象施加拉力时，主要由监管主体确定监管对象的行动方向
3	压力	监管主体对于监管对象的方向选择不做明显的指示，只是在生产安全问题上进行敲打，既不做方向引导，也不做方向上的严格干预
4	阻力	惩戒，向监管对象明确哪些方向是不可行的，设置不可触碰的安全红线
5	扭力	几个发力主体所发的安全监管力不在同一条直线上
6	组合力	对于有些监管对象，安全监管主体要同时使用推力和拉力，既要放权，又要适当加以引导，甚至还要施加压力，才能取得良好的安全监管效果。从安全监管力的视角来看，安全监管学既是一门科学，也是一门艺术。因为安全监管力在本质上具有力的科学属性，而在安全监管力的使用上又具有艺术的属性。同样的安全监管力，发力主体不同，其作用效果会出现明显的差异

安全监管力的作用点是指安全监管力在监管对象上的落点。从理论上来看，安全监管力的作用点可以无数个。如果监管对象是人，那么安全监管力的作用点可能是人的思想、行为或者物质资源（如设备、工艺流程、制度等）。但在监管实践中，不是所有的点都会被监管主体选择作为安全监管力的作用点。不同的安全监管力作用点会影响安全监管力的作用效果。监管主体在实践中通常要选择那些让安全监管力发挥出最佳作用的安全监管力作用点。

安全监管力的作用时间是指监管主体向监管对象施加的作用所持续的时间。在监管实践中，安全监管力的作用效果在很大程度上依赖于其作用时间。从直觉上看，通常安全监管力作用的时间越长，其所能起到的效果就越好。但在现实中，并非安全监管力作用时间越长，其所收到的效果就越好。当监管主体将安全监管力长期作用于监管对象，这会使得监管对象逐步失去对于安全监管力的弹性，也就是敏感性。根据时间的长短来划分，安全监管力的作用时间可以分为长期、中期和短期的安全监管力作用时间。根据时间的连续性来划分，安全监管力作用时间可以分为连续的和离散的(间断性的)。在实践中，如何让安全监管力发挥出最佳效果，监管主体就需要科学地计算和选择安全监管力的作用时间。

安全监管力作用的环境。除上述因素之外，安全监管力作用于监管对象要发挥出预期的效果所要依赖的条件因素，包括监管者的威信、企业的安全文化、经济状况等。在过去 20 年中，中国的监管环境发生了巨大变化，安全监管力的作用环境同样也发生了巨大变化。在 2000 年前后，全国有 5 万多家煤矿，但截至 2019 年年底，全国的煤矿数量已经下降到了不到 5 700 家。而且随着各省把产能 30 万 t/a 以下的煤矿全面关闭，全国的煤矿数量还要进一步下降。这样监管主体所面对的监管对象的数量也会显著下降。监管对象的地理分布也进一步集中，过去，江苏、山东、广东、湖北、湖南、重庆、四川、安徽等都有数量众多的煤矿，随着产能 30 万 t/a 以下的煤矿关停，以上省份的煤矿有的已经是屈指可数。全国的生产矿井将主要集中于山西、内蒙古及新疆四大煤炭生产基地。我国的煤矿安全监管环境已经发生了根本性的变化。当前及以后相当长一段时间，监管主体的重点监管对象将主要集中分布在山西、陕西、内蒙古及新疆维吾尔自治区等地区。

第四节　安全监管力的发力机制分析

本节重点分析安全监管力的发力机制，主要包括安全监管力的来源及形成条件、安全监管力的发力条件等两个部分。

一、安全监管力的来源及形成条件

(一)安全监管力的来源

安全监管力的形成是监管主体发力的条件。安全监管力要发力，首先自己必须要有力。这里从资源的视角来确定安全监管力的形成条件。任何监管力的形成都需要消耗资源，这些资源可能是无形的，如精神、情感或者认知资源；也有可能是有形的资源，如行动资源，如监管主体针对监管对象所采取的具体措施（惩罚，包括现场批评、撤职）；向监管对象调配的监管资源，如协调其他煤矿企业向事故现场调动救援的各种设备、各类人员等。

从狭义上来说，煤矿安全监管方式方法就是如何使用安全监管力的方式方法，那么在监管实践中使用安全监管力时首先要解决安全监管力的来源问题。也就是说，安全监管主体在使用安全监管力时要首先明确安全监管力的来源，明确用什么样的素材（资源）来制造安全监管力。通过观察和梳理中国的大量有关安全监管力的实践案例，项目组认为安全监管力主要来源于各类安全监管资源。参考 J. Halbesleben 等对资源的定义[64]，我们可以把监管资源定义为“监管主体认为有助于实现其监管目标的任何东西”。从该定义出发，对于监管主体来说制度、科技、政策、政治、职位、权威、专业知识及社交关系都可以看成是资源，因为这些东西都可以帮助监管主体实现其监管目标。从监管资源的定义出发，我们又可以将安全监管力的来源分为：制度型来源（各种规则）、物质型来源（具体的资源）、科技型来源、政治政策型来源、个体属性类资源。

资源是安全监管力形成的前提条件。监管主体个人拥不拥有监管资源是监管主体能否形成安全监管力的前提条件。当监管主体拥有了一定数量的监管资源，这就决定了监管主体能否形成安全监管力[65]。从监管资源的角度入手分析监管主体究竟有没有力、为什么没有力、又为什么有力等问题将更加具有实践意义，也使得安全监管力在实践中具有了可用性。从逻辑顺序上看，只有当监管主体具备了形成安全监管力的条件，分析监管主体能否发力（即发力的前提条件是监管主体要有力）、能发出多大的力、有力而为什么没有发力、发力为什么没有起到作用等问题才具有现实意义。已有的文献对于上述问题的阐释很少见。项目组在调研过程中经常发现以下问题：同样的制度下、同样职位的安全监管主体所能形成的监管力会表现出明显差异性。在同一个单位，职位也相同的不同监管主体，他们到同样的现场进行检查，但最终产生的监管效果却显著不同。这说明安全监管力的大小受到多方面的因素影响，不仅受到制度因素的影响，还会受到监管主体自身属性的影响，如监管主体自身的认知水平、个人技能、个人魅力、信誉、社会关系等。在现有的监管理论中，监管主体和学者们对上述问题很少做出科学而系统的分析，并给出明确的定论。而安全监管力理论则给我们指出了一条优化监管效果的可行之路。下面我们将重点分析以监管资源为基础的安全监管力的来源问题。

(1) 来源于制度的安全监管力。

制度是安全监管力的重要来源之一。按照诺斯的观点，制度实际上就是一种游戏规则，规定行为主体的行为活动所要依据的规则。现实中，大量的制度规定了安全监管主体所拥有的权力和资源，而这些权力和资源则构成了安全监管主体的安全监管力的来源。在中国的安全监管制度体系中，监管主体的行政级别越高，其在制度上所拥有的监管权力就越大，其所能调动的监管资源就越多，因而就能形成更大的安全监管力。

(2) 来源于物质的安全监管力(具体的资源)。

物质资源是安全监管力的第二个重要来源。安全监管主体在向监管对象发力时都需要消耗一定的资源。只有当安全监管主体拥有充足的监管资源时，安全监管主体才能把安全监管力充分发出，否则只能是心有余而力不足，望洋兴叹。通常安全监管资源的丰富程度也在很大程度上决定了安全监管主体能发的安全监管力的大小。安全监管主体所拥有的物质资源越丰富，其能发出的安全监管力就越强大。当前，在中国制度下，安全监管主体拥有比较丰富的安全监管物质资源，包括经费分配、监管设备的投入等，这些资源则构成了安全监管力的来源。

(3) 来源于科技的安全监管力。

科技是安全监管力的第三个重要来源之一。基于科技的安全监管力可以被定义为监管主体运用科技的手段对监管对象施加影响力。在现实中，以科技手段为基础而形成的安全监管力包括：通过技术改造来提升生产设备的安全性；安全监管主体可以通过科技的手段提升安全监管效率。例如，随着传感器、物联网等的普及应用，现在煤矿井下的安全监控大部分实现了信息化、智能化，不仅降低了监管人员的负担，同时还提升了监管效率。在多数情况下，监管主体只要通过互联网的终端就可以实时地掌握监管对象的安全状况。未来，随着科技的发展，安全监管主体所拥有的安全监管力也在不断变化，并且随着科技的不断发展，安全监管主体消耗同样大小的监管资源可以发出更大的安全监管力。因此，智慧化矿山的建设，以科技为基础的安全监管力也会发挥越来越重要的作用。

虽然智慧化矿山会减少生产过程中人的参与性，减少煤矿的用人数量，但这并不意味着降低监管主体的作用。相反，矿山越是智慧化，监管主体的作用越是关键，因为智慧矿山的智慧从根本上来说是人的智慧的延续，缺少了人的智慧，智慧矿山也将毫无安全可言。

（4）来源于政治政策资源的安全监管力。

在中国的安全监管实践中，监管主体拥有丰富的政治政策资源来实现对监管对象的有效监管。来源于政治政策的安全监管力是监管主体最基本的一种安全监管力。每年监管主体都会向监管对象发出各种“政策、通知、意见”，从而对监管对象因外部环境变动性可能引起的行为偏差起到矫正作用。例如，重大节假日，不同行政级别的监管部门都要向自己所管辖范围的监管对象发文，加强安全管控和现场检查。

（5）来源于监管主体个人属性的安全监管力。

除了来源于制度、物质资源、科技及政治政策的安全监管力之外，安全监管力也来源于监管主体的个人属性，如监管主体的社会身份、专业知识、个人威望及社会关系等。对于那些社会身份高、专业知识丰富、个人威望高及社会关系强的监管主体来说，他们通常能发出更强的安全监管力，并在实践中产生更明显的安全监管力作用效果。

（二）安全监管力的形成条件

安全监管力的形成机制主要研究安全监管力是如何形成的。安全监管力的形成机制是指安全监管主体如何在一定的监管环境下形成安全监管力。首先，监管主体要拥有形成安全监管力的资源（制度安排、授权、个人能力等）。其次，监管主体具备将监管资源转化为监管力的能力。第三，监管主体对存在的安全问题的感知能力。因此，安全监管力的形成通常需要三个条件：触发条件，该条件依赖于监管主体对于安全问题的感知；转换条件，监管主体能够将监管资源转化为监管力。资源依赖条件，安全监管力的形成依赖于安全监管资源，只有当安全监管主体拥有了监管资源，才具备了形成监管力的首要条件。

安全监管力的形成过程实际上就是监管主体将安全监管资源转化为监管力的过程，这个转化过程也是安全监管方式方法的构建和执行过程，并对最终的安全监管力作用效果起到关键的影响作用。这个过程的转化效率越高，则意味着安全监管方式方法越有效。在安全监管力的形成过程中，监管方式方法也在形成中，并受到监管主体和客体的动态评估，如果监管力的作用效果没有达到监管主体的预期效果，那么监管主体就需要对监管力的作用点、方向、大小及作用时间进行调整，并对安全监管力的作用环境进行更加全面和细致的分析，以收到理想的安全监管力作用效果。监管力理论的逻辑实际上是将安全领导力和执行力有机融合在一起。从发力主体来看，如果监管主体能发出安全监管力则意味着有领导力，而当监管主体能够将安全监管力准确作用于监管对象，并产生理想的作用效果，则意味着有执行力。

二、安全监管力的发力条件

（一）发力的概念

主要是指监管主体的发力，即监管主体如何向监管对象发力（如推力、拉力、压力、支持力等）。从理论上来说，安全监管力有多少种类型，监管主体可以向监管对象发多少种形式的力。而在现实中，监管主体究竟要向监管对象发何种形式的力则依赖于多种因素的交互作用。第一，监管主体自身的因素。监管主体拥有什么样的监管力。前文我们已经提到，监管主体的安全监管力一方面来源于个人的职业身份，另一方面来源于自身的个人身份。第二，监管对象因素。监管对象需要什么样的安全监管力。当监管主体不了解监管对象需要什么样的监管力而盲目发力，这会导致监管主体的发力方向与监管对象的需求方向的不一致性，会造成监管力失效。第三，监管主体与客体之间的关系。在中国制度下，监管主体是党和政府的代理人，如果监管对象是国有煤矿企业或者矿业集团，监管对象也是党和政府的代理人，这时监管主体就可以采用行政的手段来向监管对象直接发力。因为从产权关系上来看，国有煤矿是全民所有，从理论上来说，监管主体和客体都既是煤矿的产权所有人，都是党和政府的代理人，这时监管主体就可以运用行政措施解决制度体系内部的问题。例如国有煤矿发生了重大安全事故，监管主体就可以对国有企业的领导进行行政处罚，如撤职和任免。但对于私营企业来说，监管主体不大可能直接用行政的命令来撤换私有煤矿企业的领导。因为私有企业的所有人不是党和政府的代理人，这时监管主体只能运用法律的手段向私有煤矿施加安全监管力。第四，监管时机和监管环境。监管主体要让发出的监管力有效或者最有效，还要充分考虑监管时机和监管环境问题，在不同的监管时机和环境，监管力的作用效果也是不同的。因此，监管主体在监管实践中还要充分把握安全监管力的发力时机和环境。

（二）发力机制

发力机制主要讨论的是安全监管主体是如何把监管力有效地作用于监管对象，并产生预期的作用效果（见图 3-3）。发力机制实际上会涉及安全监管主体对安全监管力的认知和运用能力（如何发力）。当安全监管主体拥有了安全监管力后，还要考虑如何向监管对象发力，并需要选择恰当的发力时机，否则安全监管力的作用效果有可能会大打折扣。在现实中，监管主体向监管对象发力主要存在三种发力机制，分别是直接发力机制、间接发力机制和条件发力机制（借力打力机制）。

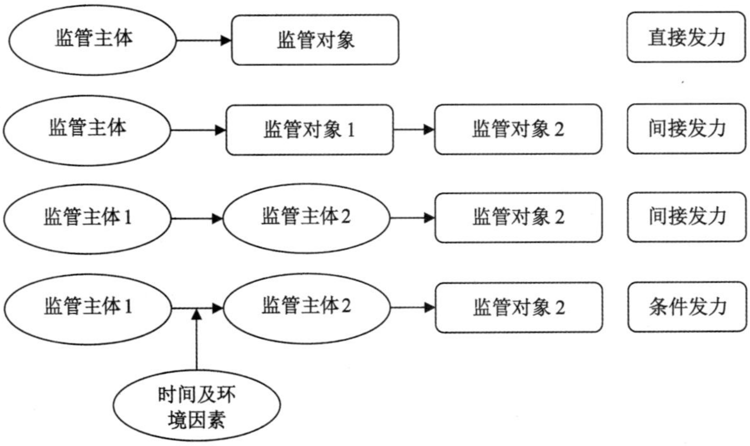

图 3-3　安全监管力的发力机制

（三）发力的条件

发力条件是指安全监管主体在面对安全问题向监管对象进行发力的依据，解决要不要发力及如何发出正确安全监管力的问题。当监管主体准备向监管对象发力时，需要考虑向监管对象发力的条件，这些条件包括发力的时机（何时发力）、发力类型、发力方式（如何发力）的选择等，此外还包括监管主体的发力与所要解决的监管问题是否匹配。因此发力条件既包括监管主体能不能发力的条件，还包括会不会发力的条件。发力是要消耗监管资源的，具有成本性。监管主体向监管对象施加安全监管力作用是带有明确目的性的。安全监管主体首先需要掌握安全监管力的知识和运用技巧，明确要解决的安全问题，明确什么样的安全问题该用什么样的安全监管力。这样，监管主体在面对安全问题时才能够向监管对象发出正确的安全监管力，包括安全监管力的类型、作用点、方向、大小及作用时间等的正确选择问题。安全监管主体不是在任何条件下都可以向监管对象发力。在现实中，监管主体只有在满足一定的条件下才能向监管对象进行发力，否则安全监管力的作用效果将会大打折扣。当前，监管主体频繁地到现场检查，频繁地将安全监管力作用于监管对象，已经造成监管对象对于安全监管力作用的疲劳问题。安全监管的力度在不断加大，但监管效果并不明显。我们建议监管主体可以运用安全监管力理论对于当前存在的某些低效安全监管的现实进行辩证思考。当安全监管主体在考虑使用安全监管力时，需要考虑在当前的环境条件下，要不要向安全监管对象发力，即首先要考虑向监管对象发力的必要性条件；其次要考虑自身能否向安全监管对象发出恰到好处的力，即匹配性条件；再次，监管主体还要考虑自身针对所面临的安全问题能否发出足够大小的安全监管力，即充分性条件。

在安全主体向监管对象施加安全监管力的实践中，监管主体在向安全监管对象施加监管力之前，需要对于监管力的发力情况进行分析，以保证安全监管主体能够施加正确的安全监管力，并能够收到预期的安全监管力作用效果。在安全监管实践中，安全监管主体在向安全监管对象施加安全监管力之前，通常要对安全监管力的发力情况从以下几个方面进行分析：

(1) 发力时间点。

在对安全监管力的发力情况进行分析时，安全监管主体首先要考虑的是在什么时间点或者时间范围内对监管对象进行发力。在监管实践中，时间是影响安全监管力发力情况的重要因素。当安全监管主体在考虑安全监管力的发力情况时，首先要考虑的是在当前的环境下，安全监管力要不要介入，有没有发力的必要性。因为安全监管主体向监管对象施加任何类型的安全监管力都是资源消耗性的，即具有成本性。如果在不恰当的时间条件下发力，都可能造成安全监管资源的浪费。所以，安全监管主体在考虑是否要向监管对象施加安全监管力时，一定要考虑发力时机问题，要尽可能地选择一个恰到好处的时机向安全监管对象施加安全监管力，尽可能做到用最小的安全监管力产生最优的作用效果。

(2) 应该采用何种监管力或者监管力组合。

首先监管主体需要判断当前存在的安全监管问题应该采用哪一种或者哪几种监管力。按照匹配机制，只有当安全监管力与监管问题相匹配时，才有可能收到最佳的监管效果。否则，监管主体发出安全监管力再大，但与监管对象、监管问题不相匹配，只会造成监管资源的浪费，白费安全监管力。

(3) 发力环境。

安全监管力不仅具有时间性，同时还具有环境依赖性。安全监管力的作用会随着监管环境的变化而发生变化。在不同的监管环境中，即使对于同样的监管对象也要考虑采用不同的安全监管力或者安全监管力的组合，这样才能收到监管主体所预想的监管效果。

(4) 监管主体的个体属性。

监管主体的认知、感知、技能等不同也会造成监管主体的发力差异性。监管主体的个体属性差异会影响发力效率和发力的能力。在同样的监管职位上，因为监管主体个体属性的差异，监管主体所能发出的安全监管力的强度会有很大的不同。有的监管主体用同样的监管资源能够发出更强的安全监管力，则说明这类监管主体的发力效率高；而有的监管主体用同样的安全监管资源却发不出多少安全监管力，造成安全监管资源浪费，也无益于问题的解决。

(5) 发力点和发力方向。

发力点和发力方向影响监管主体的发力效果。监管主体大体上拥有三大类的发力点，分别是激励类的发力点、惩戒类的发力点和维持类的发力点。每个发力点上都可以有多个发力方向可供选择，这些发力方向主要包括语言类发力方向、行动类发力方向、制度类发力方向、政治政策类发力方向等。从这些方向上，监管主体引导、推动监管对象去解决生产中所存在的各种安全问题，或者让监管对象维持当前的能够让监管主体满意的安全状况不变。这里需要强调的一点是，安全监管力作用于监管对象并不是一定让监管对象发生变化，有时安全监管力仅需要与监管对象的内部安全管理力相配合，将良好的安全生产形势一直保持下去。

第五节 安全监管力的受力机制分析

一、受力条件

安全监管力作用体系不仅要分析发力条件，还要考虑受力条件，也就是监管对象在什么条件下才能让监管主体发出的安全监管力发挥出最佳效果。例如，煤矿企业是监管对象，那么在什么受力条件下，监管主体的安全监管力才能发挥出最佳效果？决定最有效的煤矿安全监管方式方法不仅要考虑监管主体的发力条件，同时也要考虑最佳的受力条件。监管主体在向监管对象施加安全监管力的时候如果能够充分考虑受力条件的约束性，那么这会有助于监管主体找到最有效的煤矿安全监管方式方法。当面对实际的煤矿安全监管问题时，监管主体要考虑的受力条件包括：

(1) 受力客体的属性。

如果受力客体是人，那么受力客体的认知能力、工作热情和主动性、教育程度、性别、年龄等都会对于监管主体发出的安全监管力产生约束作用。对于一位缺乏工作热情的监管对象来说，他可能只会被动地接受，但不会主动去发现安全问题，创新工作方法。但是在煤矿生产过程中，安全隐患是动态的，需要受力客体在生产过程中不断认知、发现和创造性地处理风险，当监管对象对于隐患防治缺乏热情和主动性时，会导致生产中的很多隐患不能得到及时发现和处理，从而加大隐患诱发事故的风险。因此，监管主体向监管对象施加安全监管力作用时，对于那些充满工作热情和主动性的受力客体来说，监管主体的安全监管力只要点到即可，如给予适当的安全提醒。而对于那些没有什么工作主动性和热情的受力客体来说，监管主体则要持续性地向其施加安全监管力，例如全覆盖、不留死角，人盯人、派驻矿安全生产监察员等。另外，监管对象的性别、教育程度及认知能力也会对于安全监管力产生约束作用。对于高认知能力的监管对象来说，他们会把来自监管主体的安全监管力当成是一种提升安全管理能力的帮助，会主动接受监管主体的监管。相反，对于低认知能力的监管对象来看，他们会把来自监管主体的安全监管力当成是一种“找茬”，和自己作对，会从心理上不愿意主动接受监管，会想方设法逃避监管主体的监管，这必然会对监管主体施加的安全监管力产生制约作用，影响安全监管力的作用效果。从企业层面来看，煤矿企业主动接受监管和被动接受监管，安全监管力的作用效果会产生明显的差异。对于那些主动接受监管的煤矿来说，安全监管力能在短时间内发挥出明显的效果。相反，如果煤矿企业不愿意接受监管，就会想方设法规避监管，掩盖问题，导致隐患越积越多，安全监管力就很难发挥出监管主体所预期的效果。当前，中国煤矿安全监管体系正在大力推动企业主体责任的落实。项目组在调研中发现，受力客体的情况在很大程度上决定了企业主体责任的落实程度。那些安全工作做得比较好的大多数是主动抓安全的企业，并且能够积极配合监管。监管对象的主动受力和被动受力对于安全监管力的作用效果会产生明显的影响作用。

(2) 受力客体的内外部环境。

无论是受力客体的内部环境还是外部环境都会对于监管主体施加的安全监管力产生约束作用，影响安全监管力的作用效果。当监管对象处于高速发展阶段，监管对象对于监管主体所施加的安全监管力会表现出更大的弹性，也就是说监管对象的收入和利润都处于快速的增长阶段，有更多的资源用于安全生产的技术、管理的改进或者设备的更新和维护，从而对于监管主体所施加的安全监管力做出更为积极的响应。中国采煤技术、设备及管理的大规模升级主要发生在2002—2012年之间。此阶段世界经济和国内经济都处于快速增长阶段，国内外的经济发展对于能源需求都在快速增长，煤炭、原油产量逐年大幅度增加。煤炭企业的产量、收入和利润处于快速增长阶段，安全生产的技术、设备及管理也同步升级，煤矿生产的安全形势良好。在煤炭产量成倍增长的同时，煤矿事故年死亡人数从2000年的5 000～7 000人下降到2012年的不足1 000人。这在某种程度上说明，当受力客体的内外部环境发生变化后，安全监管力的作用效果也随之发生变化。

(3) 受力时机和受力时间。

监管对象的受力时机和受力时间的长短也会对安全监管力产生约束作用。

监管对象不是在任何时间条件下受到安全监管力的作用都会产生同样的作用效果。通常,监管对象发生了比较严重的安全问题,或者处于重要的转型期,比如内部结构调整、领导换届等,在这些时间内,安全监管力的作用通常会收到更为明显的效果。例如,当一个地区的大多数煤矿企业都面临着煤炭资源耗竭问题时,这时安全监管力的作用也会收到比较显著的效果。首先监管对象已经在思想上认识到资源难以接续,这时当安全监管力作用于监管对象的思想上时,监管对象的思想就会产生快速反应(心变);而在实践中,监管对象在面对复杂的地质条件时,开采的难度也会越来越大,企业开始主动求变,这时当安全监管力作用于监管对象时,就会产生明显的形变。而当监管对象的心和行逐步发生变化时,根据嵌入性理论,企业的内部结构也必须随之而发生改变,重构适应于监管对象新思想和行为的内部结构。例如,近年来监管主体让年产量低于 30 万 t/a 的煤矿停产整合,所遇到的阻力就小很多。资源耗竭已经让年产量低于 30 万 t/a 的小煤矿亏损连连,根本没有发展的前途,不走规模化已经是死路一条。另外,监管对象的受力时间也会影响安全监管力的作用效果。当企业处于重要的转型期,监管主体向客体所施加的安全监管力通常需要持续更长时间才能产生预期的效果。在平时,监管主体只需要到现场进行半天或者一天的检查,安全监管力就可以产生理想的效果,而当煤矿企业处于重要转型期,监管主体要驻矿,对于监管对象进行"人盯人",让安全监管力持续作用才能产生理想的效果。当前,在安全监管实践中,监管主体在选择监管时机和时间时很少考虑其理论依据问题。在大多数情况下,监管主体主要根据个人的经验和判断,经验主义主导了煤矿安全监管的实践逻辑。但从安全监管力的理论视角来看,监管措施的介入时机和持续时间会对监管效果产生关键性影响作用,构成了约束安全监管力作用效果的重要约束条件。

(4) 受力客体与发力主体之间的关系。

受力客体和发力主体之间的关系主要包括信息不对称关系、信任不对称关系和能力不匹配关系。项目组通过观察发现,受力客体和发力主体之间的关系也是约束安全监管力作用效果的重要条件之一。首先,监管主体和客体之间对于煤矿生产安全问题的信息处于不对称地位,可能使监管主体掌握的有关安全问题的信息充分程度要远远低于受力客体,这样受力客体就可以利用自身的信息优势来规避监管,让监管主体找不到准确的安全监管力作用点。当监管主体无法找准安全监管力作用点时，要想让安全监管力获得最佳作用效果几乎是不可能的事情，监管主体也就无法用最有效的煤矿安全监管方式方法实现对于监管对象的监管。在这种情境下，监管主体在实践中所采用的监管方式方法要想发挥出最佳效果几乎是不可能的。此外，信息的不对称性还会导致监管主体与客体之间的不信任，产生所谓的信任不对称关系，监管主体向监管对象施加的安全监管力过度或者不足，从而导致监管资源浪费或者投入不足，以至于安全监管力难以发挥出最理想的作用效率。过大的安全监管力会导致监管资源浪费，而过小的安全监管力又会导致因监管不足。例如，信息和信任的不对称性会导致监管主体的现场检查次数增加，以获得更为充分的信息。当受力客体与发力主体之间所掌握的信息越来越对称，其信任程度也会不断增加，发力主体就越能够抓准安全监管力的作用点、方向及大小，这样安全监管力就可能达到最佳效果。

二、受力体系的结构

安全监管力作用体系的结构主要由两个部分构成，分别是发力体系子结构和受力体系子结构，这两个子结构之间相互耦合，最终决定了安全监管力的作用效果。在安全监管力作用体系中，受力点之间依据受力大小及受力方向的不同组合而形成所谓的受力体系结构。受力体系的结构包括受力点的属性、受力点的分布、受力点的可变性及其之间的关系。监管主体掌握受力体系结构对于提升安全监管力的作用效果大有裨益。首先，监管主体只有掌握了受力点的分布，才有可能找到最佳的安全监管力作用点。其次，监管主体找到安全监管力的作用点并不意味着就能让安全监管力发挥出理想的作用效果，要想发挥出理想的作用效果还需要抓准安全监管力的作用方向、大小、作用时间和作用环境。而掌握受力点的属性及可变性则可以帮助监管主体实现优化安全监管力作用效果的目标，找到最有效的煤矿安全监管方式方法。

这里我们主要从安全监管力的构成要素上来分析受力体系的结构（见表 3-2）。因为发力和受力之间成耦合关系，有发力就有受力，整个安全监管力的作用体系的结构可以分为发力体系的结构和受力体系的结构，两者是并存关系，这样我们就可以从安全监管力作用体系的发力体系的结构来分析受力体系结构。通常，安全监管力的作用点就是安全监管力在安全监管对象上的受力点，这样我们可以根据安全监管力的作用点来找到安全监管力的受力点。点是数学上的抽象概念，对于安全监管对象来说，监管主体可以在受力对象(监管对象)上发现任意多的安全监管力的作用点。在安全监管实践中，安全监管主体在向安全监管对象发力时，要在众多个监管点中找到一个最优的受力点并不是一件容易的事情。一旦监管主体能够找到最佳的受力点，监管主体就可以对最佳监管效果进行准确预测，并在实践中总是应用最有效的煤矿安全监管方式方法来解决问题。我们进行安全监管力理论研究的主要目的就是为监管主体选择和应用最有效的煤矿安全监管方式方法提供理论和方法上的支持。如果每次监管主体在确定向安全监管对象发力时都需要耗费漫长的时间或者消耗巨大的精力来寻找安全监管力的作用点，这将使得安全监管力理论变得毫无意义。

表 3-2 安全监管力体系的受力体系的构成

序号	受力体系的构成	备注
1	受力点的属性	当受力点为人的时候，则要考虑其教育程度、技能、性别、年龄等因素。当受力点为企业时，则要考虑企业的地理分布、规模、组织结构、人员构成等
2	受力点的分布	包括监管对象上存在受力点的数量，这些受力点所分布的具体位置。让监管主体到达监管现场就可以明确要监察的受力点数量及其所存在的具体位置
3	受力点的可变性	即受力点在安全监管力作用下的变化范围。例如，外向型的人在安全监管力的作用下更易于发生改变，随着安全监管力的增加，安全监管力的作用效果就会越明显。企业处于快速发展时期，也更具有可变性，安全监管力能够产生更好的作用效果。相反，当企业的资源耗竭殆尽时，这时候的企业可变性就差，对安全监管力作用的敏感性会显著下降
4	受力点的层次	遵循分层受力原则，受力点的层次包括矿业集团、煤炭企业或矿井等。当前，监管主体将安全监管力主要作用于煤矿企业，对于矿业集团监管得不够
5	受力点的分类	受力点可以分为有形和无形的。有形的受力点包括企业的生产体系、作业环境、设备等。无形的受力点包括企业的价值观、思想等。当安全监管力作用于不同类型的受力点，安全监管力的作用效果也会出现某种程度的变化

在实践中，安全监管力的作用点实际上是一个比较大的范围或者区间，只要安全监管力作用于这个在这个区间或者范围内都可以收到同样的效果。也就是说，安全监管力在一定的区间或者范围内，其作用效果是同质性的，而非异质性的。当安全监管力的作用效果会产生同质化效应时，这大大方便了安全监管主体在实践中对于安全监管力的运用。在本研究中，我们的一个重要目标是通过对于安全监管实践的简化来提升安全监管理论的解释力和实践可行性。显然，当一种理论异常复杂且在实践中又难以应用时，这会不利于这种理论的推广应

用。安全监管力理论首先必须做到对于安全监管实践的高度抽象化，逻辑性强，简单实用。为了实现上述目的，我们首先要掌握监管对象上存在的受力点的分布情况，然后再根据受力点的属性及可变性进行分类，进一步掌握监管对象的受力规律。监管主体在监管实践中不仅要掌握安全监管力的发力规律，还要掌握安全监管力的受力规律，这样才更有可能实现安全监管力的最佳作用效果。

另外，前面已提出按照不同的分类标准，安全监管主体在安全监管实践中所能够选择的安全监管点也可以分成不同的层次。也就是说，受力点的位置也会影响安全监管力的作用效果。例如，在当前监管实践中，监管主体将安全监管力主要作用于煤矿，而对于矿业集团公司的监管则相对较弱，监管力作用于矿业集团的频次要明显低于煤矿，这在一定程度上违背了分层监管的原则。在煤矿安全监管体系中，分层监管是基本的原则，但在现实中这个基本原则并没有得到严格执行，监管主体的跨级监管时有发生，不同层级上的监管主体习惯于把煤矿企业作为主要的直接的监管对象，惯常把安全监管力作用于煤矿，而不是遵循分层监管原则，从集团公司到煤矿，这在一定程度上弱化了煤矿企业主体责任的落实[66]。从监管的角度上来看，煤矿企业面前有政府部门、监察部门、煤管部门、集团公司等多个负责部门，煤矿企业需要对每个部门负责，这在很大程度上造成责任的并行化，而不是更为高效的责任分布化。当煤矿发生了责任事故，众多部门都要承担并行化的监管责任，重复担责，在一定程度上模糊了责任界线。在安全监管力作用体系中，我们可以建立起发力点、受力点的明确对应关系，这可以明确监管主体和监管对象各自的责任边界，建立责任可追踪机制，实现事故追责的科学化，即“尽职免责，失职担责”。

三、受力体系的构成要素

受力体系的构成要素主要有：监管对象、受力作用、受力点、受力方向和受力强度。

（1）监管对象。

监管对象是受力对象，是受力体系结构的最基本构成要素。受力对象在大多数时候不同于受力点，受力对象上可能存在多个受力点，监管主体可以从受力对象上的众多受力点来挑选最佳的安全监管力作用点，以实现安全监管力作用效果的最大化。当监管对象主动接受监管主体的安全监管时，前者会帮助后者确定准确的监管点及力的作用方向，并对力的强度大小做出及时的反馈，从而帮助监管主体施加最优的安全监管力。当前，人们对于如何以及该从哪些方面来研究受力对象与安全监管力作用效果之间的规律性，以及如何提升监管主体运用安全监管力的技能及技巧等问题仍然存在不少争论。如果我们从行为和心理科学的视角入手，就会发现监管对象接受监管的意愿、能够承受的监管力的大小，监管对象上的受力点的多少、分布及可变性等都在一定程度上会影响安全监管力的作用效果。监管主体要想实现对于监管对象的最有效的监管，必须要弄清楚监管对象上可行的受力点数量、这些可行的受力点中哪些是让监管主体偏好或者满意的监管点、哪些可行的受力点有可能成为最优的受力点等诸多问题。如果我们能够运用安全监管力理论帮助监管主体事先从可行的受力点中优选出最佳的受力点，这就可以帮助监管主体将安全监管力准确地作用于受力点，避免监管主体在监管实践中走弯路，从而有助于提升监管效果和效率。

监管对象（受力对象）的分类。实际上，受力对象的分类是掌握受力作用体系运行规律的一个重要环节。因为分类本身就是规律性的表现形式之一。监管对象的分类意味着监管对象在受到安全监管力作用时可能产生不同的表现。因此，监管对象的不同，监管主体也要考虑发出不同的力或者不同强度的力，对于那些易于形变但不易于行变的监管对象，则要增加安全监管力作用的持续时间；相反，对于易于行变但不易于形变的监管对象，则可以缩短安全监管力的作用时间，这样就可以用较低的监管成本收到预期的监管效果。显然，从资源消耗的角度来看，安全监管力如果作用于监管对象的思想，能够让监管对象产生预期的心变，这是最理想的监管效果，不仅可以降低安全监管资源的投入，还可以提升安全监管的效率。为了便于安全监管力在实践中的应用，我们遵循分层监管的原则，并按照作用点的不同层次、不同属性给出了安全监管力作用点汇编的主要框架。

安全监管力的受力体系首先要考虑的是安全监管力的发力点、发力方向和发力强度，接着要考虑安全监管力的受力点、方向和强度，以及安全监管力的发力和受力之间关系（见表 3-3）。这部分内容我们在安全监管力作用点分析和安全监管力作用效果分析中已经有过论述。这里我们分析受力点、方向和强度主要用于进一步判断安全监管力的发力和受力关系，从而帮助监管主体预估安全监管力的作用效果，优选安全监管力作用点，设计出最有效的煤矿安全监管方式方法。显然，一个没有理论逻辑支持的安全监管方法体系在实践中所能取得的效果在很大程度上只能依赖于监管主体的经验和知识的积累，监管主体只能依赖经验对煤矿安全监管的方式方法进行改进。相反，对于一个有理论逻辑支持的安全监管方法体系来说，监管主体就可以根据理论逻辑来改进和完善方法体系，推动方法体系在现实中不断进化，最终找到最有效的安全监管的方式方法。

表 3-3 安全监管力作用点

作用名称	表现形式
可行的监管力作用点	客观上存在的安全监管力作用点，即所有可以施加安全监管力的作用点
满意的监管力作用点	监管主体在主观上认为可能产生满意作用效果的作用点
足够好的监管力作用点	监管主体认为可以产生足够好的作用效果的安全监管力作用点
最优的监管力作用点	监管主体认为能够产生最好作用效果的安全监管力作用点

安全监管力的作用效果主要取决于受力点、方向及强度等因素，此外，还要考虑时效性和环境因素。时效性主要考虑两个方面因素：作用力持续的时间和时机选择。时机选择是指监管主体发力的时间点，这会影响安全监管力的作用效果。安全监管力具有时间方向性，监管主体在不同的时间点上对于监管对象的发力所产生的作用效果是不同的。例如，当事故发生后，安全监管力的作用会随着时间的推移作用效果变弱。当一起重大事故发生后，安全监管力的作用效果在一定的时间范围内会非常显著，但随着时间的推移会变弱。因此，随着事故效应的减弱，监管主体发力强度也应该随之而下降。监管实践中，监管主体应该选择最佳时机向监管对象施加安全监管力，以获得最佳的安全监管力作用效果。最有效的煤矿安全监管方式方法的设计应该建立在安全监管力作用体系优化的基础上，不断改进安全监管力作用体系的结构，让安全监管力发挥出最佳的作用效果。安全监管力的作用时间的长短，即安全监管力作用于监管对象的所持续的时间长度，是监管主体要想获得最佳监管效果所要考虑的关键要素之一。对于有些监管对象，安全监管力在短时间内就可以发挥作用，但另外一些则需要安全监管力的作用持续很长一段时间才能显示出效果，这主要取决于监管主体、监管对象的属性、监管主体和客体之间的关系及环境因素等。因此，安全监管力受力体系的构成要素分析主要从受力、受力点、受力方向及受力强度等几个方面展开。

(2) 受力作用。

受力对象是监管对象,受力作用是监管对象受到监管主体所施加的安全监管力的作用。监管对象受到安全监管力的作用发生变化或者保持不变。受力实际上是监管对象受到监管主体的被动作用。在监管实践中,安全监管力的作用在大多数情况下对于监管对象来说是一种被动的影响作用,但其目标是通过这种作用最终化被动为主动,促使监管对象运用自身的内力搞好企业的安全工作,逐步形成主动安全行为,甚至是公民安全行为,不仅自身主动“要安全”,还要主动帮助其他企业抓好安全,最终是大家一起安全。也就是我国高层监管主体所总结的“企业落实安全生产主体责任有四种形态”的演变过程,从低到高分别是“侥幸型、经验型、自律型到文化型”。从受力作用的角度来看,当企业落实安全生产主体责任是“侥幸型”时,安全监管力起主导作用,而当企业落实安全生产主体责任是“文化型”时,安全监管力将不再直接作用于企业,企业将依赖于自身内部的安全管理力就可以抓好安全,并还会主动去帮助其他兄弟企业共同抓好安全。也就是说监管对象从侥幸型向文化型蜕变的过程实际上是安全监管力作用逐步减小而内部安全管理力的作用逐渐加大的过程(见图 3-4)。

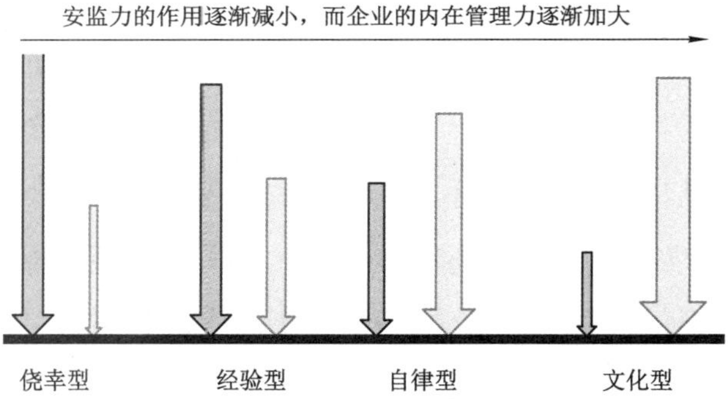

图 3-4　安全对象类型特点

项目组在调研中发现,监管对象在实践中可能是主动受力,也可能是被动受力,这两种不同的受力方式决定了安全监管力的作用效果存在很大差异。当监管对象主动接受监管主体的监管时,会放大安全监管力的作用效果;相反,如果监管对象只是被动地接受监管主体的监管,在很大程度上会弱化监管力的作用效果。在监管对象主动接受安全监管时,监管客体会主动向监管主体汇报安全问题所在,可以协助安全监管主体快速准确地确定安全监管力的作用点,找准安全监管力的作用方向,使得监管主体的发力方向和监管对象受力方向一致,从而强化了安全监管力的作用。相反，如果监管对象不愿意主动接受监管主体的监督，监管对象就会有意掩盖安全监管点，让监管主体消耗一定的时间和物质资源才能发现准确的安全监管力作用点，这可能会使得监管主体错失最佳的监管时机，使得同样的监管力（相对于监管对象主动接受安全监管的条件）难以收到同样的效果。基于上述分析，我们可以把受力作用分为主动和被动受力，主动受力会放大安全监管力的作用效果，而被动受力则会弱化安全监管力的作用效果。在中国的安全监管实践中，监管主体应该逐步推动监管对象从被动受力向主动受力的转变，也就是真正将企业的主体责任落到实处。伴随着这个转变，煤矿企业也会逐步构建起主动安全文化，让煤矿企业的主体责任机制逐步完善并在实践中得到执行。否则，监管对象如果一直需要被动受力作用才能维持良好的安全生产态势，当安全监管力的作用一消失或者弱化，监管对象的安全就会出现问题。这也就是说，监管对象如果长期承受被动的安全监管力作用，会造成监管对象对于监管主体的依赖，如果这种依赖是长期性的，那么监管主体对于监管对象的监管就会不断强化，而监管对象对于监管主体的依赖也会随之升级，如此循环往复，会导致煤矿企业的主体责任机制难以执行。当前监管主体一方面紧抓企业主体责任的落实，另一方面又强化对于企业进行全覆盖式的“囚徒型监管”，这本身就有些自相矛盾。现实情况表明，监管主体不放心让监管对象依靠自身力量抓安全，而有些企业对于依靠自身能力抓安全还缺乏信心。

（3）受力点。

任何从监管主体发出的安全监管力最终都落在监管对象上的某个点上，这个点则被称为安全监管力的受力点。在安全监管力理论中，监管点是安全监管力作用点的简称，这个作用点分成两个部分，分别是监管主体上的发力点和监管对象上的受力点，两者统称为安全监管力的作用点。安全监管力的作用点实际上是发力点和受力点的耦合。通常，监管主体找到了安全监管力的作用点后，受力点也就理所当然地确定了。在受力点的确定上，一方面监管主体可以依据既有的监管制度及自身的监管经验来确定监管对象上的受力点。另一方面，监管对象也可以主动帮助监管主体来确定受力点，这会大大提高监管主体对于受力点的识别效率。在被动安全文化氛围中，监管对象会有意掩盖安全监管力的受力点，从而降低监管主体的发力准度；相反，在主动安全文化氛围中，监管对象会向监管主体主动报告受力点，帮助监管主体提升发力准确度。因此，从安全文化视角出发，我们按照监管对象的意愿可以将安全监管力的受力点可以分为两种类型，一是主动受力点，二是被动受力点。主动受力点是监管对象将监管点主动提供给监管主体，这意味着监管主体和客体之间存在高度信任关系，并且这种信任关系是监管对象向监管主体主动提供监管点的前提条件，如果两者之间不存在高度的信任关系，监管对象就可能向监管主体提供错误的监管点，这会让监管主体向这些监管点施加安全监管力时不起到任何作用效果，或者起不到监管主体所预期的效果，不仅会浪费监管资源，还可能让安全隐患进一步积累。

受力点的选择及优化。在监管实践中，监管主体由于难以掌握完备的信息，加之监管主体也是有限理性的行为主体，他们往往会选择让自己满意、有所偏好或者主观上觉得可行的监管点，而不去竭尽所能地选择足够好的或者最优的受力点，这会导致现实中的监管效果可能永远也难以达到最理想的水平，总是存在造成监管资源浪费的可能性，并埋下安全隐患。选择可行的或者满意的安全监管力受力点只是安全监管的一个环节，如何对于可行的或者满意的安全监管力受力点进行迭代升级则是监管主体所要面对的挑战，迭代升级不仅要依赖于现代决策技术、科技，同时也依赖于监管主体的临场决策能力、认知水平及主观能动性。因此，受力点的选择实际上是一个决策优化问题。最佳安全监管力受力点是决定最有效煤矿安全监管方式方法的关键指标之一。监管主体如果在实践中难以找到最佳的安全监管力受力点，那么用最有效的煤矿安全监管方式方法去进行安全监管则只能成为一种空想。

(4) 受力方向。

安全监管力是从安全监管主体发出的，安全监管力的方向通常就是监管对象的受力方向(发力方向和受力方向处于同一直线上，但方向相反)。但是监管对象可以通过信息的不对称性来改变安全监管力的作用方向，从而改变自身的受力方向，达到逃避安全监管的目的。但从力的理论上来说，安全监管力作用体系中的受力方向实际上是发力方向的反方向。因此，当确定了发力方向也就确定了受力方向，反之亦然。受力方向与安全监管力作用效果密切联系。不正确的受力方向会弱化安全监管力的作用效果，甚至让安全监管力的作用失去效果。在单一安全监管力的作用体系中，安全监管力方向与作用呈线性相关关系。但在多安全监管力的作用体系中，安全监管力作用方向会与安全监管力的作用效果之间失去线性相关关系。党政同责、多头监管，这都意味着一个监管对象可能受到多重安全监管力的作用,当这些安全监管力的方向没有协同一致时,就可能出现安全监管力的耗散情形,导致监管资源重复投入,但监管效果提升的却并不明显,在某些极端的情形下,甚至会降低安全监管力的作用效果。例如,在实践中,不同监管主体之间有可能存在矛盾或者利益冲突,彼此之间不仅在安全监管中不能相互协同,而且还会相互倾轧,有意给对方制造麻烦,这最终会导致从不同监管主体发出的安全监管力不仅不能形成具有强化效应的监管效果,反而会形成具有相互抵消效应的监管效果。

(5) 受力强度。

受力强度度量了受力点所能承受安全监管力的大小。每一个监管对象所能承受的安全监管力作用都处在某个确定的范围内,监管效果会随着受力强度的变化而发生变化。如果监管主体事先不了解受力点所能承受的安全监管力作用强度而向受力点施加了过大或者过小的安全监管力都可能无法产生预期的监管效果。过大的安全监管力不仅会造成安监资源的浪费,还有可能造成安全监管副作用。如监管主体频繁到煤矿企业进行检查,企业的正常生产秩序就受到干扰。项目组在调研中发现,一家煤矿企业一年被各级监管部门检查了 400 次;另外一家煤矿企业在发生事故后的一天半时间被各级监管部门检查了至少 7 次。受力点的受力强度主要是根据监管对象的可靠性、能力、认知、资源的冗余性、产权结构、制度完善性等维度进行测度。受力强度可以理解为监管对象可以承受的安全监管力作用的强度(承受力)。因此,监管主体在向监管对象施加安全监管力时,受力强度应该是其重点考虑的因素。因为在安全监管实践中,监管主体向监管对象施加了过大的监管力,监管对象承受不了,这不仅会浪费监管资源,同时也会造成监管对象发生过大的形变或者行变,触发矫枉过正,过犹不及的安全问题,不仅不能解决现有的安全,还可能引发新的更加严重的问题。同样,监管主体如果向监管对象施加的监管力强度不足,同样不能有效解决现有的安全问题。另外,煤矿安全监管实践中存在相当数量的重复检查和低效率检查问题,这些都是某些监管主体没有掌握发力的力度造成的。因此,在发力和受力上,监管主体与监管对象之间的关系将会影响安全监管力的作用效果,所以,要建立有效的实时的信息反馈机制,使得监管对象能够向监管主体及时地反馈自身所能承受的受力强度,监管主体需要根据受力点的承受能力而对安全监管力强度做出适时的改变,并最终确定最佳的受力和发力强度,实现监管资源的优化配置。

另外，监管对象可能会主动受力、被动受力，甚至会躲避安全监管力，这都会影响安全监管力的作用效果。因此，我们在分析安全监管力作用效果时，不能只盯着安全监管主体而忽视安全监管对象。通常把监管主体和监管对象进行矩阵化排列，这样会更加有助于弄清楚监管力与监管效果之间的关系。在未来的研究中，项目组还要建立和完善测量受力强度的方法，以帮助监管主体准确把握监管对象的受力强度的范围，并确定监管对象的最佳受力点，从而让监管主体发出的安全监管力能够收到最佳的监管效果。

第六节　安全监管力的事故防控效果分析

前面论述了安全监管力的理论逻辑，本节重点分析安全监管力在事故防控中所能发挥的作用，主要目的是让安全监管主体掌握安全监管力在安全监管实践中如何操作。

一、煤矿事故与安全监管力作用

从广义上看，煤矿安全监管是监管主体运用监管的手段对监管对象施加强制作用，让监管对象在煤矿生产和运营过程中，不会发生或者尽可能少发生安全问题。而从安全监管力的视角来看，煤矿安全监管是监管主体向监管对象施加安全监管力作用，纠正监管对象在生产中发生的任何可能导致安全问题的偏差。监管主体针对监管对象制定了各种法律法规、行业规范等，同时还针对一些具体问题发通知或者提意见，监管对象在生产中的任何行动都应该符合这些法律法规，或者严格执行通知及意见。但是监管对象在现实中的行为活动会有意无意间偏离这些规定，并有可能会诱发安全问题。这里需要特别强调的一点是，煤矿企业作为安全生产的责任主体在生产中所发生的偏差并不一定都需要监管主体来纠正，监管对象自身也会主动纠正在生产中发生的偏差。但有些监管对象自身没有能力纠正，或者即使有能力纠正，但为了自身利益而不愿意主动纠正，还可能有意为之。当后一种情形发生后,监管主体就应该将安全监管力作用于监管对象上的某些受力点,用以纠正监管对象的行为偏差。

按照安全监管力的理论逻辑,安全监管主体可以运用安全监管力来改变监管对象的行为活动,从而解决安全监管对象行为活动出现偏差所造成的安全问题。从事故统计数据上来看,近几年国内发生的重大或者重特大事故基本上都是所谓的"违规责任事故"。因此,只要煤矿企业在生产中不做任何违规的事情,或者能够防止煤矿企业做任何违规的事情,那么发生事故的可能性是非常低的。简而言之,监管主体可以运用安全监管力实现对于煤矿事故的防控。实际上,在煤矿生产运行系统中,任何个人、单位或者设备都有按照各种规程要求而预设的运行轨迹,而运行轨迹的保持或者改变都要依赖于力的作用,这些力的作用包括企业的自控力、外部的安全监管力,或者自控力与安全监管力的合成作用(见图 3-5)。监管对象只要不偏离这些轨迹运行,就不会或者几乎不会发生事故。但是在现实中,人、物及系统都无法做到绝对的可靠性,都可能在运行中发生某种程度的偏差,使得煤矿生产系统偏离既定的运行轨迹,如不进行及时纠正,偏差就会越来越大,并最终诱发煤矿事故。例如,监管主体已经向一家违规生产的煤矿下达了停产通知书,但是监管对象通过各种手段不停产,这种生产行为上的偏差在自控力和安全监管力的作用下都难以纠正,安全没有保障,事故随时可能发生。在这种情形下,监管主体就需要对煤矿企业的安全监管力做出适当的改变,如改变安全监管力的方向、作用点或者大小,以最终修正监管对象的运行轨迹,避免安全隐患的积累。通常,当偏差发生后,系统首先依赖于自控力进行纠偏,而当自控力难以纠偏时,这时就需要及时启动外力作用来纠偏,也就是利用安全监管力的作用来修正或者纠正这些偏差。近 10 多年来,中国煤矿生产一直保持着良好的形势,这一方面是煤矿企业、矿业集团作为责任主体的自控力纠偏的结果,另外一个方面就是外部安全监管力的纠偏结果。自控力和安全监管力分别产生于监管对象和监管主体,两者相互作用、相互补充,最终推动了中国煤

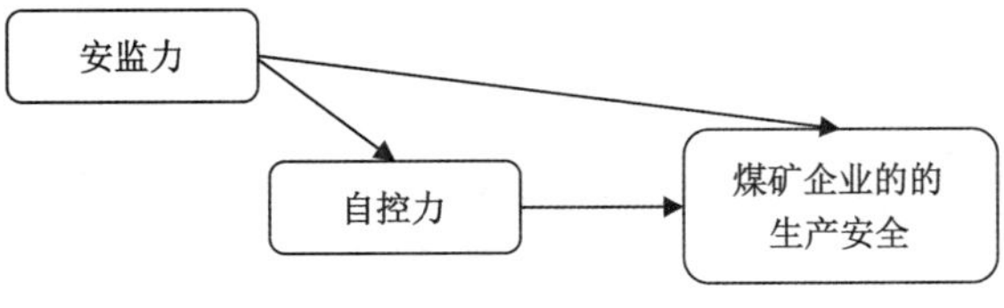

图 3-5　煤矿事故与安全监管力之间的关系

矿安全生产形势的持续改善。

因此，我们从安全监管力理论角度出发，将煤矿事故的起因抽象为煤矿生产活动中出现的各种可能造成安全问题的偏差，在逻辑上是行得通的。违章行为可以抽象为员工没有按照规程进行操作，其行为活动以至于偏离了安全规程的要求，机械故障可以看作是机械不能够按照原有设计的参数运行，其运行偏离了原有的设计参数而发生了故障。监管主体可以通过改变监管力的作用方向、大小、作用点、作用时间和环境而改变监管力的作用效果，进而修正监管对象的运行轨迹，实现对于煤矿事故的管控。

二、煤矿安全监管力的作用效果分析

安全监管力的作用效果。煤矿安全监管方式方法的有效性可以通过安全监管力的作用效果来进行评估。安全监管力的作用效果主要取决于发力和受力之间的关系，实际上主要取决于监管主体与客体之间的关系，以及力的作用机制所存在的时间和环境条件。根据发力(f_a)和受力(f_p)之间的关系可以分析安全监管力的作用效果(E_f)，即 $E_f=F(f_a,f_p)$。安全监管力的作用效果是衡量研究煤矿安全监管方式方法的有效性关键指标。在实践中，我们可以依据安全监管力的作用效果来衡量煤矿安全监管方式方法的有效性。监管力的作用效果越好，则安全监管方式方法就越有效。当安全监管力能够产生最佳的作用效果，那么以安全监管力作用理论为依据的煤矿安全监管的方式方法也会是最有效的。

安全监管力作用效果分析主要包括分析安全监管力作用产生效果应该具备的条件。这些条件主要涵盖监管主体条件、监管对象条件、力的作用机制条件。这三个条件是决定力的效果的关键条件。此外，从资源消耗的视角来看，力的形成和作用都要消耗资源，安全监管主体如果不消耗一定的资源是无法形成安全监管力的。因此，从资源的输入和输出的角度来看，正常意义上安全监管系统是资源输入越多，其输出的安全监管力也越有力，所取得的安全监管力效果也应该越好。在对本节内容正式展开之前，我们首先把安全监管力与资源的关系简要说明一下。

资源与安全监管力的关系(安全监管资源定义)。S. E. Hobfoll 将资源定义为那些被个体所重视的对象、个体特征、条件或能量，或者是那些能够帮助个体实现其所珍视这些对象、个人特征、条件或能量的手段。J. Halbesleben 等则将上述资源定义进行了简化，他把资源定义为个体所能感觉到的能够帮助实现他或者她的目标的任何东西(这里的个人目标有些抽象，对于监管主体来说，他在整个监管体系中有自己的监管目标，这个目标有可能不是完全个体的)。在煤矿安全监管实践中，监管主体对于监管对象的监管很显然是为了实现特定的目标-安全目标(如本质安全)，通俗地说就是防止煤矿在生产过程中的任何事故。按照资源的定义，监管主体向监管对象施加安全监管力的过程中，凡是可以利用来帮助实现安全监管目标的任何东西都可以看作是安全监管资源，这些资源涵盖情感、认知、行动、物质、身份、威望、专业知识等。为了更加直观地展示安全监管力作用对于事故防控效果的影响作用，我们在表 3-4 中列出了安全监管力构成要素及其在事故防控中可能产生的效果，同时，用图 3-6 展示了安全监管力作用机理下的事故治理过程。

表 3-4　安全监管力视角下影响事故防控效果的因素

构成因素	因素的细化	因素的具体描述
监管资源	监管主体在向监管对象施加安全监管力的过程中所要消耗的资源	人力、物力、财力，政治政策资源、精神资源(热情、态度)、个人的魅力、威望及才学等
监管主体	监管主体是安全监管力的发力一方	监管主体需要利用相关资源形成安全监管力。可以依据监管主体能否利用安全监管资源形成安全监管力来判断安全监管主体是否胜任自己的职位。监管主体能够把监管资源转换为安全监管力的效率越高，则意味着监管主体胜任力和安全领导力越强
多安全监管力的叠加效率及效果	同一个监管对象需接受多个安全监管力作用；一位监管主体可以通过消耗多种监管资源形成多种类型的安全监管力	一种情形是一个监管对象所存在的安全问题需要多个监管主体同时发力才能解决。另外一种情形是，在多数监管实践中，一个监管主体需要同时向监管对象施加多种安全监管力才能实现对于事故的有效监管
监管对象及监管对象上的多个监管点	监管对象和监管点是安全监管力的受力一方。监管对象上的监管点众多，要想取得监管效果，监管主体需要同时对多个监管点发力	由于监管对象上可能存在多个关键点，监管主体在某些情况下需要向多个监管点发力才能保证安全监管力收到比较理想的效果
心变、形变和行为活动改变	安全监管力作用于监管对象，要么在心、行和形上发生变化，要么不变	心变、形变和行变是安全监管力作用效果的具体表现，并进而影响事故的发展进程。安全监管力作用于监管对象，让后者发生变化或者不变，从而实现对于事故的治理

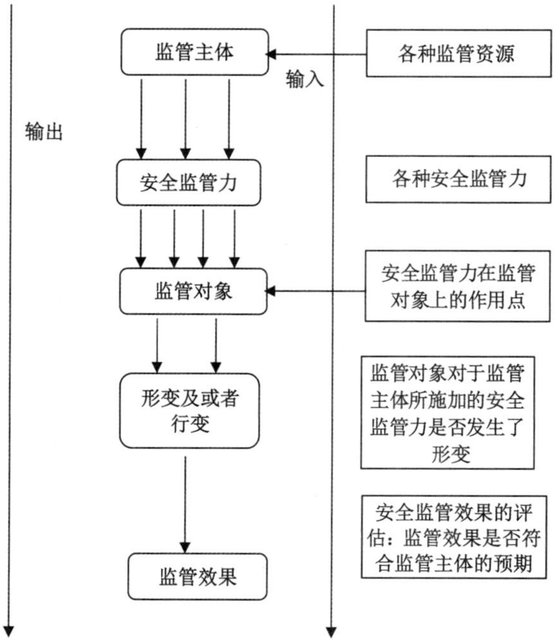

图 3-6　基于安全监管力视角的事故治理过程

在实践中，安全监管力的作用效果取决于监管对象、监管主体、作用机制及安全监管力的作用时间和环境等多个方面的要素。

当安全监管力作用于监管对象时，通常会发生以下几种情况：

(1) 不产生任何监管效果，即安全监管力对于安全监管对象不产生任何影响作用。

安全监管力无法对于监管对象产生影响作用，主要是由以下几个方面因素所造成的。首先，监管主体自身的问题，监管主体不会用力，监管主体无法发力或者发正确的力，监管主体无法正确用力等。其次，监管对象的问题。监管对象自身的属性也会影响安全监管力的作用效果。例如，监管对象对于安全监管作用的认知不足，对于上级的监督作用阳奉阴违，人前一套，人后又是一套，不能将安全监管主体的指令不折不扣地贯彻下去，或者把安全监管主体的监管指令执行错误，都可能影响最终的监管效果。

(2) 产生效果，但效果不符合预期(产生了非预期的效果)。

通常，对于监管主体来说，如果他们向安全监管对象施加了安全监管力，但作用效果不符合预期，这种情况下，他们通常会认为施加了错误的安全监管力，或者是其所施加的监管力的方向、力度、作用点位置存在问题。于是，他们就会从以上四个方面入手进行调整，直到安全监管力的作用效果符合他们的预期。安全监管力产生的效果未达到监管主体的预期，可能是由于以下两种错误所引起的。一是安全监管主体使用了错误的安全监管力，从而无法产生预期的效果；二是监管主体向监管对象施加了正确的安全监管力，但并没有产生监管主体所预期的效果，以至于监管主体认为自己向监管对象所施加的安全监管力是错误的。无论如何，这种错误都会造成监管主体所施加的安全监管力无法产生让监管主体满意的监管效果。因此，在安全监管实践中，安全监管主体不仅要避免犯安全监管的第一类错误，还要避免犯安全监管的第二类错误。在安全监管实践中，随着安全监管主体在安全监管实践中的监管经验的不断积累，这两类错误都会明显下降。因此，如何向安全监管对象施加正确的安全监管力并产生预期的效果具有时间和经验依赖性。

(3) 产生了预期的效果。

当安全主体向安全监管对象施加了安全监管力时，通常会对安全监管力的作用效果会产生某些预期。如果安全作用效果符合预期，那么安全监管主体就认为施加的安全监管力的力度、大小和方向是正确的，否则，可能认为所施加的安全监管力的力度、大小和方向存在问题，于是就会不断尝试对于安全监管力的力度、大小及方向进行调整，直到安全监管力的作用效果符合他们的预期。

当监管主体在安全监管实践中发现了需要监管的煤矿安全问题后，如何去纠正或者解决这些已经存在或者正在发生的问题？问题的答案非常简单，但具体操作起来则需要一定的技巧。按照简单的行动逻辑，监管主体发现了问题，下一步要做的不就是解决问题吗？但如何解决？解决问题是一种资源消耗的行为活动，监管主体是否具备解决问题的监管资源呢？在监管实践中，监管主体非常清楚安全问题所在，但最终因为没有足够的安全监管力，只能对存在的安全问题束手无策。项目组在山西的调研中发现，私有煤矿存在幕后煤老板问题，这也是造成山西煤矿安全问题的关键因素之一。有关稀有煤矿企业存在幕后煤老板问题可不是项目组的首次发现，但监管主体就是很难形成针对这类监管对象的监管力，结果导致这类监管问题久拖不决。

三、煤矿事故的受力效果分析

大多数煤矿事故的形成具有过程性，因此，在煤矿事故的形成过程中，监管主体可以运用监管力来改变监管对象的运行轨迹，从而干预或者控制事故的形成过程，达到对煤矿事故管控的目的。这也就是说，如果煤矿事故的形成过程中存在安全监管力的作用，那么事故既有的形成过程则会发生改变，事故可能被防止，或者事故后果的严重性明显降低了。这里我们给出了煤矿事故的受力分析的 5 个步骤(见表 3-5)。

表 3-5　煤矿事故受力的 5 步分析法

步骤	关键事件	主要内容
第一步	煤矿事故的受力点分析	要找到安全监管力在事故形成过程中所有可能作用点，这一步是后面所有步骤的前提条件。只有找准了受力点，下面的步骤才有继续进行下去的意义。另外，受力点可能很多，要对受力点进行排序，分出好坏优劣。这种安全监管实践具有可复制性，当监管的领导调离或者升职后，继任领导可以复制前任领导的做法，避免监管效果的大起大落
第二步	煤矿事故的受力方向分析	当确定了管控事故的受力点之后，则要进一步确定安全监管力的发力和受力方向，这将会决定安全监管力的受力效果，进而影响事故在安全监管力作用下的管控效果
第三步	煤矿事故的受力大小分析	监管主体可以根据安全问题的严重程度而确定监管力的发力大小，这将会和受力方向形成交互作用效应，进一步影响事故在安全监管力作用下的管控效果
第四步	煤矿事故的受力时间分析	监管主体需要进一步明确监管力作用于监管对象所要持续的时间。时间周期包括：几个小时、几天、几周、几个月甚至更长时间。另外还是确定监管力是持续作用还是间断式作用，这需要根据实际情况来定
第五步	煤矿事故的受力环境分析	分析安全监管力的受力环境。安全监管力的受力环境和受力时间可能会产生交互作用，两者之间有可能不存在时间上的先后顺序，可以先考虑受力环境，也可以先考虑受力时间，也可以同时考虑受力时间和环境。安全监管力的作用效果对于受力环境具有依赖性，当安全监管力的受力环境发生改变后，安全监管力的作用效果也可能发生变化。因此，监管主体需要充分考虑监管力作用环境的变化

煤矿事故的受力效果分析。煤矿事故的受力效果主要是指监管对象在安全监管力的作用下所产生的作用效果，如违章违纪发生频率，事故发生次数的变化。当监管主体向监管对象施加了安全监管力作用后，如果上述指标发生了显著性变化，则意味着安全监管力产生了作用效果。可以从以下几个方面考虑受力效果。

(1) 违章违纪的发生频率。

当安全监管主体向安全监管对象发力后，如果监管对象的违章违纪的频率开始下降，或者开始明显下降，这从理论上则说明安全监管力发挥了作用，监管对象的受力效果明显。反之，则说明没有受力效果。

(2) 事故发生的概率或者频率。

对于一个经常发生事故的煤矿企业来说，如果在受到安全监管力作用时，事故的发生率明显下降了或者下降很快，同样可以在理论上表明监管力发挥了作用。事故率下降得越快，则说明受力效果越明显。

(3) 已知问题的解决率。

在现有监管的条件下，监管对象已被发现的安全问题在一定时间内已经得到解决的占比，即已经解决的问题在已被发现的问题中的比例。对于单个安全问题来说，我们可以根据该问题已经解决的部分在整个问题中的占比$\frac{P_s}{P}$来度量(其中，P_s 为已经解决的问题；P 为已被发现的问题)。

而对于存在多个安全问题的监管对象来说，我们可以用每个安全问题已经解决部分的加和除以整个安全问题，从而得出问题的整体解决率：

$$\frac{P_s^1+P_s^2+\cdots+P_s^n}{P^1+P^2+\cdots+P^n}$$

(4) 安全设备更新及维护。

煤矿井下环境比较恶劣，湿度大、灰尘多、温度高，如果煤矿企业只是重视生产而忽视对于生产设备的维护，生产设备也会出现疲劳或者故障，并会造成安全问题。重庆松藻煤矿"9·27"重大事故就是由胶带问题导致的，实际上就是煤矿投入不足、设备老化。另外，在现场调研中发现，有些煤矿企业存在一定的重生产轻维护的问题，一些安全设备存在老化或者维护不当等问题。如在七台河地区的某个煤矿发现胶带维护不到位，存在着火的可能；多处传感器上积满灰尘，可能会降低传感器的灵敏度等问题。监管主体现场向监管对象提出以上问题后，监管对象很快对设备进行了维护，并解决了问题。监管主体进行现场检查就相当于监管主体将安全监管力直接向受力点(胶带、传感器)施加安全监管力，并取得了立竿见影的效果。

(5) 在安全问题上的投资。

当前，监管主体正在推动国内煤炭企业安全标准化制定、普及及执行。这是监管主体将安全监管力作用于煤矿企业或者矿业集团，各煤矿企业和集团开始了积极准备新一轮的安全达标：如合规问题(安全技术合规、管理合规、产权制度合规等)、安全标准化问题(这个与合规有某些程度的重叠)、安全技术升级问题

(从机械化开采向智能化开采的转变)。这表明监管主体推动的安全标准化建设已经产生了很好的效果。

(6)在安全上的宣传。

近年来,各级监管部门在推动煤矿企业主体责任上做了大量宣传和动员,煤矿企业已经逐步接受企业承担主体责任的思想,但在生产过程中还会存在主动违规行为,安全主动性还有待提升。监管主体也在不断改进宣传的方式,改变安全监管力的发力点和受力点,把宣传的重点转向改变企业的安全认知(企业是责任主体)。不仅企业作为一个整体要改变对于安全的认知,一线员工也要改变安全认知。目前,陕西榆林地区每年对于一线工人进行全员培训,其主要目的就是提升员工的素质,提高煤矿生产安全的认知,这实际上是监管主体将安全监管力作用于监管对象的认知层面。既然企业是安全生产的责任主体,根据责任传导机制,员工也是安全生产的责任主体,只要企业为员工提供了必要且充分的安全资源,员工就应该承担自己应该承担的安全责任。这样会大幅度降低安全监管主体的监管资源的消耗,提升安全监管的效率。总体上来说,监管主体已经改变了安全宣传的模式,企业对于安全宣传作用的认知也在发生改变,该现象上说明安全监管力的受力点和发力点的变化最终改变了安全监管力的作用效果。

(7)安全制度的完善程度。

安全制度是监管主体和监管对象都要遵守的安全规则,如相关安全法规、规程等,当监管主体和客体违背了这些制度都要受到相应的惩罚。构建和完善安全监管制度是推动煤矿企业主体责任机制的重要一环。过去,中国煤矿安全监管主体在制定监管制度时偏向于制度形式上的完善性,而对于制度的可执行性则不是十分重视,以至于很多安全制度的标准很高,煤矿企业在现实中却很难执行,这就会导致所谓的天花板监管效应,监管主体只要到企业进行安全检查,按照相关标准,几乎所有被检查的企业都存在违规生产的情形,就必然会罚款,而且越是业绩不佳的企业被罚款越多,导致被罚款的企业越难以改善企业的安全状况,最终形成现实中的安全监管悖论,安全监管力主要作用于业绩差的煤矿企业,但这些企业改善安全状况的能力并不能明显提升。相反,当安全监管力作用于那些业绩好的企业时,即使强度较小,但作用效果却非常明显。调研发现,中国的煤矿安全监管制度不是不完善的问题,而是在实践中的可执行性还存在一定差距。因此,进一步完善煤矿企业的安全制度,提高安全制度在安全生产实践中的可执行性是重点，监管主体和客体不能让安全制度只是停留在形式上，而应该在现实中真正做到制度可以执行，让制度的形式与可执行性具有一致性，把所有科学的制度落实到位。例如，在中国煤炭监管实践中所推动的煤矿企业主体责任制度，形式是很好，逻辑也非常合理，但在现实中的可执行性却还有很大提升空间。煤矿企业在口头上遵守这种主体责任制度，但当事故发生后，责任分摊仍然是并行的而非分布式的，导致很多尽职尽责的监管主体也要重复承担责任，违背了尽职免责的追责逻辑。如果制度在现实中不能够被遵守，会导致安全监管力的作用点、作用方向出现偏差，最终影响安全监管力的作用效果。从根本上来说，制度的可执行性是保证监管主体可以依据规则将安全监管力作用于正确的受力点，保障安全监管力的预期效果，是衡量监管主体是否尽职尽责的一杆秤。

(8) 安全政策的执行程度。

在安全监管实践中，安全监管力可以确保监管主体发布的安全政策被执行。评估安全政策的可执行程度也是评估安全监管力受力效果的一个重要指标。发布和执行安全政策是煤矿安全生产治理体系的一个重要职能。不断通过安全政策的发布来指导煤矿安全生产是中国煤矿安全生产治理体系现代化的一项重要举措。中国的煤矿安全生产治理体系及治理能力现代化在很大程度上依赖于党和政府发布的各种安全政策。但是统计数据表明，有相当一部分安全政策在安全管理实践中并没有被有效地执行，尽管这些安全政策的出发点是好的。通常，当安全监管主体能够监督煤矿企业把安全政策充分有效地执行于安全生产实践，这则意味着安全监管力在实践中产生了力的作用效果。否则，当上级部门发布了安全政策、通知或者文件，但安全责任主体阳奉阴违，则意味着监管主体无法对于监管对象进行有效监管，安全监管力无效。

随着我们对于安全监管力理论体系研究的不断深入，以及我们对于安全监管实践的认知不断加深，我们将能够对安全监管力作用体系的结构进行深入分解，找到安全监管力作用体系与煤矿事故之间明确的因果链，并用一系列的指标来测度监管对象在安全监管力作用下的受力效果，从而明确安全监管力作用与煤矿事故之间的联系。

本章小结

本部分重点研究了安全监管力的理论体系。详细阐述了安全监管力理论从零散的思想到理论体系的演变过程。安全监管力理论是一种典型的基于构建主义视角的知识体系。在正式运用安全监管力理论这个术语之前，中国的监管主体已经进行了大量的基于安全监管力思想的监管实践。例如，安全监管实践中，监管方抓关键责任人实际上就是安全监管力理论架构中找准安全监管力的作用点。中国煤矿安全监管主体在大量的监管实践中逐步明晰了安全监管力的5个维度，分别是安全监管力的作用点、作用方向、作用强度、作用时间及作用环境。根据这5个维度，我们在本章提出了安全监管力理论的架构，并以该架构为基础分析了安全监管力的作用规律、作用机制，包括安全监管力的分析框架、发力机制、受力机制、安全监管力作用效果的优化等，为安全监管力理论的普及奠定了理论基础。安全监管力理论是东西方科学文化、理论及方法融合的结果，该理论体系的创建的过程中既坚持科学范式导向又秉持艺术的柔韧性、实用性和可用性。

第四章

中国场景下的安全监管力理论实证研究

本部分内容重点实证研究中国场景下的安全监管力的作用机制。我们主张安全监管力作用于被监管方时，可以促使其改变生产行为活动的轨迹，煤矿企业的不同行为轨迹意味着不同的安全绩效。以前对煤矿企业生产行为活动轨迹影响事故形成机制上的研究非常有限。本部分内容以“研究中国问题，讲好中国故事”为指导思想，构建了以安全监管力作为调节变量的煤矿企业安全生产行为轨迹选择的概念模型，并以源于中国煤矿安全监管实践的数据对该模型进行拟合，结果表明煤矿企业在短期利益驱动下的低层次安全需求迫切性的影响下会逐步选择非理性决策下的不安全生产行为轨迹，而在长期的可持续性发展驱动下的高层次安全需求迫切性的影响下会逐步选择理性决策下的安全生产行为轨迹。相关研究进一步提升了我们对于不同层次安全需求迫切性改变煤矿企业安全生产行为轨迹的理解。

第一节 安全监管力实证的背景

在组织管理实践中，需求常常被用于引导、控制或者组织行为，以实现所期望的组织行为。根据 R. L. Goldstone 等对于集体行为的阐释，煤矿安全行为也是一种集体行为，是在集体安全需求的驱动下形成的[67]。按照上述逻辑，煤矿企业层面的集体需求也常常被用来影响企业层面集体行为，以实现我们所期望的行为。在煤矿企业的生产实践中，煤矿企业有多种需求，有的需求会引导煤矿企业形成安全行为，另外一些则可能会引导煤矿企业形成不安全行为。那么当煤矿企业面临多种不同需求时，选择把哪种需求放在优先地位将会在很大程度上影响煤矿企业生产行为的安全性[68]。更进一步，煤矿企业在变化的集体安全需求驱动下会选择不同的行为路径，其行为活动所表现出的安全程度也有所不同。在我国制度环境下，所有的煤矿企业在明文制度上都会把安全需求放在最优先的地位[69]。如果所有的煤矿企业都能够把“安全第一”执行到位的话，我们可以推断我国的煤矿企业的安全表现应该不会表现出显著差异性。但实际上我国的煤矿企业安全表现的差异性特别大。为什么在同样的监管制度环境下，并且煤矿企业在形式上都把生产安全放在最优先的位置时，有些煤矿企业始终有着非常好的安全表现，而另外一些企业则安全表现很差？根据需求理论及行为轨迹管理理论，在共同监管制度环境下，不同的煤矿企业具有不同的需求，并影响企业行为活动的路径选择，使得不同的煤矿企业表现出不同水平的安全性。尽管事故统计数据及理论研究表明，企业的安全需求类型的变化是导致煤矿企业事故的关键因素，但已有文献对于两者之间的具体关系的研究则很少见。在监管实践中，监管主体发现煤矿企业在利益驱动下的蛮干往往是预测事故发生的一个主要预测指标。例如，2019 年山东发生的一起煤矿事故，事故调查结果表明该事故就是受到利益优先的驱动导致的。根据我国煤矿企业的生产实践，我国制度环境下的煤矿企业的行为路径大致可以分为两类，分别是利益驱动的行为路径和发展驱动的行为路径[68]。利益驱动型企业通常把利益放在企业发展的首位，认为企业的发展首先要考虑的是收入和利润，一切生产活动都围绕着利润来展开。事故发生后，涉事企业应对事故的调查也是以企业利益最大化为导向，能逃避责任则逃避责任，从而涉事煤矿企业选择走一条更加不安全的但更加有利可图的路径。而以可持续发展为驱动的煤矿企业往往会表现出更高的安全需求迫切性，选择一条截然不同的路径——高安全性的生产活动路径，这类煤矿企业不仅会主动发现生产中存在的任何可能造成事故的问题，而且对于外部监管部门提出的任何改善计划、举措或者批评建议都高度重视，始终把企业的持续性发展放在重要位置。事故发生了会主动认真查明事故原因，严格按照法律法规及企业相关制度进行追责。因此，在实践中，煤矿企业在安全上的需求会不会发生变化，并在何种条件下发生变化将会对企业的行为路径选择产生至关重要的影响(pivotal impact)。

已有研究大多从个体需求层面解释企业集体行为的形成机制，而对于从集体需求层面解释集体行为的形成机制则仍然存在诸多争议。已有大量文献证明个体需求的迫切性与行为表现之间存在直接的相关性，但对集体需求与集体行为之间的相关性仍然存在较大争议。一些学者认为集体需求也表现出层次性，但集体需求的层次性没有个体需求层次性那么明显，以至于很难确定不同层次需求对于集体行为的影响机制。换句话说，不同层次的集体需求对于集体行为的影响作用的大小在很大程度上依赖于某些条件因素，如集体文化、外部环境等。目前，已有文献对不同层次集体安全需求迫切性在什么条件下、什么时间和为什么影响煤矿企业生产行为活动轨迹选择的研究则非常有限。由于个体需求层次的变化对于个体行为的影响作用比较明确，而集体需求层次的变化对于集体行为的影响作用则相对模糊。那么，如果我们能够确定条件因素，即确定不同的集体需求层次对于集体行为的影响作用所依赖的条件，那么就可以提高我们通过用集体需求来预测集体行为的能力，找到更加有效的预防煤矿事故的手段。按照同样的逻辑，如果我们确定煤矿企业的集体安全需求层次对于煤矿企业行为路径的影响作用所依赖的条件，那么我们可以通过改变这些条件，从而强化或者弱化煤矿企业不同层次的集体需求对于煤矿行为轨迹的影响，改变煤矿事故的形成路径，达到煤矿安全监管的目的。

因此，在本研究中，我们不只是研究导致煤矿安全行为发生变化的影响因素，还要进一步研究这些影响因素产生的影响作用发生非线性变化所依赖的条件。在安全监管实践中，监管主体（regulator）可以通过改变条件因素，以达到增加（降低）直接影响作用或者间接影响作用的程度。这样做将会丰富我们在煤矿安全监管实践中所能够采用的方式方法，提升安全监管的效率或者效用。在风险情境下，低层次安全需求迫切性的煤矿企业的生产路径选择将不同于高层次安全需求迫切性的煤矿企业。煤矿企业选择什么样的行为路径除了受到需求的影响，在很大程度上还依赖于监管主体对于煤矿企业的监管作用。这里我们把监管主体对于煤矿企业的监管作用定义为安全监管力（safety regulatory force）。安全监管力是监管主体影响煤矿行为路径选择的条件因素。这里的研究重点是检验在安全监管力的作用发生改变时，低层次安全需求迫切性对于煤矿企业安全生产行为路径的选择的影响作用是否随之发生改变。

进行安全监管力实证研究的主要价值有以下几点：第一，既有的文献对于个体需要与个体行为路径选择之间研究比较充分，证明了不同类型的需求可以驱动个体选择不同的行为路径，但对于集体需求类型的变化是如何影响集体行为路径选择的研究则不多见。本研究从煤矿企业层面的集体需求层次变化影响煤矿企业生产安全行为路径的选择问题开展研究，进一步拓展了集体需求理论研究方面的文献，同时也有助于提升我们理解风险环境下的企业行为路径的选择问题。第二，本研究在风险情境下研究煤矿企业集体安全需求与集体安全行为之间的关系，而煤矿企业的集体风险偏好也会影响煤矿企业在安全决策上的理性，从而进一步影响煤矿企业的安全行为路径的选择，因此本研究可以帮助我们提升对于风险环境下决策理性的认知。第三，本研究引入安全监管力作为煤矿企业安全需求层次变化对于煤矿企业安全决策理性影响作用的依赖条件，构建了煤矿安全需求层次变化影响煤矿企业行为路径选择的概念模型，模型的拟合结果表明集体需求层次会影响集体决策理性，而影响的程度则依赖于安全监管力。因此，本研究丰富了风险环境下的决策理论，对于煤矿安全监管实践也有重要意义。第四，我国制度环境下的企业组织更加重视集体决策的价值，并且集体决策也被认为更加有助于企业组织的决策理性。因此，本研究将集体需求与集体决策理性之间的关系细化到特定的制度环境，加深了集体需求与集体决策理性之间关系的理解。

第二节　理论与假设

一、整体视角下煤矿企业安全需求对安全决策的理性影响机制

尽管学者们对于个体层面上的需求和行为之间的关系进行了大量研究，形成了相对统一的意见，但对于集体需求的形成机制，以及集体需求与集体行为之间的联系仍然存在很大争议[71]。这里将重点阐释集体需求的形成机制及其对于集体行为的影响[72]。参考 D. E. Glasford 的观点，我们将煤矿企业的安全表现归类为集体行为表现[73]。按照需求理论的观点，当煤矿企业的外在需求没有得到满足时，就很可能触发其外在决心。例如，当煤矿企业面临巨大的财务压力(例如银行贷款的压力)时，企业的主要目标是减轻这些压力。这个时候企业需要获得经济收入(增加煤炭产量)来降低财务压力。企业所面临的财务压力越大，其降低财务压力的外在决心通常会表现得更加明显。因此，当企业面临巨大资金的迫切需求时(即企业面对巨大资金压力)，他们更可能专注于获得外在的激励[74]，以满足对于资金的需求。这时企业所承受的财务压力和违规动机之间的联系会变得特别强。当企业面对资金需求压力时，这会触发企业低层次的经济需求[75]，企业会通过不安全行为获得经济回报。但是，近代行为科学的研究表明，虽然人的需求具有层次性，但这并不意味着人的需求就一定按照从低到高的严格顺序进行排序[76]。也有研究认为集体需求层次性更具有模糊性，也就是说集体需求的不同层次之间没有明显的边界，需求层次之间存在交叉、重叠，甚至需求层次之间顺序也未必是确定的，这会导致需求与行为路径选择之间关系的模糊性。在同一个时间点上，在不同的外部条件下，企业的不同需求可以同时存在。但也有研究认为当把企业看成是一个整体时，其需求与行为之间的关系与个体具有相似性。煤矿企业的安全需求是集体需求的一种，也具有层次性，并且在同一个时间节点上低层次和高层的安全需求可能会共存，而哪一种需求最终

会占优在很大程度上则取决于外部压力。

煤矿企业的高风险生产环境要求所有的煤矿企业在生产中都要把安全放在优先的位置，但是在现实中企业的安全需求层次的不同，最终会导致煤矿企业选择不同的安全行为路径。我国大多数煤矿企业都采用井工的方式采煤，煤矿井下工作环境恶劣，危险源多，相对于其他类型的工业企业，煤矿企业对于安全性有着更高的需求。因此，在煤矿企业的生产过程中，安全管理活动会对于保障煤矿企业的生产安全至关重要[68]。H. Tsoukas 等的研究表明，管理者对于生产安全越重视，则煤矿企业的一线员工违规操作的可能性会明显下降，而煤矿事故发生的概率也会显著下降[77]。但是，在煤矿生产的过程中，外部经济形势的变化、企业内部环境的变化常常会改变煤矿企业的安全需求。因此，煤矿企业的安全需求不是一成不变的，会随着煤矿企业所面临的内外部环境的变化而发生变化，这样会导致煤矿企业的生产在面对内外部环境剧烈变化的时候更容易发生事故[78]。在某些内外部环境下，煤矿企业的低层次安全需求占优，这时煤矿企业的管理者会受到利益驱动而降低安全需求。例如，在煤炭市场需求旺盛时，为了扩大企业的收益，管理者受到利益驱动会在不安全的条件下提升产量。同样，当外部市场需求非常疲软时，某些煤矿企业为了维持收益就不得不在安全生产条件不完全具备的情况下加大产量，结果产量上去了，收益保住了，但事故却多起来了。

C. C. Chen 等的研究表明，人的需求不仅会对人的行为活动产生直接的影响作用，不同的需求层次会与不同类型的决策理性具有高度的相关性[79]，而不同的决策理性又会驱动人们选择不同的行为路径，这意味着需求层次变化也会引起行为主体的决策理性的变化，并进而影响行为路径的选择。决策是人的行为中最为常见的一种，无论在工作中还是在生活中，人们每天都要做大量的决策。在煤矿企业的生产活动中，不仅一线的矿工每天要面对大量的有关安全问题的决策，企业管理层也要针对安全问题做出决策。而煤矿企业内部不同层次上的安全决策相互叠加最终形成了煤矿企业的集体决策，这种集体决策与个体决策密切联系，又呈现出一定的相似性，最终导致个体决策理性与集体决策理性也有很大的相似之处。个体决策理性通常会表现出优先性，而集体决策理性同样也会表现出优先性。

在时间上，企业需求的层次性与企业决策的顺序性也会表现出某种对应关系[80]。相关研究特别强调，需求的层次性并不意味着在某个特定时间点上只能存在一个需求。在同一个时间点上，企业不同层次上的需求可以同时存在，但需求的迫切性会有所不同。在某个特定时间点上，如果企业不同层次上的需求存在两种或者两种以上，并且需求的迫切程度是不一样的，那么这些需求就会按照迫切性进行排序，迫切的需求需要得到优先满足。因此，当多种需求同时存在时，而不同需求要得到满足的迫切性不同时，企业通常是优先满足最迫切和最终需求，最迫切和最重要的需求最先得到满足，这会使得企业的决策也会表现出次序性，有些决策要放在优先的地位，并得到优先执行。集体决策的有序性是集体决策理性的重要表现之一。行为主体在有次序的需求驱动下会选择不同的行为路径。按照此逻辑，当煤矿企业的安全需求发生变化时，企业的决策活动也会受到这种变化的影响，企业可以采用更加理性的决策，或者采用更加非理性的决策，并影响企业行为路径的选择[81]，当企业选择更加安全的行为路径时，企业的生产活动中发生事故的概率也会随之下降。例如，当煤炭市场需求发生改变时，或者是当煤矿内部领导发生改变时，煤矿事故的发生概率都会随之加大。从需求的角度来看，煤矿内外部环境发生变化时，煤矿企业的需求也随之发生改变，随后会影响煤矿企业的决策。当煤矿企业的管理者在利益需求的驱动下、在不具备安全生产的条件下选择把生产放在第一位时，煤矿事故的发生概率也会加大。而当煤矿企业的管理者在发展需求的驱动下始终选择把煤矿安全放在第一位，煤矿事故的发生概率也会随之下降。

按照高层梯度（upper echelon）理论，组织的决策实际上是企业高层管理人员决策的反映。因此，企业决策的非理性实际上是企业领导决策非理性的反映。根据上面的论述可以推测，在煤矿生产过程中，管理者对于安全需求的变化会对他们的安全决策理性产生直接的影响作用。在煤矿生产过程中，当管理者面对的是经济利益驱动时，管理者在煤矿安全决策上会更加重视短期利益，更加倾向于表现出决策的非理性，忽视生产的安全[82]。而当管理者面对的是企业的发展需求时，会更加倾向于表现出安全决策的理性。由此，我们可以给出以下两种假设：

假设 1a：受短期利益驱动下煤矿企业低层次安全需求迫切性会直接导致煤矿企业的安全决策表现出非理性。

假设 1b：受长期可持续性发展驱动下煤矿企业高层次安全需求迫切性会直

接导致煤矿企业的安全决策表现出理性。

二、安全决策的理性程度对煤矿企业安全生产行为轨迹的影响作用

决策的理性程度会对行为路径的选择产生直接的影响作用。我国监管部门要求煤矿企业要始终把安全放在第一位。煤矿企业在生产中如果能做到“安全第一”则被认为是理性的。因为对于煤炭企业来说，一旦有比较严重事故发生，就会被监管方责令停工或者停产，会造成巨大的经济损失。因此，在面对生产和安全两个问题时，理性的决策者会始终把安全放在生产之前，决策者如果忽视生产安全则被认为是非理性的。但在现实中“安全第一”被执行到何种程度则具有不确定性。根据 N. Wellman 等的研究结果，企业集体决策的非理性从理论上是个体决策非理性叠加的结果[80]，但这并不意味着企业内部的每个人的决策非理性对于集体决策的非理性可以产生同样的影响作用。根据高层梯度理论，领导和管理者的决策非理性所占的权重更大，企业领导承担了大部分重要的安全决策，而普通员工在重要的安全决策上所起到的作用非常有限。因此，煤矿企业集体决策的非理性在很大程度上反映的是企业领导层决策的非理性。因此，从轨迹管理理论的视角来看，煤矿企业安全生产行为轨迹可以看成煤矿企业领导层的安全决策的结果。在煤矿生产过程中，安全决策非常众多，并且都有可能对于煤矿安全生产行为轨迹产生不同程度的影响作用。B. M. Staw 等的研究表明，煤矿企业中承担管理角色的人员的行为活动对于煤矿安全生产行为轨迹的影响作用更大，他们的决策相对于普通员工的决策显得更为重要[83]。因此，管理者的安全决策理性会对煤矿生产安全起到关键性作用。

J. A. C. Baum 等的研究表明，人为事故在很大程度上是人的非理性决策的结果[84]。在实践中，煤矿的管理层员工和一线员工都可能做非理性决策，决策的非理性程度与煤矿事故发生概率呈正相关关系。例如，当煤炭市场需求旺盛时，煤矿企业的管理层可能会降低生产的安全标准来提高产量，这时煤矿事故的发生概率会增加。相反，那些重视煤矿企业长期可持续发展的领导无论在什么样的市场环境下都不会降低安全标准进行生产，即便在短期内会影响企业的收益及员工的收入，这种安全决策理性则会减少煤矿事故的发生概率。

从理性的角度来看[85,86]，煤矿企业的管理人员如果高度重视企业的长期可持续发展，当他们面对短期收益与长期收益冲突时会显得更加理性，不会进行违

规生产。相反，如果煤矿企业管理人员更加重视眼前的短期利益，并且这种短期利益有助于自身的升职和待遇提升，那么这会使得他们在面对生产安全问题时表现出非理性的一面，增加他们违规生产的动机。因此，在煤矿生产过程中，管理者在安全问题上的决策理性将会对煤矿企业安全生产行为轨迹的选择产生关键的影响作用。最终，在管理者的安全决策理性的作用下，有些煤矿企业会选择更加理性的可持续性的安全发展之路，真正把安全放在企业发展的第一位置；而另一些企业则会选择铤而走险的发展之路，虽然他们向外宣称，特别是向监管部门宣称他们始终把安全放在企业发展的第一位，但实际上却把生产放在第一位，更加重视企业的短期利益以及个人的短期政绩[87]。由此可见，非理性的决策会导致非理性的行为轨迹，而理性的决策则会导致理性的行为轨迹。

这样，我们就可以给出以下假设：

假设 2a：煤矿企业的安全决策非理性越大，会促使这类企业选择越不安全的生产行为轨迹。

假设 2b：煤矿企业的安全决策理性越大，会促使这类企业选择越安全的生产行为轨迹。

行为科学的研究已经证明需求是行为活动的前置因素，而决策会决定一种行为活动是否真正发生。更进一步，理性决策会塑造理性的行为活动[88,89]。按照同样的逻辑，煤矿企业的决策理性会促使煤矿选择安全行为轨迹，这是煤矿企业决策理性的表现。因此，煤矿企业的安全需求会直接影响煤矿企业的安全生产行为轨迹。这样我们可以给出以下假设：

假设 3a：低层次安全需求会直接导致煤矿企业选择不安全的生产行为轨迹。

假设 3b：高层次安全需求会直接导致煤矿企业选择安全的生产行为轨迹。

接着，本研究将提出间接效应假设，并依据理论阐释煤矿企业不同层次上的需求会对企业的决策理性及企业的行为路径产生直接的影响作用。那么这种影响作用会不会产生传导性呢？即，煤矿企业的不同层次需求会通过决策理性对煤矿企业的行为路径产生间接影响作用。煤矿企业的经济需求迫切性会促使企业在安全决策上考虑眼前的经济利益，在眼前利益驱动下，就会倾向于选择有利于产生经济利益的行为路径，这种行为路径更具有风险性。同理，企业的发展需求会促使企业在安全决策上重视企业的长期利益，如企业的可持续发展，环境保护等，那么就会倾向于选择更有利于企业长期发展的行为路径，而这种行为路径的风险性更低。因此,在构建的概念模型中,煤矿企业不同层次上的需求首先会影响决策理性,接着决策理性又会影响煤矿企业行为路径的选择,选择安全的行为路径或者不安全的行为路径。

综合上述假设,我们可以给出有关决策理性所承担的间接效应的假设:

假设 4a:煤矿企业的决策非理性中介了煤矿企业的低层次安全需求对于煤矿企业选择不安全生产行为轨迹的影响作用。

假设 4b:煤矿企业的决策理性中介了煤矿企业的高层次安全需求对于煤矿企业选择安全生产行为轨迹的影响作用。

三、安全监管力的调节作用

煤矿事故主要是煤矿企业的不当生产行为活动导致的,煤矿企业需要承担主体责任,而监管部门则通过行政权力及执法权力来约束煤矿企业的行为活动,从而让煤矿企业不发生事故或者少发生事故。从力的定义出发,监管方与被监管方的作用可以看成是一种力的作用(力是物体与物体之间的作用),安全监管实际上就是监管方与被监管方之间的作用,我们将这种作用称为安全监管力。在安全监管活动中,监管方需要不断对被监管方施加影响力,对煤矿企业的行为产生约束作用,以使得煤矿企业行为活动符合监管方的预期,达到预防不安全行为的目的。在生产实践中,煤矿企业的集体心理、行为及组织结构都可能发生变化,这些变化最终会反映在行为的偏差上,从而引发事故。当安全监管力作用于监管客体时,可以对监管客体的心理、结构及行为的变化起到约束作用。因此,安全监管力在本质上是监管主体对于监管客体所施加的约束作用,监管主体可以运用安全监管力来矫正监管客体任何可能引起安全问题的行为偏差。依据整合制度力、社会力、经济力及文化力的定义[90-92],本研究将安全监管力定义为监管主体对于监管客体施加的影响作用,以改变监管客体的行为或者行为路径,从而预防事故。尽管集体需要与集体行为之间相关,企业需求的变化会直接影响其行为的变化。但是,企业在有外部监管的条件下和无外部监管的条件下,企业需求对于企业行为的影响程度是不同的。在外部安全监管的作用下,企业受到利益驱动的低层次安全需求迫切性对于安全决策非理性的影响作用有可能被弱化。在中国有特色的制度环境下,监管部门拥有很大的权力。相关研究表明,行为主体所拥有的权力越大,就越可能利用手中的权力来实现自身的意愿。按照这个逻辑，监管部门可以运用自身所拥有的强大权力实现对于煤矿企业的强有力的监管。于是我们引入安全监管力来解释层次化的集体需求对于集体决策理性影响作用的权变性。从效用学派或者古典及新古典经济学学派的视角来看，理性的、自利的行为受社会关系的影响微乎其微[93]，但会受到强有力的行政权力关系的约束作用[94]。在我国制度下，安全监管力在根本上来说是一种行政权力，这种行政权力可以通过多种手段得以体现，如政策、科技、领导智慧或者魅力等。安全监管力是监管主体，如国家监察机构、政府的监管部门或者企业内部的监管部门，对企业生产活动进行安全监督和管控，也就是对于监管客体施加影响作用，这种作用有助于矫正监管客体在生产活动中出现的可能引起安全问题的偏差。我国煤矿企业进行股份制改革之后，监管部门不再直接参与企业的内部管理活动，企业的经济行为受到政府的监管越来越少，但政府对于煤矿企业的生产安全的监管仍然没有放松。政府仍然可以通过行政手段对煤矿企业施加影响，这种影响作用实际上就是监管方将安全监管力作用于被监管方的具体表现。对于煤矿企业来说，安全监管力是一种来自外部的影响作用，这种影响作用构成了煤矿企业集体需求影响行为路径的约束条件，放大或者弱化煤矿其他集体需求对于行为路径的影响作用，从而达到矫正煤矿企业在生产活动中出现的可以引起安全问题的偏差的目的。在煤矿生产活动中，煤矿企业在某些条件下会被动或者主动地偏离既定的行为路径，这种偏离很有可能引起安全问题，但企业自身又不愿意或者没有能力来纠正这个偏差，只有借助于外部力量的约束才可以把这个偏差纠正过来。因此，对于煤矿企业来说，安全监管力实际上是一种外部作用，是企业的需求影响决策理性的程度发生变化所要依赖的条件。在本研究中，安全监管力实际上承担了所谓的调节变量的角色。因此，在安全监管力的作用下，煤矿企业集体需求对于集体决策理性的影响作用可能会被放大或者削弱。

从行为科学视角来看，人的行为选择主要受到个体的内部需求的直接影响作用，这种影响作用会随着外部条件的变化而发生变化，也就是说这种影响作用在很大程度上依赖于外部环境条件，即内力发挥主要作用，外力发挥调节作用[95]。按照同样的逻辑，煤矿企业发生的事故也主要是由于其集体需求驱动的。当外部环境变化时，外部环境和煤矿企业的安全需求迫切性可能会产生交互作用，进一步放大或者缩小企业的安全需求迫切性对于安全决策理性的影响作用。我国煤矿企业的安全表现不同，有的企业安全表现很好，几乎不发生事故，而有些煤矿企业则会周期性地发生事故。煤矿企业的安全表现不同，他们受到监管部门的监管程度也不同。监管部门会针对煤矿企业的安全表现的差异采用不同的监管力度。那些安全表现差的煤矿企业通常是安全监管部门的重点监管对象，安全监管部门会经常性地到现场进行安全检查，指导安全生产，投入更多的人力和物力，施加更大的安全监管力。对于存在低层次的安全需求迫切性的煤矿企业来说，它们更加重视短期利益，当监管部门加大安全监管力度时，这类煤矿企业会采取更加理性的安全决策，其安全决策的非理性会进一步下降。也就是这类企业在存在外部安全监管力的条件下，其安全生产状态表现会马上向好的方向发展，且变化明显。对于那些高层次安全需求迫切性的煤矿企业来说，他们对于安全生产的重视程度是一贯的，无论是否存在外部安全监管力。这类煤矿企业为了长期的可持续发展会始终高度重视生产安全。因此，那些存在低层次安全需求迫切性的煤矿企业在强大的安全监管力的作用下会改变当前的安全决策非理性，并且是外部安全监管力越强大，煤矿企业低层次的安全需求迫切对于安全决策的非理性的影响作用会进一步弱化。按照同样的逻辑，企业的高层次安全需求迫切性对于安全决策理性的影响作用也会被弱化。因为对于受到高层次安全需求驱动的煤矿企业来说，他们追求更高水平的决策理性并不依赖于外部的约束作用。如果仍然受到严格的安全监管，这会让他们消耗额外的资源来应对外部的安全监管，以至于会降低他们在理性安全决策上的资源投入，从而弱化了企业的集体安全需求对于集体决策理性的影响作用。由此，我们可以给出以下假设：

假设 5a：安全监管力调节了煤矿企业安全需求迫切性对于安全决策理性的影响作用。外部安全监管力越强大，企业低层次的安全需求对于安全决策非理性的影响作用会被弱化。

假设 5b：企业的高层次安全需求对于安全决策理性的影响作用也会被弱化。也就是说，对于有着高层次安全需求的煤矿企业来说，企业自己会主动抓安全生产，这样在外部安全监管力的作用下，高层次安全需求对于安全生产行为轨迹选择倾向的影响作用反而会弱化。由于企业在面对外部监管力量时需要分散资源投入，这反而不利于企业主动抓生产。

综合以上的理论论述，我们构建了如图 4-1 所示的理论模型。

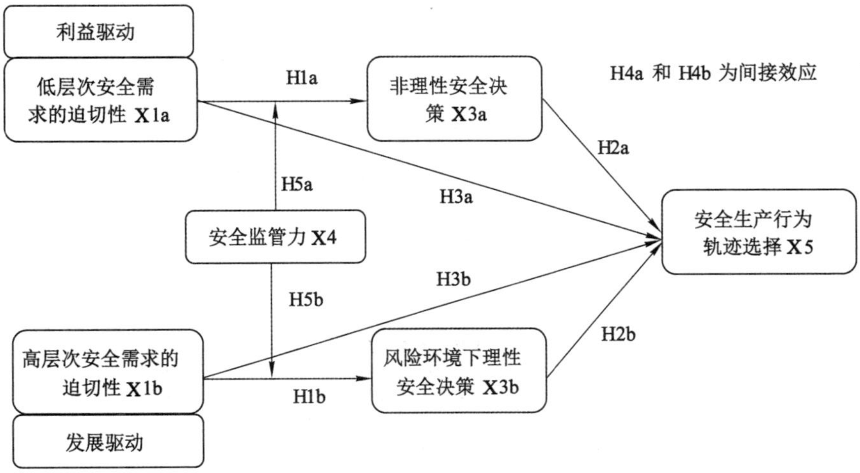

图 4-1　理论模型

第三节　研究方法

一、研究方法一

（一）数据采集程序

本研究主要运用问卷和现场访谈的方法收集了验证假设所使用的数据。首先，从正在运营的 5 000 多家煤矿企业中采取经验抽样方法抽取了 55 家作为本研究的样本，主要分布在山西、陕西及内蒙古三个主要产煤地。所选煤矿企业包括国有控股煤炭企业 18 家、私营合资煤炭企业 21 家、私有独资煤炭企业 16 家。然后与这 55 家煤矿企业的人力资源部的主管取得了联系，最终有 43 家煤矿企业的人力资源主管同意问卷调查和访谈，并愿意提供力所能及的帮助。43 家煤矿企业中有 17 家国有控股煤炭企业、15 家私营合资企业、11 家私有独资煤炭企业。最后，委托 3 名研究助手花费了大约 6 周时间到这些企业发放问卷，并进行了现场访谈。

在发放问卷的过程中，我们尽可能地做到向各家煤矿企业发放的问卷接近于均值，从而防止样本的偏差。另外，为了提高问卷收集数据的效率及质量，本研究主要采用短句问卷格式，并且每份问卷中所包含的问题不超过 25 个，从而保证答题者可以在 15 分钟之内完成答卷。问卷调查持续了大约 6 周时间，向 43 家煤矿的 327 位管理人员发放了调查问卷，平均每家煤矿约 7.6 位(SD=1.3)。最终共回收到 291 份问卷，问卷回收率为 89.0%。回收的问卷中有 6 份存在部分问题漏答问题，这些问卷被从回收问卷中剔除。

接受访谈和填写问卷者的人口统计学数据主要包括年龄构成(mean=38.01;sd=11.27)、性别及学历构成，具体见表 4-1。

表 4-1 接受调查问卷者的人口统计学特征(N=285)

人口统计学特征	项目	频率	百分比/%
性别	男	278	97.5
	女	7	2.5
年龄	≤35	55	19.3
	36～45	62	21.8
	46～55	63	22.1
	≥56	105	36.8
学历	初中及初中以下	148	51.9
	高中	129	45.3
	大专	6	2.1
	本科及本科以上	2	0.7
企业所有制类型	国有控股煤炭企业	91	31.9
	私营合资煤炭企业	67	23.5
	私有独资煤炭企业	127	44.6

(二) 测量

问卷发放对象主要是煤矿企业的中高层管理人员，主要基于煤矿企业中高层管理人员的感知来测量以下 4 个构念的，它们分别如下。

(1) 经济利益驱动下所形成的低层次安全需求的迫切性(X1a)。这里我们参考并适当修改了 M. R. Leary 等开发的相关量表来测量煤矿企业受短期利益驱动所形成的低层次安全需求的迫切性[96]。该量表为 5 点里克特量表，共有 5 个条目，分别是：① 在煤炭需求旺盛的市场环境下，会要求企业加大产量，提升企业的短期收入。② 为了升职，会非常重视企业的短期绩效增长的迫切性。③ 为了使员工能在短期内都获得更高的收入，在提高产量的同时会适当放低安全需求的迫切性。④ 对于生产和安全，在名义上总是把安全放在优先考虑的地位，但在现实中，往往把生产放在优先考虑的地位。⑤ 考评员工绩效的指标主要考虑的是与产出有关的指标。该量表的 Cronbach α 为 0.856。

(2) 风险环境下的安全决策的非理性(X3a)。这里我们参考并适当删改了 S. M. Ansari 等测量风险环境下的安全决策非理性的量表[97]。该量表是 5 点里克特量表，共有 4 个条目，分别是：① 当面对生产和安全问题共存的局面时，作为企业领导人只是在表面上把安全放在第一位，而在实践中把生产放在第一位。② 当煤炭市场需求非常旺盛时，在安全管理上会适当降低对安全标准的遵守来提高产量。③ 对于个人升职或者调整员工报酬做决策时，主要考虑的其企业的短期利益需求的迫切性。④ 面对煤矿生产中的安全问题时，主要考虑的安全问题是否会让自己承担责任。该量表的 Cronbach α 为 0.830。

(3) 安全监管力(X4)。在安全监管实践中，监管主体将思想力作用于监管客体以改变其在工作场所的行为活动。按照同样的逻辑，监管主体可以将科技、政策及智慧等作用于监管客体以达到改变监管客体在工作场所的行为活动的目的。因此，安全监管力在安全监管实践中主要发挥了约束作用。在对安全监管力的长期研究中，结合中国安全监管的实践，我们逐步将安全监管力细化出 3 个核心维度，分别是思想力、科技力、政策政治力，监管主体可以利用这些力来影响煤矿企业的行动，以改变其行为路径，达到安全监管的目的。借鉴之前关于能力测量的文献，我们开发了新的量表来测量安全监管力。煤矿安全监管力共有 3 个构成部分，分别是安全监管的思想力、科技力、政策及政治力。因此，测量安全监管力的量表也有 3 个条目，分别是：① 当面对安全问题的严重性增加时，会加大思想宣传力来影响员工在工作中的行为，以实现安全监管目标；② 当面对安全问题的严重性增加时，会加大科技力来影响员工在工作中的行为，以实现安全监管目标；③ 当面对安全问题的严重性增加时，会加大政策和政治力来影响员工在工作中的行为，以实现安全监管目标。该量表的 Cronbach α 为 0.838。

(4) 煤矿安全行为轨迹的选择(X5)。这里我们删改了 M. K. Christianson 测量管理行为轨迹的量表[81]。该 5 点里克特量表一共 3 个条目，分别是：① 为了让企业获得短期利益最大化，会推动企业选择能实现利益最大化生产行为轨迹。② 在面对短期利益诱惑时，不会坚持安全为第一的煤矿企业生产路径。③ 会因为升职的迫切性而改变煤矿既有的生产行为路径。该量表的 Cronbach α 为 0.748。

相关研究表明经济压力并不是影响企业集体决策非理性的唯一因素。当企业把为当地经济发展贡献力量看作是己任时，外在决心在某种程度上会变得更加突出。在我国，不同产权结构的企业对于承担社会责任的意愿也有所不同[98,99]。通常国有企业会认为自己应该程度更多的社会责任，因而会被认为更具有责任心。因此，当地方经济的发展需要国有企业做贡献时，他们通常会做出积极响应。相反，私有企业的社会责任心会更低一些。已有的研究表明产权结构在很大程度上决定了煤矿企业会不会从低层次的需求出发来支持地方经济的发展。尽管随着中国的市场经济发展，所有的企业被中国政府赋予了公民身份待遇，但在人们的传统观念里，国有企业比私有企业更加负责任的观念仍然没有改变[100]。因此，国有企业相对于私有企业，在对企业的短期利益和长期利益做权衡时，接受填写问卷人的年龄、性别及所任职的煤矿企业的所有制类型都会影响其需求的迫切性及决策理性。因此，这里我们对填写问卷者的性别、年龄及其所任职的煤矿企业的所有制类型进行了控制。

（三）信度和效度分析

量表的可靠性是保证我们收集到可靠数据的前提。为此，我们要对数据质量及量表的质量进行评价。为了判断量表及我们采集到的数据是否满足模型拟合的要求，学界一般用聚合效度及区分效度来评价量表的质量。这里我们主要对量表进行了信度、效度检验及验证性因子分析。另外，C. Fornell 等提出采用计算平均抽取变异量（AVE）来估计聚合和区分效度[101]。概念模型效度的验证性因子分析是采用 Mplus 8.3 来实现的。在本研究的 5 因子模型中，我们计算出的因子载荷达到了上述要求，同时把因子载荷附在各因子之上（见表 4-2）。当把每个量表的条目加载在其对应的一阶潜变量上，书中所假定的 4 因子模型表现出较好的拟合度（$\chi^2(84)=113.223$，$P=0.018\ 5$；$RMSEA=0.035$；$SRMR=0.033$；$CFI=0.987$）[102]。基线模型拟合结果为（$\chi^2(105)=2\ 424.901$，$P=0.000$），另外，我们还拟合了 3 因子和 2 因子模型，结果表明 4 因子模型拟合度最好。

表 4-2　聚合效度检验

变量	指标	标准化因子载荷	标准误差	C. R.	AVE
经济利益驱动下所形成的低层次安全需求的迫切性(X1a)	x11	0.686	0.034	0.858 1	0.548 1
	x12	0.794	0.026		
	x13	0.712	0.032		
	x14	0.759	0.028		
	x15	0.746	0.029		
风险环境下的安全决策的非理性(X3a)	x31	0.863	0.021	0.837 2	0.568 9
	x32	0.759	0.029		
	x33	0.811	0.025		
	x34	0.545	0.045		
安全监管力(X4)	x41	0.763	0.033	0.748 4	0.498 8
	x42	0.662	0.040		
	x43	0.690	0.039		
煤矿安全行为轨迹的选择(X5)	x51	0.794	0.026	0.84	0.636 3
	x52	0.794	0.026		
	x53	0.805	0.025		

表 4-2 中 AVE 值处于 0.50～0.6 之间，聚合效度 C. R. 处在 0.75～0.86 之间，均符合给出的标准。因此，本研究中的变量不仅具有收敛效度，同时具有区分效度。高信度、高效度确保了下面的假设检验可以建立在可靠的数据基础上。

另外，Fornell 和 Larker 的研究表明，量表仅仅具有良好的聚合效度还不够，还需要具有良好的区分效度，以判断所测量的构念就是我们应该测量的构念。在现实中，当量表缺乏区分度时，不同量表之间几乎可以互换，这可以使得我们可以用不同的量表得到相似的数据。于是，Fornell 和 Larker 提出可以通过观察潜变量之间的相关系数来推断测量量表的区分效度，即量表内部条目之间的相关性一定要大于不同量表之间的相关性。因此，如果抽取变异量大于潜变量之间的相关系数的平方，则认为潜变量的测量是可以与其他量表相区分的，否则可以认为该量表的区分效度过低。

由表 4-3 可见，经济利益驱动下所形成的低层次安全需求的迫切性(X1a)的 AVE 值为 0.548 1，风险环境下安全决策的非理性(X3a)的 AVE 值为 0.568 9，两者之间的相关系数的平方为 0.236，两个构念的 AVE 值均高于它们之间相关系数的平方，这表明这两个构念的测量量表有着较好的区分效度。采用同样的方法，我们可以判断其他 4 个构念的测量量表之间都具有较好的区分效度。

表 4-3 区分效度检验

构念	X1	X3	X5	X6
经济利益驱动下所形成的低层次安全需求的迫切性(X1a)	(0.548 1)			
风险环境下的安全决策的非理性(X3a)	0.236	(0.568 9)		
安全监管力(X4)	0.531	0.157	(0.498 8)	
煤矿安全行为轨迹的选择(X5)	0.174	0.501	0.085	(0.636 3)

注：表 4-3 中对角线上的括号内数值为 AVE 值，其余值为变量间相关系数的平方。

(四) 描述性统计分析

表 4-4 给出了变量的均值、标准差及相关性。

表 4-4 描述性统计分析结果

变量	Mean	SD	X1a	X3a	X4	X5	年龄	性别	学历
X1a	1.651	0.7879	(0.856)						
X3a	3.028 1	1.405 19	0.482**	(0.830)					
X4	1.681 82	0.870 889	0.800**	0.400**	(0.838)				
X5	3.566 12	1.261 939	0.448**	0.739**	0.404**	(0.748)			
年龄	37.96	11.554	0.008	0.108	0.104	0.022			
性别	0.47	0.500	−0.065	−0.086	−0.022	−0.044	0.03		
学历	2.78	0.817	−0.006	−0.007	−0.013	−0.135	0.045	−0.027	
企业所有制类型	2.19	0.869	0.068	0.073	0.01	0.043	0.021	−0.03	−0.023

注：表 4-4 中对角线括号中的数字为构念的量表信度值。* 表示 $p<0.05$，** 表示 $p<0.001$。

(五) 直接效应假设检验

在对性别、教育水平、年龄及企业所有制类型进行控制后，我们运用 Process 软件包对假设模型进行拟合[103]。表 4-5 至表 4-7 给出了相关拟合结果。

表 4-5 概念模型的路径系数

前置变量	结果变量							
	X3a				X5			
		Coeff	SE	p		Coeff	SE	p
X1(a)	α_{1a}	2.098 7	0.247 3	0.000 0	c'_{1a}	0.191 3	0.072 5	0.008 8
X3a					c'_{2a}	0.611 8	0.040 6	0.000 0
常数项	i_{M1}	−1.049 6	0.439 7	0.017 7	i_{M2}	1.397 9	0.133 2	0.000 0
	$R^2_{x3a}=0.332\,5$				$R^2_{x5}=0.556\,8$			
	$F_{x3a}(3,281)=46.665\,7, p<0.05$				$F_{x5}(2,282)=177.151\,8, p<0.05$			

注：α_{1a}表示从 X1a 到 X3a 的路径系数；c'_{1a}表示从 X1a 到 X5 的路径系数；c'_{2a}表示从 X3a 到 X5 的路径系数；Coeff 表示系数。

表 4-5 表明，在 95%的置信区间 2 000 次的 bootstrap 抽样下，经济利益驱动下所形成的低层次安全需求的迫切性（X1a）和风险环境下的安全决策的非理性（X3）之间存在正相关关系，两者之间的回归系数为 2. 098 7，置信区间为[1. 611 9，2. 585 5]，该区间并不包括零，可以拒绝零假设，假设 1a 得到了支持。模型的拟合结果表明，经济利益驱动下所形成的低层次安全需求的迫切性（X1a）对于风险环境下的安全决策的非理性（X3）起到了正面促进作用，即当煤矿企业受到经济利益驱动的低层次安全需求迫切时，他们采纳安全决策的非理性也会随之提升。另外，我们可以看出，经济利益驱动下所形成的低层次安全需求的迫切性（X1a）对煤矿安全行为轨迹的选择（X5）也产生了直接的正面影响作用（$B=0.1913$，$p=0.05$），置信区间为[0. 048 6，0. 334 0]。这说明在风险的环境中，经济利益驱动下所形成的低层次安全需求的迫切性（X1a）对于煤矿安全行为轨迹的选择（X5）具有直接的促进作用，也就是说，煤矿企业受到经济利益驱动下的低层次安全需求迫切（X1a），则煤矿企业选择不安全行为轨迹的（X5）的可能性也会随之增加。因此，假设 3a 也得到了验证。

此外，我们从表 4-5 还可以看到，在 95%的置信区间 2 000 次的 bootstrap 抽样下，风险环境下的安全决策的非理性（X3a）与煤矿安不全行为轨迹的选择（X5）也成正相关关系（$B=0.6118$，$p<0.05$），置信区间为[0. 531 8，0. 691 8]，并不包括零，可以拒绝零假设，假设 2a 得到了支持。通过假设 1a 至 3a 的检验可以发现，利益驱动所形成的低层次安全需求的迫切性（X1a）不仅直接影响风险环境下的安全决策的非理性（X3a），同时还直接影响煤矿安全行为轨迹的选择（X5）。因此，如果风险环境下的安全决策的非理性（X3a）中介了利益驱动所形成的低层次安全需求的迫切性（X1）对于煤矿安全行为轨迹的选择（X5）的影响作用的话，也只是起到了部分中介作用。下面我们将进一步检验利益驱动所形成的低层次安全需求的迫切性（X1a）对于煤矿安全行为轨迹的选择（X5）的间接影响效应是否显著。

（六）间接效应及调节效应检验

从表 4-6 和图 4-2 我们可以看出，在 95%的置信区间 2 000 次的 Bootstrap 抽样下，安全监管力（X4）在 1. 000 0、1. 333 0、2. 000 0 三个不同水平下，所有的[BootLLCI，BootULCI]区间中都不包含 0。因此，我们可以推断风险环境下的安全决策的非理性（X3a）只是部分中介了经济利益驱动所形成的低层次安全需求的迫切性(X1a)对于煤矿安全行为轨迹的选择(X5)。因此,假设4a也得到了支持。假设4a得到支持则说明了,经济利益驱动所形成的低层次安全需求的迫切性(X1a)不仅直接影响风险环境下的安全决策的非理性(X3a),还会同时对煤矿安全行为轨迹的选择(X5)产生间接的影响作用。另外,我们在直接效应的检验中还发现,利益驱动所形成的低层次安全需求的迫切性(X1a)对于煤矿安全行为轨迹的选择(X5)也会产生正向的直接影响作用。

表 4-6 经过调节的中介效应

X4	Effect	BootSE	BootLLCI	BootULCI
1.000 0	0.960 9	0.204 8	0.625 8	1.418 0
1.333 0	0.853 4	0.189 3	0.541 8	1.272 0
2.000 0	0.638 0	0.161 2	0.369 8	0.993 5

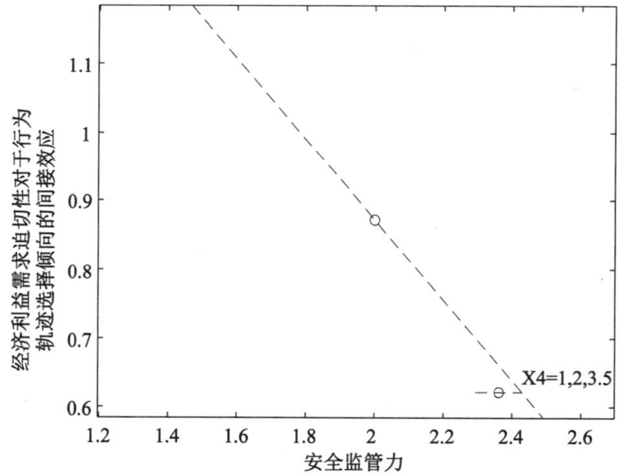

图 4-2 低层次安全需求的迫切性(X1a)对于煤矿安全行为轨迹的选择(X5)间接效应的变化趋势

以下是关于条件过程模型中的调节效应检验,模型的拟合结果如表4-7所示。

由表4-7可见,低层次安全需求的迫切性(X1a)×安全监管力(X4)的回归系数为−0.527 9,该系数显著性不等于0(p=0.000 0),且[LLCI,ULCI]=[−0.688 7,−0.367 2]不包含0,因而我们可以断定(claim)安全监管力(X4)正向调节了低层次安全需求的迫切性(X1a)对于非理性安全决策(X3a)的影响作用。这也就是说,安全监管力(X4)越强,低层次安全需求的迫切性(X1a)对于非理性安全决策(X3a)的影响作用会被弱化。因此假设 5a 得到了检验。

表 4-7 调节过程模型的拟合结果

变量	coeff	标准误差	t	p	LLCI	ULCI
	−1.049 6	0.439 7	−2.386 8	0.017 7	−1.915 1	−0.184 0
X1a	2.098 7	0.247 3	8.486 2	0.000 0	1.611 9	2.585 5
X4	1.408 0	0.245 8	5.729 1	0.000 0	0.924 2	1.891 8
Int_1	−0.527 9	0.081 7	−6.463 1	0.000 0	−0.688 7	−0.367 2
$R^2=0.332\,5, F(3,281)=46.665\,7, p=0.000$ Int_1=X1a×X4						

在现实中,安全监管力的作用效果会随着作用对象的变化而变化。当企业受到低层次安全需求主导时,安全监管力越强,企业的低层次安全需求迫切性对于非理性的安全决策的影响作用会弱化。因此,对于那些受到低层次安全需求驱动(motivate)的企业来说,有无安全监管力的存在,企业的决策理性会出现非常大的变化。对于那些主要受到低层次安全需求驱动的企业来说,监管部门需要严加监管才能遏制企业的决策非理性。相反,对于那些以高层次安全需求迫切性的企业来说,在安全监管力的作用下,企业在风险环境的决策理性受到低层次安全需求影响作用并不会出现多少变化。也就是说,受到高层安全需求驱动的企业在面对风险时,并不会为了短期的利益而冒险,仍然会秉持一贯的决策理性。在安全监管力的作用下,企业的高层次安全需求迫切性对于风险环境的安全决策理性的影响作用并不会出现明显的变化。

为了更加直观地观察调节效应的变化,这里我们把调节效应进行了可视化,如图 4-3 所示。

由图 4-3 可知,低层次安全需求迫切性对于安全决策非理性的影响作用受到安全监管力的调节作用。这里 $X_4=1, 1.33, 2.33$(安全监管力强度)分别对应于该调节变量取值的 16%、50%及 84%,用以展示调节效应的变化,低层次(高层次)安全需求迫切性对于安全决策非理性(理性)的影响作用随之发生变化。这里我们之所以没有采用均值加一个标准差或者减一个标准差的原因,主要是由于这样加减一个标准差可能会超过本研究中变量的取值范围。由图 4-3 可知,随着安全监管力强度的增加,也就是 $X_4=1, 1.33, 2.33$,低层次安全需求迫切性对于安全决策理性的影响作用逐步被弱化，表现为图中的直线斜率逐渐变小。

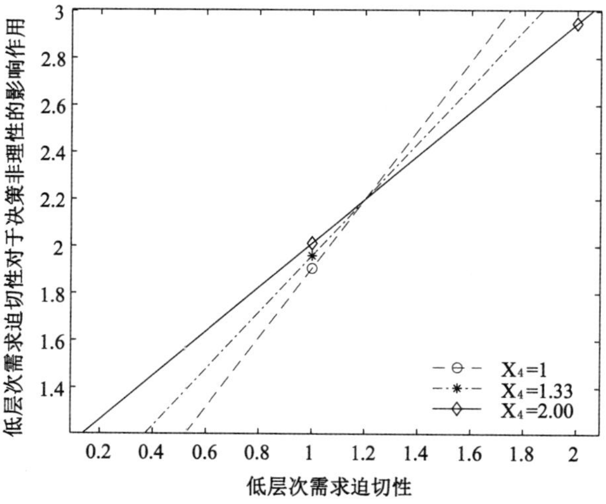

图 4-3 调节效应的变化趋势

二、研究方法二

（一）数据采集程序

研究二中的数据采集程序与研究一基本相同。为了保证两次研究结果能够交叉验证，同时消除研究一的数据采集过程中问卷填写者对于问卷的记忆效应，研究二的数据采集是在研究二的数据采集结束后 3 个月进行的。并且研究二的问卷发放对象与研究一相同，只不过填写问卷的人员数量因为工作变动而发生了变化。最终，我们回收到了 277 份合格的问卷。

（二）测量

由于研究二中所涉及的安全监管力（X4）和煤矿安全行为轨迹的选择（X5）这两个构念与研究一中的完全相同。因此我们在研究二中只需要对“发展驱动所形成的高层次安全需求迫切性（X1b）、风险环境下的安全决策理性（X3b）”进行测量。

发展驱动所形成的高层次安全需求迫切性（X1b）。与研究一中的量表相类似，本量表也是在参考并适当删改 M. R. Leary 等开发的测量需求的量表的基础上发展而来的[104]。由于低层次需求和高层次需求的维度构成比较相近。因此，测量煤矿企业受长期可持续性发展所形成的高层次安全需求的迫切性所用到的量表条目与测量煤矿企业受短期利益驱动所形成的低层次安全需求的迫切性所用到的条目是类似的，只是在措辞上有所区别。该量表为 5 点里克特量表，共有 5 个条目，分别是：无论在什么样的市场环境下，都不会突破安全红线而加大产量，从而忽视企业长期利益。不会为了个人能否升职而忽视本企业长期发展需求的迫切性。不会为了员工获得短期内收入的增加，在提高产量的同时而放低安全要求。对于生产和安全，始终把安全放在优先考虑的地位。在采用考评员工绩效的指标时会充分考虑安全、产量及企业长期指标之间的平衡，绝对不会降低安全标准。该量表的 Cronbach α 为 0.911。

风险环境下的安全决策理性（X3b）。与上一个量表相类似，这里我们参考并适当删改了 S. M. Ansari 等测量风险环境下的安全决策理性的量表。该量表是 5 点里克特量表，共有 3 个条目，各个条目分别是：当面对生产和安全问题共存的局面时，总是把安全放在第一位。当煤炭市场需求非常旺盛时，在提高产量前首先要对增产的必备安全条件进行充分评估。在对个人升职或者调整员工报酬做决策时，始终重视企业的长期可持续性发展需求的迫切性。该量表的 Cronbach α 为 0.803。控制变量。由于研究二是研究一的镜像，因此研究二中所用到的控制变量与研究一完全相同。

（三）信度和效度分析

研究二我们采用包含 4 个潜变量的模型进行验证性因子分析来评价测量量表的因子结构，其做法与研究一相同，见表 4-8。当把每个量表的条目加载在其对应的一阶潜变量上，文中所假定的 4 因子模型表现出较好的拟合度（$\chi^2(84)=114.017$，$P=0.0163$；RMSEA＝0.036；SRMR＝0.031；CFI＝0.988）[102]。基线模型拟合结果为（$\chi^2(105)=2682.344$，$P=0.000$），另外，我们还拟合了 3 因子和 2 因子模型，结果表明 4 因子模型拟合度最好，各因子载荷基本上都大于 0.5。

AVE 一般不能低于 0.5，表 4-8 中 AVE 值处于 0.50～0.72；文中的构念量表的聚合效度 C. R. 处在 0.75～0.91（通常需要大于 0.7）之间，均符合最低要求的阈值。因此，研究二中的变量不仅具有较好的收敛效度，同时具有较好区分效度。另外，研究二中量表的区分效度检验结果见表 4-9。

表 4-8　聚合效度检验

变量	指标	标准化因子载荷	SE	C. R.	AVE
发展驱动所形成的高层次安全需求迫切性(X1b)	x11b	0.831	0.021	0.911 3	0.673 2
	x12b	0.821	0.022		
	x13b	0.835	0.021		
	x14b	0.742	0.029		
	x15b	0.868	0.018		
风险环境下的安全决策理性(X3b)	x31b	0.853	0.023	0.809 8	0.524 5
	x32b	0.695	0.036		
	x33b	0.799	0.027		
	x34b	0.499	0.049		
安全监管力(X4)	x41	0.819	0.023	0.886 4	0.722 4
	x42	0.860	0.019		
	x43	0.870	0.018		
煤矿安全行为轨迹的选择(X5)	x51	0.726	0.036	0.75	0.500 3
	x52	0.678	0.039		
	x53	0.717	0.036		

表 4-9　区分效度检验

变量	x1	x3	x5	x6
利益驱动的高层次安全需求的迫切性(X1b)	(0.673 2)			
风险环境下的安全决策的理性(X3b)	0.176	(0.524 5)		
安全监管力(X4)	0.623	0.150	(0.722 4)	
煤矿安全行为轨迹的选择(X5)	0.159	0.501	0.131	(0.500 3)

注：表 4-9 的对角线上的括号内数值为 AVE 值，其余值为变量间相关系数的平方。

由表 4-9 可知，除了 X1b 和 X4 的相关系数的平方为 0.623 与 X1 的 AVE 值比较接近外，其他各变量之间的两个系数平方均明显小于各自所对应的 AVE 值。因此，各个构念的测量量表之间都具有较好的可区分性。

（四）描述性统计分析

描述性统计分析结果见表 4-10。

在对性别、教育水平、年龄及企业所有制类型进行控制后，我们运用 Process 软件包对假设模型进行拟合[37]。表 4-11 到表 4-13 给出了相关拟合结果。

表 4-10 描述性统计分析结果

变量	Mean	SD	X1b	X3b	X4	X5	年龄	性别	学历
X1b	1.704	0.891	(0.911)						
X3b	3.058	1.399	0.420**	(0.803)					
X4	1.722	0.950	0.850**	0.387**	(0.885)				
X5	3.659	1.242	0.399**	0.708**	0.362**	(0.751)			
年龄	38.199	11.185	0.003	0.036	0.005	0.016			
性别	0.964	0.187	−0.025	−0.075	−0.098	−0.126*	−0.102		
学历	1.422	0.537	−0.072	−0.04	−0.074	−0.073	0.046	−0.028	
企业所有制类型	2.137	0.857	−0.042	0.032	−0.045	0.063	−0.065	0.031	0.007

注：表 4-10 中对角线括号中的数字为构的量表信度值。* 表示 $p<0.05$，** 表示 $p<0.001$。

（五）直接效应假设检验

研究二的模型拟合所采用的统计软件包与研究一样，都是采用的 A. F. Hayes 开发的统计软件包 PROCESS4.0 对假设模型进行拟合的。拟合结果见表 4-11。

表 4-11 概念模型拟合后的路径系数

	结果变量							
	X3a				X5			
前置变量		Coeff	标准误差	p		Coeff	标准误差	p
X1	α_{1b}	1.743 4	0.241 5	0.000 0	c'_{1b}	0.1720	0.064 6	0.008 3
X3b					c'_{2b}	0.582 4	0.041 2	0.000 0
常数项	i_{X3b}	−1.049 6	0.439 7	0.017 7	i_{X5}	1.397 9	0.133 2	0.000 0
	$R^2_{X3b}=0.291\ 1$				$R^2_{X5}=0.514\ 1$			
	$F_{X3b}(3,273)=37.367\ 2, p<0.05$				$F_{X5}(2,274)=144.940\ 6, p<0.05$			

注：α_{1b}表示从 X1b 到 X3b 路径系数；c'_{1a}表示从 X1b 到 X5 的路径系数；c'_{2b}表示从 X3b 到 X5 的路径系数。

由表 4-11 可知，在 95%的置信区间 2 000 次的 bootstrap 抽样下，发展驱动所形成的高层次安全需求的迫切性（X1b）和风险环境下的安全决策的理性（X3b）之间存在正相关关系，两者之间的回归系数为 1.743 4，置信区间为[1.268 0,2.218 9]，并不包括零，可以拒绝零假设，假设 1b 得到了支持。模型的拟合结果表明，发展驱动所形成的高层次安全需求的迫切性（X1b）对于风险环境下的安全决策的理性（X3b）起到了正面促进作用，即当煤矿企业受到发展驱动的高层次安全需求迫切时，他们采纳安全决策的理性也会随之提升。另外，我们可以看到发展驱动所形成的高层次安全需求的迫切性(X1b)对煤矿安全行为轨迹的选择(X5)也产生了直接的正面影响作用($B=0.1720$,$P=0.0083$),置信区间为[0.044 7,0.299 2],同样也不包括 0。这说明在风险的环境中,发展驱动所形成的高层次安全需求的迫切性(X1b)对于煤矿安全行为轨迹的选择(X5)具有直接的促进作用,也就是说,煤矿企业受到发展驱动的高层次安全需求越迫切(X1b),则煤矿企业安全行为轨迹的选择(X5)的可能性也会随之增加。因此,假设 3b 也得到了验证。

此外,从表 4-11 还可知,在 95%的置信区间 2 000 次的 bootstrap 抽样下,风险环境下的安全决策的理性(X3b)与煤矿安全行为轨迹的选择(X5)也成正相关关系($B=0.5824$,$P=0.0000$),置信区间为[0.501 4,0.663 5],并不包括零,可以拒绝零假设,假设 2b 得到了支持。

我们将进一步检验发展驱动所形成的高层次安全需求的迫切性(X1)对于煤矿安全行为轨迹的选择(X5)的间接影响效应是否显著。同时,我们还要检验安全监管力是否调节了高层次安全需求迫切性对于风险环境下理性安全决策的影响作用。

(六) 间接效应及调节效应检验

表 4-12 和图 4-4 说明了安全决策的理性程度受到安全监管力调节后的间接效应。

表 4-12 经过调节的中介效应

X4	Effect	BootSE	BootLLCI	BootULCI
1.000 0	0.726 7	0.139 4	0.503 8	1.041 6
1.333 0	0.630 5	0.128 9	0.426 3	0.921 9
2.000 0	0.437 9	0.110 7	0.256 3	0.686 5

由表 4-12 可知,在 95%的置信区间 2 000 次的 bootstrap 抽样下,安全监管力(X4)在 1.000 0、1.333 0、2.000 0 三个不同水平下,所有的[BootLLCI,BootULCI]区间中都不包含 0。因此,我们可以推断风险环境下的安全决策的理性(X3b)只是部分中介了发展驱动所形成的高层次安全需求的迫切性(X1b)对于煤矿安全行为轨迹的选择(X5)。因此,假设 4b 也得到了支持。假设 4b 得到支持,则说明发展驱动所形成的高层次安全需求的迫切性(X1b)不仅直接影响风

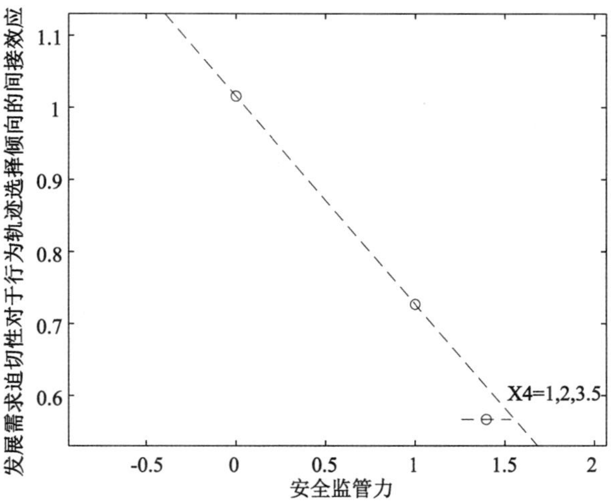

图 4-4　间接效应的变化趋势

险环境下的安全决策的理性(X3b),还会同时对煤矿安全行为轨迹的选择(X5)产生间接的影响作用。另外,我们在直接效应的检验中还发现利益驱动所形成的高层次安全需求的迫切性(X1b)对于煤矿安全行为轨迹的选择(X5)也会产生正向的影响作用。

研究二进一步研究了安全监管力的调节作用,调节效应检验结果如表 4-13 所示。

表 4-13　调节过程模型的拟合结果

变量	coeff	标准误差	t	p	LLCI	ULCI
	−0.7741	0.4377	−1.768 4	0.078 1	−1.635 9	0.087 7
X1	1.743 4	0.241 5	7.219 6	.000 0	1.268 0	2.218 9
X4	1.551 3	0.255 5	6.072 2	0.000 0	1.048 4	2.054 3
Int_1	−0.495 8	0.075 7	−6.551 2	0.000 0	−0.644 8	−0.346 8

R^2=0.291 1,F(3,273)=37.367 2,p=0.000
Int_1=X1a×X4

此外,高层次安全需求的迫切性(X1b)×安全监管力(X4)的回归系数为−0.495 8,该系数显著性不等于 0(p=0.000 0),且[LLCI,ULCI]=[−0.644 8,−0.346 8],因而我们可以认为安全监管力(X4)正向调节了高层次安全需求的迫切性(X1b)对于理性安全决策(X3b)的影响作用。这也就是说,安全监管力(X4)越强,高层次安全需求的迫切性(X1b)对于理性安全决策(X3a)的影响作用会被弱化。因此假设 5b 得到了检验,同时也从一个相反的方向验证了假设 5a。

同研究一的做法类似,这里我们也对调节效应进行了可视化,如图 4-5 所示。

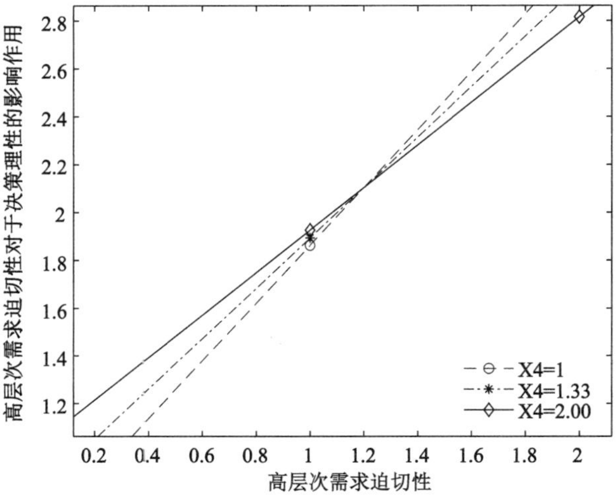

图 4-5 高层次安全需求迫切性对于安全决策理性的影响作用受到安全监管力的调节作用

这里 X4=1,1.33,2.00(安全监管力强度)分别对应于该调节变量取值的 16%、50%及 84%。由图 4-5 可知,随着安全监管力强度的增加,也就是 X4=1,1.33,2.00,高层次安全需求迫切性对于安全决策理性的影响作用逐步被弱化,表现为图 4-5 中的直线斜率逐渐变小。

本章小结

本研究主要目的是为了更好地帮助安全管理人员理解高风险性企业在风险环境下的集体需求层次的变化是如何影响其行为路径的选择,从而帮助他们在实践中更有效地干预和控制企业的行为路径,达到预防事故的目的。研究结果表明虽然集体需求直接影响了集体决策的理性,但其影响程度依赖于外部安全监管的作用。借鉴物理学中的力的概念以及集体需求理论,同时也为了更加直观地描述外部安全监管的作用,我们把这种外部监管作用抽象为安全监管力,其作用机制与物理学中的力相类似,并以此作为理论依据发展出了概念模型。采用问卷调查的方法采集了检验概念模型的数据,模型的拟合结果多数支持了本研究中提出的假设。下面将重点讨论本研究结果的理论和实际意义以及局限性。

(1) 理论意义。

第一,研究进一步解释了集体需求影响集体行为路径选择的机制,丰富了集体行为路径的研究文献。煤矿企业的需求是一种集体需求,这种集体需求也会表现出层次性,不同层次上的需求会产生不同的决策理性,进而影响企业的行为路径选择。虽然集体需求层次与集体行为路径选择之间的关系没有个体需求层次与个体行为路径选择之间的关系那么明显,但是当我们考虑了安全监管力这个重要的条件因素后,发现集体需求预测煤矿企业的安全决策理性的能力明显提升了。另外,研究表明尽管煤矿企业的集体需求仍然表现出一定的层次性,但这种层次性的需求与集体决策理性之间的影响作用具有不确定性。例如,当前虽然我国煤矿企业已经完成了股份制改革,煤矿企业的行为应该由自身的需求来决定,但煤矿企业的行为仍然深度嵌入于社会关系和政治关系中,煤矿企业的决策理性不仅反映了煤矿企业的需求,还受到外部安全监管力的约束作用。

第二,研究将物理学中的力的概念引入组织管理领域,用力的约束作用简化了行为受到需求影响作用的依赖条件。按照物理学意义上的力的定义,监管方对于被监管方的监管也可以看成是力的作用。本研究模仿物理学中的力的概念定义了安全监管力,并将安全监管力运用于构建新的煤矿安全监管新理论,发现集体行为路径选择在很大程度上依赖于外部的安全监管力的作用,进一步解释和预测了煤矿生产安全行为路径的选择问题。

第三,本研究构建了安全监管力作为调节变量的煤矿安全监管理论模型,在该模型中,提出并检验了在安全监管力的作用下,煤矿企业的不同层次的安全需求迫切性影响煤矿安全决策理性变化的机制。结果发现,对于那些存在低层次安全需求迫切性的煤矿企业来说,安全监管力作用会明显弱化安全决策非理性受到低层次需求的影响作用,使得利益驱动的煤矿企业在安全决策上变得更加理性。但是对于那些存在长期发展驱动的煤矿企业来说,安全监管力的作用效果并不明显。该发现对于合理配置安全监管资源具有重要意义。

(2) 现实意义。

第一,本研究的发现可以帮助我们更好地解释同一种制度环境下的煤矿企业为什么会选择不同的安全生产行为路径,同时,不同的煤矿安全表现也会不同。也就是说，在同样的安全监管制度环境下，为什么有些煤矿企业会选择致力于长期发展的更加安全的生产行为路径，而有些煤矿却会在风险环境下采用铤而走险的安全决策，最终引发严重的事故。本研究提出从安全监管力入手来掌握煤矿安全监管规律，并根据这个规律来优化安全监管资源的配置，把安全监管力作用于那些能够产生敏感反应的煤矿，从而节约有限的安全监管资源。

第二，安全监管力概念更加直观，更加有助于安全监管措施的设计。根据需求理论，需求会影响行为。对于煤矿企业来说，需求对于行为的影响作用是一种内力作用。安全监管力是监管方对于被监管方的影响作用，是一种外力作用，会对内力起到约束作用。对于生产环境具有风险性的煤矿企业来说，企业的集体决策的理性会直接受到内力影响，但这种内力的影响作用是以外力的作用为条件的。本研究将安全监管中的监管主体对于监管对象的作用抽象为安全监管力，这样我们可以从力的视角来分析和预测安全监管的效果，设计安全监管的措施，从而将煤矿安全监管理论从理论可行向实践可执行推进了一步。

第三，本研究的发现可以帮助监管者优化安全监管资源的配置，节约安全监管成本。我国只要有一家煤矿发生事故，同类煤矿都要进行停产进行全覆盖式检查，这意味着监管方和被监管方都要投入大量的资源。而监管资源是有限的，监管方根本无法在短时间内对所有的煤矿进行全覆盖检查，大量的现场检查只能流于形式，造成了非常有限的煤矿安全监管资源的浪费。在现实中，安全监管力发挥作用需要消耗资源，也就是说安全监管力的作用是需要成本的，而研究发现，不同的企业对于安全监管力的作用所做出的反应是不同的，有的会产生敏感性反应，而有的则不会。对于非理性的企业来说，应该加大安全监管力的强度，这会迫使利益驱动型的煤矿企业重新选择安全性的生产路径。而对于长期发展驱动型的煤矿企业来说，企业的内部监管基本上可以取代外部监管，因此，安全监管部门就根本没有必要将监管资源投向那些自我主动监管的煤矿企业，而应该把安全监管资源重点配置到那些低安全需求层次的企业，对这些企业进行重点安全监管。

(3) 本研究的局限性及需进一步研究的问题。

第一，安全监管力概念在中国制度场景下由中国学者提出的，并用于指导煤矿安全监管实践，已经取得了很好的监管效果，但安全监管力理论体系还需要得到更多的实践检验。目前，安全监管力理论体系主要应用于中国制度场景下的安全监管实践。总体上来看,安全监管力虽然有中国煤矿安全监管实践的支持,但在理论上还不够完善,还需要通过更多的实践验证。本研究并没有讨论在现实中如何具体运用安全监管力,而只是从安全监管力作用强度抽象地论述了安全监管力的运用问题。在未来的研究中,学者们可以进一步评价安全监管力在实践中的应用效果,进一步明确安全监管力理论存在的缺陷,并致力于解决理论上所存在的缺陷。

第二,本研究将安全监管力放在煤炭行业内进行研究,在一定程度上影响了本研究成果的推广性。在未来的研究中,我们应该扩大样本来源并拓展到其他存在较高风险的领域,如交通运输、建筑、化工等,收集更加全面的数据来验证本研究中提出的理论模型,提升研究成果的可推广性。

第三,本研究所提出的理论的因果性不强。本研究只是把企业的安全需求简化为两类,而在现实中企业的需求即使不是连续的,也可能有更多的分类。因此,未来的研究应该进一步检验企业更多安全需求的分类对于企业集体安全行为的影响作用。

第四,集体需求对于集体行为轨迹选择的影响作用还可能依赖于其他因素。例如,中国制度环境下,企业行为仍然表现出高度的嵌入性,良好的政商关系仍然是确保企业健康发展的一个关键因素。在实践中,如果一个孤立的个体有着明确的经济目标,那么他的决策就更加趋于理性,但是如果这个独立个体的个人行为一旦嵌入到社会关系中,那么他的选择就会受到其嵌入的社会结构的影响,这时其决策理性就会表现出选择性。本研究主要研究了的煤矿企业在外部力作用下的生产行为活动的选择机制,并没有研究更为复杂的合力作用下的选择机制,即在内控力及安全监管力共同作用下的行为路径的选择机制。因此,未来的研究者可以研究煤矿企业在更为复杂的内外部力的作用下的生产活动行为路径的选择问题,并厘清在什么条件下,外力起主导作用,什么条件下内力起主导作用,以及内外力的交互作用机制。

第五章

煤矿安全监管方式方法及其典型案例

我国的煤矿安全监察机构和监管部门在长期的煤矿安全监管实践中积累了非常丰富的经验，但这些经验往往会随着监管主体的离任而部分或者全部丢失。本研究项目组把监管主体实践中积累的经验进行案例化，这样当监管主体离任后，新任的监管主体则可以从这些案例中学习监管的知识和技能。目前，不同类型的监管主体在监管实践中都有自己成形的做法，因此煤矿安全监管的典型案例可以按照监察、监管来分类。再进一步细化的话，监察的典型案例又可以分为国家局监察、省局监察和市局监察，监管又可以根据行政级别而划分成5级监管（省、市、县区、乡镇、村）。

第一节　煤矿安全监管方式方法的概述

目前,无论是理论界还是实践界都很少对“方式方法”进行严格的定义,或者对于“方式”和“方法”进行严格的区分。本研究项目组为了展现煤矿安全监管方式方法的边界,尝试对方式方法进行定义,并对方式和方法进行区分。结合已有所能查阅到的文献资料,以及对现场专家的访谈和我们自身的认知,我们认为“方式”和“方法”在概念的内涵和外延上都有所不同。“方式”更加强调监管的形式及规范,而“方法”则偏重于规范的行动或者做法。煤矿安全监管的方式方法就是关于煤矿安全监管的规范形式及规范的做法。在调研中,我们接触了中国煤矿安全监管实践中常用的监管方式方法,比如现场检查、发文、发通知等都是常用的监管方式,罚款、面谈、提醒等都是常用的安全监管方法。方式强调了形式的规范性,而方法则强调了行动的规范性。煤矿安全监管方式方法体现了形式和做法的二元结构,方法嵌入于形式,随着形式的变化而变化,而形式也会在方法的影响下发生某种程度的变化。而从安全监管力的理论视角来看,煤矿安全监管的方式则等同于安全监管力作用体系的结构,而煤矿安全监管的方法则等同于安全监管力。安全监管力嵌入于安全监管力作用体系的结构,随着安全监管力作用体系的变化而发生变化,安全监管力是否能产生作用效果则取决于安全监管力作用体系是否合法有效。打个比方,监管主体都拥有或大或小的权力,这个权力主要是由制度体系所赋予,当监管主体处于这个制度体系下,就可以拥有这个监管权力,并运用这个监管权力去督导监管对象。如果监管主体离开了这个制度体系,那么他的监管权力也随之而消失。监管权力与监管的制度体系是密不可分的,方式和方法、安全监管力和安全监管力作用体系也遵循同样的逻辑。

因此,煤矿安全监管的方式方法既要遵循形式上的规范,又要遵循行动上的规范，形式上的规范不仅可以对行动进行约束，而且也可以促进行动效率的提升。同样，如果有科学的煤矿安全监管方式，那么对于监管主体来说，只要将具体的方法应用于监管实践，监管效果也必然会随之提升。当前，监管主体已经在监管的实践中积累了相当数量的监管方式和方法，这时就需要在一定的理论指导下来优化监管方式和方法的匹配性，以构建更加高效的煤矿安全监管方式方法体系。

第二节　以安全监管力为理论依据的煤矿安全监管方式方法的概述

以安全监管力理论作为基础构建而成的煤矿安全监管方式方法主要体现出“据理力争”的特征，即有“据”、有“理”、有“力”、有“争”。

一、支持安全监管力理论的“据”

我国煤矿安全监管实践中很多值得借鉴的做法，简单实用，效果明显。我们只要经过适当的加工和整理就可以做成很好的煤矿安全监管案例，就可以进一步提升这些典型案例在实践中的可复制性。在监管实践中，监管主体已经在国内部分地区比较广泛地应用“开小灶”、抓关键少数、全覆盖和“一刀切”等煤矿安全监管措施或者做法，并取得了很好的效果。这里我们将对这些做法进一步做理论依据上的完善，让这些做法或者措施不仅有据而且还要有理。实践中有大量的案例证明上述措施及做法是非常有效的，因此这些做法的“有据”是客观的。虽然安全监管是一门实践科学，但要推动煤矿安全监管的高质量发展，监管实践的理论依据也是不可或缺的。高质量的煤矿安全监管应该做到两条腿走路，安全监管效果不仅要有据，还要有理，有理有据的煤矿安全监管的方式方法才是煤矿安全治理现代化的方向。根据上述安全监管力理论的论述，我们在实践中观察到现有的煤矿安全监管的相关做法或措施在很大程度上体现出了安全监管力的思想。这里我们主要阐释实践中常用的煤矿安全监管方式方法的理论依据。

（一）开小灶

当前，某些地区煤炭资源赋存已经不足，地质条件复杂，开采难度越来越大，某些煤矿在安全生产上遇到了特殊困难，依赖自身能力已经难以确保生产安全。在这种背景下监管主体适时启动了安全监管的“开小灶”做法。监管主体首先要抓准监管对象，找准安全监管力作用点和方向，然后用最有效的安全监管方式方法来应对存在安全问题的监管对象。

（1）抓准对象。

监管主体首先要思考以下问题：哪些煤矿需要开小灶？为什么要开小灶？谁去给这些煤矿开小灶？从哪些地方入手对这些煤矿开小灶？采用开小灶方法的第一步就是安全监管主体要抓准监管对象，也就是要找准监管力的作用对象，这就如同拉弓射箭，如果不首先找准对象（靶子），拉弓人使出再大的力气也没有用，反而是用力越大，偏离靶心的位置会越远，白费的力越多，而在煤矿安全监管上则意味着浪费的监管资源就越多。因此，监管主体如果想采用“开小灶”的煤矿安全监管方式，首先需要找准对象，就是找准安全监管力的作用对象。

（2）抓准问题。

通常监管主体都是带着问题去给监管对象“开小灶”的，但这并不意味着监管主体就已经抓准了问题。监管主体在给监管对象“开小灶”的过程中，又会发现新的问题。因此，监管主体不仅需要确定监管对象，还需要确定安全监管力作用的关键点和准确方向，构建明确的安全监管方法。如果监管主体找准了监管对象，但是对监管对象不能用准安全监管力的方向，那就会浪费监管资源，难以收到好的监管效果。监管主体在对存在安全问题的煤矿开小灶时，一定要切中要害，找对安全监管力的作用点，找准安全监管力的作用方向，否则监管主体向监管对象施加的安全监管力就不能取得预想的成绩。

（3）掌握火候。

监管主体对监管对象进行安全监管“开小灶”一定要掌握好火候。掌握火候就是监管主体向需要“开小灶”的煤矿所施加的安全监管力大小要适合。过大则会导致安全监管资源的浪费，而过小则可能无助于问题的解决。对于那些正在接受“开小灶”的煤矿来说，监管主体一定要对安全问题的严重性进行比较准确的评估，那些对煤矿生产安全会产生全局性的安全问题，诸如规章制度不完善、执行不到位，企业主体责任落实不到位等，监管主体则应该施加强有力的安全监管力，实行安全监管全覆盖，一刀切，不留安全死角，不能让安全隐患继续积累下去。相反，如果某些煤矿只存在局部性的安全问题，则监管主体只需要向监管对象施加与所存在安全问题严重性相匹配的安全监管力即可。因此，安全监管力理论逻辑既具有科学属性，也具有艺术属性。监管主体对监管对象“开小灶”时一定要做到安全监管力的科学性和艺术性合理平衡，掌握力的大小、方向、作用点与力的作用效果之间的关系。监管主体在面对复杂的安全监管问题时要学会科学用力、艺术用力，合理地平衡科学与艺术的关系，而不是用蛮力。当监管主体面对的是简单安全监管问题时，则可以偏重于科学用力，强调安全监管力的科学性，而不是安全监管力的艺术性。而当监管主体面对的是复杂的安全监管问题时，则要强调安全监管力的艺术性，强调艺术性的用力，反对用蛮力，强调借力打力，化问题于无形。例如，当前中国每年煤矿生产事故的死亡人数已经下降到了一个很低的水平，单纯地依靠有形的监管资源投入，强调全覆盖不留死角的这种“监狱式的全方位监管模式”已经难以取得特别明显的监管效果的提升。这时监管主体应该适当转变矿山安全监管的模式，应该更加注重提升监管对象和主体的福祉，强调艺术性地用安全监管力，让监管对象从被动被管逐步向主动要求被管，直至自己主动对自己进行严管的新时代下的中国特色矿山安全监管模式的转变。改变监管主体与监管对象之间的安全监管力作用机制，让监管主体和监管对象都可以从工作中获得幸福、快乐，把完成工作当成一种使命和职责而非养家糊口的工具。

（二）抓关键少数

不同于“开小灶”安全监管的方式方法，抓关键少数在某些情况下是“开小灶”的一个构成部分。“开小灶”体现了煤矿安全监管的对焦思想，而抓关键少数则体现了聚焦思想[105]。抓关键少数则意味着安全监管力的作用点是要抓准那些最有效的安全监管力作用点。

(1) 抓关键少数的第一步是找到所有可行的安全监管力作用点。

抓关键少数意味着监管主体要将安全监管力作用到能够发挥出最佳效果的作用点上。如果监管对象上可以施加安全监管力的作用点多于两个，就会存在安全监管力作用的优化问题。而如果监管对象上可以施加安全监管力的作用点有无数多个，那么安全监管力作用的优化就非常有必要了。因为监管资源是有限的，监管主体不可能把安全监管力作用于每一个作用点，监管主体需要选择那些能够产生最佳安全监管力作用效果的点进行安全监管。

(2) 抓关键少数的第二步是监管主体对所有可行的安全监管力作用点的优劣进行排序。

当监管主体识别出了所有的可行的安全监管力作用点时，紧接着就要根据安全监管力的受力点的属性对所有可行的安全监管力作用点进行优劣排序。受力点的属性将会影响受力效果，也就是安全监管力的作用效果。衡量受力点属性的指标主要包括受力点的可变性、受力点的地位、受力点上附属的资源等。监管主体根据上述指标可以计算出各个受力点的取值并进行排序，从而找到安全监管力的最佳作用点，并将安全监管力作用于“关键少数”。

(3) 安全监管力作用于“关键少数”而不是“少数”。

按照安全监管力理论，监管主体将同样的安全监管力作用于监管对象上的作用点时，并不意味着能够产生同样的作用效果。关键少数则意味着监管主体要将安全监管力作用于那些能够收到最佳效果的少数作用点。监管对象上存在很多个作用点，不同的作用点的受力效果是不一样的，监管主体抓关键少数就是要找准那些受力效果最好的受力点。因此，从安全监管力理论的角度来看，抓关键少数实际上就是监管主体要把监管力作用于能够产生最为显著效果的作用点。本研究从安全监管力理论出发，认为抓关键少数应该是抓那些能够产生最佳安全监管力作用效果的少数作用点。因此，抓关键少数的煤矿安全监管方法不要想当然地认为就是抓职能部门的一把手，应该从安全监管力作用效果出发，抓的关键少数应该是安全监管力能够产生最佳作用效果的安全监管力受力点。监管主体在使用抓关键少数这种安全监管方法时，一定要能够分辨出最佳受力对象和受力点。

(三) 抓思想安全法

实践中发现，只有当监管对象从思想上重视安全，才能在行动上真正做到安全，因此监管部门在监管实践中特别强调监管对象思想安全的重要性。为了论述的方便，这里用图 5-1 展示了思想对行为的影响机制，从中可以看到思想对于行为的影响是一个连锁过程。另外，根据安全监管力理论，监管对象的思想也是安全监管力的主要受力点类型之一。人的思想是可变的，但不是无缘无故就发生变化，而力的作用可以使对象发生变化。因此当安全监管力作用于监管对象的思想时，可以在一定程度上改变监管对象对于安全的思想认知。行为和心理科学的研究成果表明，如果监管主体能够从精神上改变监管对象对于生产安全的态度，变被动安全为主动安全，那么这将在很大程度上会改变当前中国煤矿安全监管还存在的被动模式问题，让煤矿企业或者集团从根本上为自己生产安全负责，从而真正推动煤矿企业的主体责任落实。

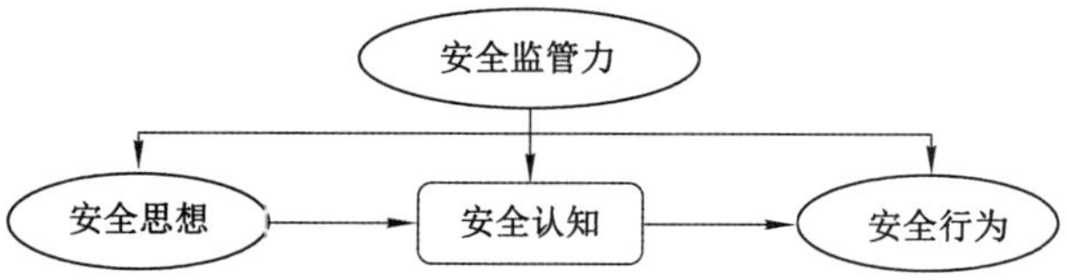

图 5-1　受到安全监管力作用的监管对象的安全行为的形成过程

（1）安全监管力作用于煤矿生产安全问题的病根。

无论在个体层面还是在组织或者社会层面，精神是行为的关键领先指标，精神引导行为主体的行为方向，有什么样的精神，就会有什么样的行为方向。员工在思想上没有主动追求安全就是煤矿生产安全问题的病根。如果监管对象对于抓煤矿生产安全持有被动的思想，那么他们在生产过程中就只会收获被动安全，其生产安全就需要依赖于监管主体，需要监管主体在后面推、前面拉才能实现生产安全，也就是监管主体需要向监管对象同时施加安全监管力中的推力和拉力。如果监管主体放松了对于监管对象的控制，监管对象在短时间内的生产安全状况就会急转直下。相反，监管对象如果能够真正从思想上重视安全，他们就会在生产中遵纪守法，处处把安全放在第一位。这时监管主体就可以把主要资源配置到政策、法规、制度、标准等的优化上，而监管对象就可以依照更加科学的政策、法规来抓安全生产，监管主体与客体之间的关系也会从控制和被控制而转为相互配合和支持。

（2）安全监管力作用于监管对象的认知，让监管对象认知到自己的问题。

监管主体根据自身现场监管经验总结出“监管对象也并不都是故意要违章和违规”，即监管对象在很多情况下其主观上并不想做违规或者违章的事情。实际上，在井下工作现场，很多“三违”问题的发生并不是矿工们要主动违规，而是他们在认知上根本不知道自己违规了。当前，煤矿企业就业人员素质低，岗前培训考核的门槛低，只要培训就都合格，没有淘汰。矿长断档严重，人才素质低，行业艰苦，无法做到像流水线那样标准化。这导致现场人员不具备辨识重大风险的能力，盲干蛮干时有发生。实际上，重大风险企业最清楚，如果企业没有高素质的人才，怎么能够发现重大风险？即使监察和监管人员天天在矿上进行检查，也无法发现煤矿企业所有的问题。

(3) 安全监管力作用于监管对象的行为，让监管对象积极配合监管主体的"治病救人"。

思想上的不安全是煤矿生产安全问题的病根，而认知上的不安全则会导致煤矿企业"有病当成没病""有病不治"。在这种局面下，监管主体的"治病救人"的角色就非常关键。针对监管对象思想上的病根，监管主体采取的举措就是"对症下药"。监管对象思想上有病就要从监管思想上下手，并对监管对象进行分类治疗。当监管对象为煤矿员工时，监管主体的安全宣传、培训、提醒、面谈等类型的安全监管力首先作用于监管对象的思想上。当监管对象在安全思想上发生变化后，他们对于安全的认知也会随之发生变化，在对待安全的行为上也会发生相应变化，在工作中会有意识地避开不安全行为，安全主动性(如主体责任意识)不断提升，"三违"行为显著下降，煤矿事故发生的概率也会下降。

当前，抓思想安全仍然是监管实践中最常用的一种煤矿安全监管方式方法。但是这种安全监管方式方法如果使用不得当很难奏效。因为当前度量监管对象思想变化方法的科学性仍然存在不足，监管对象的思想变了还是没有变，监管主体主要依赖于个人的主观判断力。但是，安全监管力理论的提出为推动"抓思想安全"这种监管方式方法的科学化提供了一条可行逻辑路径，也为思想监管法提供了更多的选择。之前的研究大多只考虑了思想和行为之间的直接联系，很少考虑思想和行为之间可以通过认知进行间接联系。当我们发现认知充当了思想和行为之间的桥梁后，我们可以依序将安全监管力作用于监管对象的思想、认知及行为，这样就可以进一步提升思想监管法的科学性、可靠性和可推广性，充分发挥思想监管法的低成本性和易用性。

二、支持安全监管力理论的"理"

安全监管力的理就是安全监管力逻辑的现实可行性。总体上来说，安全监管力理论是中国煤矿安全监管主体对安全监管实践深思熟虑的结果，该理论在成形之前已经有了大量的实践，因此该理论的形成遵循了典型的构建主义哲学原则。理论的提出者在大量的安全监管实践中发现监管主体对于监管对象的监管可以抽象为安全监管力的作用，无论是"开小灶"、抓关键少数，还是煤矿安全监管全覆盖不留死角，都可以抽象为安全监管力的作用，即安全监管力可以改变监管对象或者让监管对象不变而实现监管主体所预期的监管效果。开小灶和抓关键少数则意味着安全监管力要作用于正确的受力点；而全覆盖和不留死角则意味着安全监管力要作用于监管对象上的所有受力点。

安全监管力理论要想在实践中具有高度的实用性也要遵循简单逻辑原则。在管理学领域，代理理论、资源依赖理论、社会交换理论、预期理论及社会网络理论等影响广泛的理论都有着比较简单的逻辑。代理理论的逻辑是代理会产生风险，而资源依赖理论的逻辑则是资源是决定企业竞争力关键因素、社会交换理论则以公平为核心构念、预期理论的核心思想是预期决定行为、社会网络理论则以结构洞、行为阈值、嵌入性等作为核心构念。安全监管力的理论逻辑主要借鉴了力的作用的逻辑，即监管主体向监管对象施加影响作用可以矫正、干预监管对象的行为，从而避免监管对象产生能够引起安全问题的偏差。由于监管主体的主要任务是对于监管对象的控制、监督，实际上就是监督监管对象不要产生各种违规行为，而违规行为实际上就是监管对象在生产活动中所出现的各种偏差，这些偏差如果不能够得到及时的纠正，就会成了安全隐患，就可能导致事故的发生。安全监管力的作用逻辑就是通过纠正监管对象在生产活动中的各种偏差来避免事故的发生。在前面我们已经阐述，事故的预防实际上是两种力的作用叠加，一方面监管对象是事故预防的责任主体，运用自控力来纠正自身在生产中可能发生的各种偏差。另一方面，监管主体是事故预防的监督主体，运用安全监管力来纠正监管对象在生产中所发生的依赖于自身自控力难以纠正的偏差。因此，在大多数情形下，监管对象的自控力和监管主体的安全监管力是同时发生作用，这必然会存在力的叠加作用，而这种叠加作用的效果则比较复杂，依赖于监管主体和客体对于自控力和安全监管力的认知。当监管主体能够在生产中力行主体责任，有着高度的安全主动性，那么自控力就会发挥主导作用。相反，如果监管对象在生产中离不开监管主体的监督，在缺乏监督的情况下就有意无意地违规生产，那么在这种安全氛围下，安全监管力就需要发挥主导作用。当煤矿企业的安全文化从被动向主动型转变的过程中，安全监管力在推动煤矿企业安全治理中的作用也会随之发生变化，安全监管力的也将从直接作用于煤矿企业而转向于直接作用于主管煤炭生产的行业，通过制定监管政策来引导煤矿企业的生产行为，而煤矿企业则真正承担了生产安全的主体责任。

虽然安全监管力理论在逻辑上比较清晰易懂，但对于中国煤矿安全的监管的主体和客体来说仍是一个比较新的理论，这个理论不仅需要理论的提出者不断进行完善，同时也需要监管主体在监管实践中不断进行尝试，不断改变自身对于煤矿安全监管的认知，有意识地发展中国场景下的煤矿安全监管理论，并通过实践检验安全监管力理论的效果，发现问题，不断改进和完善。大多数理论从提出到被认可，再到在实践中被广泛应用都经历了比较漫长的过程。当前，安全监管力理论已经积累了一定的实践基础，但在现实中还没有能够以安全监管力理论的名义进行较为广泛的实验性推广。在未来相当长一段时间内，监管主体应该有意识地在监管实践中验证安全监管力理论可行性及可行性，通过不断地试验和实践来推动安全监管力理论的不断进化和升级，最终形成系统而完善的理论体系。

三、支持安全监管力理论的"力"

根据上文所述，我们可以在实践中找到大量的安全监管力理论的"据"和"理"。但是安全监管力理论仅仅有理有据还不行，还需要有"力"量，在现实中充满活力。在物质世界里，"力"帮助我们很好地解释了物质运动。人们一旦掌握了力的本质，也就掌握了物质运动的规律，并可以用"力"来实现想要的"物质运动"，如洲际旅行、星际航行等。而在煤矿安全监管实践中，安全监管力帮助我们很好地解释了煤矿安全运行规律。监管主体一旦掌握了安全监管力的本质，也就掌握了煤矿安全运行的规律，实际上也就从根本上掌握了煤矿事故的运行规律。在过去相当长一段时间中，我国的煤矿安全形势的持续向好发展，与监管主体向监管对象持续发力是密不可分。从事后的视角来看，中国煤矿安全形势的彻底改观是监管主体施加了雷霆万钧的"大力"才实现的。从关闭小煤窑开始，到今天的"煤矿安全集中整治和三年行动"，监管主体都是向监管对象发了"大力"，扭转了中国煤矿安全监管的被动局面。今天，监管主体终于可以向监管对象主动出击，化被动为主动，不再被监管对象牵着鼻子走，哪里出了事故就查哪里，而是开始"扭住牛鼻子"，牵着监管对象向前走，将安全监管力作用于"事故"的前头，提前布局、提前防控，做到防患于未然。随着煤矿企业主体责任的深化落实，随着监管主体与监管对象之间的用力方向越来越一致，监管主体在不久的将来可以放开"牛鼻子"，真正实现"企业做好企业的事情、监察机构做好监察机构的事情、监管部门做好监管部门的事情、地方政府做好地方政府的事情”这种现代化的治理模式。

四、支持安全监管力理论的“争”

2000 年前后，我国每年煤矿事故死亡人数是 7 000 人上下，而 2020 则下降到不足 300 人。今天，我国迎来了历史上最好的煤矿安全生产局面，煤炭的百万吨死亡率已经接近或者低于发达国家的水平，这是非常了不起的成就。究其原因，中国煤矿安全形势的巨大改观与监管主体持续与复杂的煤矿安全监管环境的奋力抗争是密不可分的。

有理、有据、有力使得监管主体进行安全监管力实践具备了必要条件，而真正要让安全监管力理论在煤矿安全监管实践中发挥作用还需要监管主体去大力推动。监管好中国煤矿的生产安全，监管主体自身也必须要有主动性。“争”则意味着监管主体在煤矿安全监管实践中表现出的主动性，积极争取把中国煤矿生产在过去所存在的安全问题彻底扭转过来。如果监管主体在实践中没有主动性，不能争取把事情做好，没有信心和决心把煤矿安全管好，客观上来讲，中国煤矿安全形势也不会在短时间内出现如此巨大改变。中国煤矿安全形势在过去 20 年内所发生的巨变是与监管主体积极投入密不可分的。如今，中国煤矿生产安全已经根本性地实现了由乱而治，监管主体仍然没有放松警惕和投入。因此，在煤矿安全治理上，监管主体的积极争取、巨大奉献是安全监管力理论在实践中能发挥重要的作用的充分条件，而“据理力争”则是安全监管力理论与安全监管实践实现辩证统一的充要条件。

第三节　部分煤矿安全监管方式方法及其典型案例的汇编

我国幅员辽阔，从南到北从西到东都有煤炭资源分布，但分布得非常不均匀。东部及南部地区的煤炭资源已经被开采殆尽，中部地区如安徽、山东、河南的煤炭资源也所剩不多。目前剩余的煤炭资源主要集中于西北的新疆、内蒙古、陕西和华北的山西。由于各个地区的煤炭资源赋存情况、开采方式及历史遗留问题的差异性，各个地区所采用的监管方法方式虽然在宏观形式上基本相同，但在实践中的具体做法又有很多不同，考虑到实际情况，作者团队将选择介绍有代表性的煤矿安全监管案例。

一、煤矿安全监管的典型方式方法

在研究过程中，笔者深入黑龙江、河北、山西、陕西等地进行了长期而广泛的现场调研，同时细致地学习了煤监局在贵州等地区的“开小灶”文件，对国内产煤区的煤矿安全监管常用方法进行了学习和梳理，常用方式方法主要包括抓关键少数、“开小灶”、包保、全覆盖、“一刀切”、专项整治、党政同责、风险分级管控、煤矿主体责任、安全红线等方式方法。长期以来，这些常用的典型煤矿安全监管方式方法在实践中发挥了重要作用，并在实践中得到了不断完善。全国各地的煤矿安全监察监管部门已经实现了对属地煤矿的高效监管，在监察、监管、属地党政及企业内部力量的齐抓共管下，国内煤矿生产安全形势总体良好。

（一）“开小灶”法

当一个地区，如一个省、市内部的煤炭产业发展出现内部失衡，并且有一部分煤炭企业的安全问题比较突出时，或者是特定煤矿存在非常突出的安全问题时，安全监管主体可以适时启动安全监管的“开小灶”法。

安全监管力聚焦法有助于监管主体把有限的监管资源聚焦到突出的煤矿安全问题上，从表现形式上看，这种方法可以被形象地称为煤矿安全监管的“开小灶”法。之所以要对某些特定煤矿要“开小灶”，主要是这些煤矿依靠自身能力已经难以修复在生产中出现的安全问题，只能依赖于外力才能纠正生产中的违规行为，否则会在生产中大概率地发生事故。

（1）方法描述。

煤矿安全监管“开小灶”法就是对于某些煤矿安全生产能力明显弱于整个行业的平均水平时，而适时启动一种有针对性的煤矿安全监管方式方法，遵循特事特办原则，并且当监管对象的安全生产能力恢复到正常水平时，该方法则适时退出。“开小灶”则意味着被监管煤矿企业只有借助监管主体的帮助才能逐步恢复正常的安全生产能力；同时，监管主体需要对监管对象进行持续性的安全监管资源的投入，主要监管领导不仅需要经常到现场进行检查，还需要派驻驻矿安全生产监察员，这也是安全监管全覆盖的重要一环。

(2) 理论解释。

“开小灶”法的理论依据是情境依赖理论和能力差异化理论。从安全监管力的视角来看，当企业自身内部管控力不足时，监管主体就需要向监管对象施加足够的安全监管力，让安全监管力与企业自身的自控力相叠加，以把企业的生产活动推进到安全的路径上。

(3) 安全监管“开小灶”法适用条件。

第一，一个地区或者整个国家的煤炭产业发展出现部分失衡，也就是说一部分煤矿企业存在比较突出的生产安全问题，而其他煤矿企业的安全生产形势良好。在这种情形下，安全监管对所有的煤矿就无法采用“一刀切”的统一标准，就需要对有生产安全问题的煤矿采取“开小灶”法。

第二，煤矿企业在安全生产管理上失去自我修复能力，企业已经难以依靠自身力量来修复生产中出现的安全问题。这是安全监管资源消耗型的安全监管力的介入条件。在大多数情况下，某些煤矿存在安全问题，企业在安全监管力的作用下可以利用自身力量来修复安全生产管理能力，安全监管主体并不需要投入大量的安全监管资源。相反，当监管对象在生产安全上存在明显的能力不足时，这时监管主体就需要投入一定数量的安全监管资源，以形成合适大小的安全监管力，用于修复煤矿企业的安全生产能力，从而避免煤矿事故的发生。

第三，煤矿企业经常性有意瞒报生产中出现的安全问题。煤矿企业在日常生产中经常发生主动违规生产问题，对于生产中出现的某些安全隐患不仅不主动向监管部门汇报，而且当监管部门来现场检查时，还会刻意隐瞒。在现实中，一线人员对于现场非常熟悉，如果在对待安全隐患上能够做到及时发现，及时汇报，及时排除，安全隐患一般是不会发展成事故的。但是如果一线人员刻意隐瞒，要靠监管主体现场检查来发现和排除安全隐患，安全监管主体不仅难以发现所有的安全隐患，而且还会导致一定程度的隐患排查的滞后性。因此，安全监管全覆盖就是要堵上煤矿生产中出现的任何安全漏洞，如果煤矿生产的一线员工及管理人员不能够主动接受安全监管，并积极参与安全隐患排查，那么安全监管全覆盖就很难得到执行。因此，安全监管全覆盖必须高度依赖于一线生产管理员工的全员主动参与，激发他们主动排查和上报生产中出现的各种安全隐患。

第四，监管主体在随机抽检过程中发现被抽检煤矿经常在生产中存在安全问题。按照 Henrich 的事故法则，我们可以推断如果安全监管主体在现场检查中发现了一起违规生产行为，监管对象在日常生产中至少已经进行了 30 起左右的违规。那么按照事故法则，监管主体在现场中发现了一处安全隐患，那么这个安全隐患诱发事故的概率至少能够达到 63%。如果监管主体在多次现场检查中都发现了监管对象带着安全隐患违规生产，那么监管主体就应该适时启动“开小灶”式的安全监管方式方法。

第五，计划中要关停（关闭或者停产）的煤矿。当一个煤矿进入发展的衰退期，资源难以接续，既有的组织结构由于要适应新的生产行为，违规也会更多。

(4) 安全监管“开小灶”法的核心步骤。

第一，根据适用条件筛选出需要“开小灶”的煤矿企业（指标、测度、迫切性）。在安全监管实践中，监管主体与监管对象对于煤矿生产安全信息的掌握具有不对称性，这会导致某些监管主体在选择需要“开小灶”的煤矿具有很大的自由裁夺权，甚至会因为特定利益关系而选择特定的煤矿，以至于会影响“开小灶”方法的效果。为了帮助监管主体能够筛选出最需要“开小灶”的煤矿企业，我们根据“开小灶”的条件设置了测量指标，从而帮助监管主体筛选出那些最需要“开小灶”的企业，最大化安全监管资源的投入效率。

第二，分类。根据安全问题对筛选出来煤矿企业进行分类，如当汛期到来，防汛问题最为急迫，这时我们可以根据防汛问题的迫切性来分类；同样，当重大节假日来临时，我们同样可以安全问题的迫切性对于煤矿企业进行分析，从而区分出最迫切需要“开小灶”的煤矿企业。

第三，确定优先顺序。当有多个安全问题需要监管时，监管主体需要按照迫切性对需要开小灶的煤矿进行优先排序。如当某些地区的煤炭产业进入内部结构调整阶段，那么这个煤矿企业就是优先考虑对象。但是当严重的汛期来临时，上述这个问题与防汛相比而变得不是那么至关重要。

第四，遴选安全监管主体。监管主体是保障监管效果的关键要素。同样级别的监管主体在应对同样的监管问题时可能会收到不同的效果。监管主体的选择需要考虑监管主体、监管对象、问题、方法之间的匹配性。上述四者之间的任何不匹配最终都可能导致监管效果的不理想。

第五，配置安全监管资源。监管主体不仅要考虑安全监管资源的投入、配置等问题，还要考虑监管资源的投入产出效率，否则“开小灶”就无法发挥出立竿见影的效果。“开小灶”主要是为了解决安全监管中发现的相关煤矿依赖自身能力无法解决的重大问题。当前，监管主体对“开小灶”的煤矿投入的监管资源主要包括人员配备、监管人员的时间、精力等。

第六，确定安全监管力的作用点，也就是找到问题所在；找准作用方向，比如采用的具体措施中，找到最有效的措施；预估安全监管力的大小，即监管主体要评估向监管对象施加的安全监管力的强度。

(5)“开小灶”的效果与局限性

一是开小灶法具有见效快特点。监管主体针对那些依赖自身力量难以解决生产中所出现的安全问题的煤矿采用“开小灶”的监管方法，可以将安全监管力聚焦于特定安全问题，不仅能抓准问题，而且还可以收到立竿见影的效果。由于该方法采用了安全监管力的聚焦手段，遵循特事特办原则，因而该方法见效快。

二是存在某些局限性，主要包括：第一，该方法需要消耗额外的监管资源。“开小灶”则意味着监管主体要向这类煤矿投入一定的监管资源。正是由于这类煤矿存在某些迫切需要解决的安全问题，监管主体才会动用额外的资源对这些煤矿加强监管。第二，“开小灶”法可能与现有的煤矿安全监管制度存在相冲突的地方。监管主体对于不同的煤矿采用不同的监管方式，必然会与既有的监管制度产生某种程度的冲突。第三，“开小灶”安全监管法的效果在很大程度上依赖于监管主体的个人才能。高水平的监管主体面对存在安全问题的煤矿时，能够抓准问题、找对安全监管力的作用点，用准安全监管力，因而会收到立竿见影的监管效果。第四，“开小灶”监管法还没有形成相对一致的标准，这给监管主体在对监管对象“开小灶”时留下很大的自由裁量权，并因此导致监管效果的不确定性。

(二) 发文或者发通知的方法

(1) 方法名称及适用问题描述。

煤矿安全监管“发文或者发通知法”针对的是监管对象所存在的共性安全问题，而不是特定煤矿所存在的具体安全问题。这种方法遵循“一刀切”的原则，监管主体发文或者发出通知后，监管主体管辖下的所有监管对象都必须执行通知或者发文中的规定。

这里以山东煤矿安全监察局 山东省能源局印发的《山东煤矿重大安全风险

分析预判防控办法(试行)》的通知作为实践案例。该方法所针对的煤矿安全监管问题。监管主体的“发文或者发通知”的安全监管方式方法是针对特定区域的监管对象可能存在的安全问题,如防控煤矿重大安全风险(含隐患,以下同),从根本上消除煤矿生产中的事故隐患。发文和发通知监管方式方法在一定意义上可以看成是“一刀切”监管方法的变体。当通知下发后,辖区内所有煤矿都要做出反应,对本煤矿可能存在的重大安全风险进行分析预判。当然,对于存在重大安全风险的煤矿来说,这个通知会发挥出有针对性的作用,但是对于没有重大安全风险的煤矿来说,该通知只能起到“提醒”的作用。发文和发通知是“一刀切”监管方式方法在实践中的典型代表。

(2) 理论解释。

就“发文或者发通知”这种监管方法来说,监管主体将安全监管力通过“通知或者发文”的方式在短时间内作用于所有的监管对象,这明显不同于“开小灶”监管方法中的安全监管力的作用模式。“开小灶”监管方法中,监管主体将安全监管力聚焦于特定的监管对象,把有限的监管资源集中用于解决特定煤矿存在的突出煤矿安全问题。这里我们根据安全监管力的理论逻辑来阐释煤矿安全监管发文发通知的理论依据(见表 5-1)。

表 5-1 煤矿安全监管发文或发通知法的理论依据

安全监管力的要素	具体内容	备注
监管主体	山东煤矿安全监察局和山东省能源局、驻地煤矿安全监察分局、市级(区、市、县级)煤矿安全监管部门	其他监管主体,如行业专家等。中国煤矿安全监管体系的结构分成两条线,国家监察(国家局、省局、市局)和地方监管,从两条线上对于煤矿安全进行监察和监管
监管对象	山东省内的各产煤市煤矿安全监管部门、煤矿安全监察分局,各煤矿(企业)	从广义上来看,由于监管体系分层次解决,处在某个层次上的监管主体既是监管主体也可能是监管对象。矿业集团或者煤矿(企业)则是监管对象,是责任主体,主要承担安全生产管理的责任
作用点	所有煤矿重大安全风险(含隐患,以下同)	发文和发通知监管方式方法主要解决的是安全监管的共性问题。在实践中,监管主体可以采用倒推的手法,安全监管力的作用点就是存在重大安全风险的点。当监管主体会同监管对象识别或者排查出所有存在重大风险点后,那么这些存在重大风险的点就成了安全监管力的作用点。安全监管力作用点是以问题发现或者风险识别为基础,然后再确定安全监管力的作用点。一个风险点可能存在多个安全监管力作用点,监管主体不需要同时向这些点施加安全监管力,而是选择能够产生最佳作用效果的受力点作为作用点

表 5-1(续)

安全监管力的要素	具体内容	备注
作用方向	《山东煤矿重大安全风险分析预判防控办法(试行)》的第四条到第十一条	监管主体发文发通知需要告诉监管对象该如何解决问题,也就是要确定安全监管力的作用方向。对于监管主体来说,知道风险点在哪里,并不意味着就能解决问题。也就是说监管主体仅仅知道安全监管力的作用点还不行,还需要明确安全监管力的作用方向。明确安全监管力作用点是实现对监管对象有效监管过程的第一步,接着就是要明确解决问题的途径,明确安全监管力的指向。对于大多数的监管主体来说,明确安全监管力的作用点的难度不是很大,但要确定安全监管力的作用方向则充满挑战
安全监管力大小	监管主体针对相关问题所采取的具体举措,也就是解决某个安全问题的力度,如"预判工作开展"的力度,"预判结果处置"力度	具体解决方案的实施涉及需要用多大的安全监管力问题,实际上就是监管资源的投入问题,包括人力、物力、财力等。通常,当监管主体找准了安全监管力的作用点和方向时,更大的安全监管力作用则意味着更为明显的监管效果
安全监管力作用时间	每季度末月对下季度煤矿生产建设过程中存在的重大安全风险进行分析研判。第四季度分析研判煤矿下年度的重大安全风险	监管主体将安全监管力作用由于作用点上时,监管效果在某些条件下并不一定立竿见影。为了取得理想的监管效果,在很多条件下,监管主体将安全监管力施加到监管对象上需要持续一段时间
作用环境	针对国家煤矿安监局的发文所做出的响应	《关于预判防控煤矿重大安全风险的指导意见(试行)》(煤安监监察〔2020〕25 号)的通知
作用效果	监管主体所采用的监管方式方法在实践中所取得的效果	最有效的煤矿安全监管方式方法,就是安全监管力作用发挥出最佳效果的方式方法。优化煤矿安全监管方式方法的路径就是:选择最佳的监管主体,找准监管对象上的作用点,然后确定最佳的安全监管力作用方向和大小,并根据安全监管力的作用环境确定最佳的作用时间。因此,在整个安全监管过程中,监管主体一旦确定了安全监管力作用点,就需要不断根据安全监管力的作用环境,问题自身的属性而对安全监管力的作用方向、大小及作用时间做出适当调整,甚至在某些特殊的情况下还要调整监管力的作用点(因为问题本身也会发生变化),以取得最佳的作用效果

(3) 主要步骤。

第一步:向本行业要下发的通知或者意见。

第二步:确定发文的时间、内容及对象。

第三步:向监管对象发文。

第四步:针对发文的执行情况进行反馈和考核。

(4) 适用场景及局限性。

第一,监管主体需要解决当前形势下监管对象在生产中存在的共性问题。发文和通知需要遵循"一刀切"原则,收到监管主体发文或者通知的监管对象都需要遵循同样的规定，任何不遵守发文或者通知中规定的监管对象都会受到相应的惩罚。

第二，监管主体对于监管对象有管辖权。监管主体必须对监管对象具有一定的管辖权，可以用行政或者执法手段干预监管对象的生产行为，否则监管主体就难以通过通知或者发文让监管对象在一定的时间区间内形成统一行动。如果在一定时间内监管主体管辖范围内的所有煤矿企业都要进行井下重大风险排查，那么拥有管辖权的监管主体就可以采用发文或者发通知这种监管方式。通常，监管主体所拥有的管辖权越大，监管主体的发文或者发通知所产生的监管效果就越明显。在我国，承担监管责任的主体包括安监局（国家及省市三级机构）、属地政府部门、负有安全监管责任的属地政府下设职能部门（如有些省份设置的应急管理厅、煤管局、能源局等）、行业协会、媒体及社会公众，监察机构和政府部门拥有对于监管对象最大的管辖权，因此来自监管部门的发文和发通知所产生的监管效果也最明显。对于监管对象的监管措施，如果有政府部门的支持，其监管效果也可以相应地放大。

第三，监管对象自身具有发现和解决生产中所存在的重大安全风险的能力。实际上，发文和发通知这种监管方式能否产生显著的效果在很大程度上也要依赖于监管对象自身所具有的安全生产能力；否则监管对象即使有意愿、有决心去排查生产中可能存在的重大安全隐患，但由于企业自身能力的限制，无法对生产中的重大安全隐患进行彻底的排查。当监管对象自身的安全生产能力远远小于其贯彻执行发文或者通知的决心时，监管主体的发文在实践中不会产生什么效果，因为监管对象对于监管主体发文中的要求无能为力，只能敷衍了事。因此，当监管主体发文后，需要重点对于那些安全生产能力远远低于发文要求的监管对象进行重点监管，甚至派驻专家帮助这类企业进行重大安全隐患排查。总体上来说，发文和发通知是一种非常高效的煤矿安全监管方式方法，监管主体可以通过发文的方式将安全监管力作用全面作用于所有管辖范围内的监管对象。

（三）思想监管法

（1）方法名称及适用问题描述。

项目组在现场调研中发现，监管部门的领导非常重视用“思想”工具来影响煤矿企业及其员工。行为科学和心理科学的研究表明，行为是思想的函数，思想是因，而行为是果。要改变一个人的行为，首先要改变他/她的思想，一旦一个人的思想发生了改变,他的行为也会随之发生改变。一些监管主体深谙于思想在监管中的重要作用,并在实践中加以应用。近两年来,榆林和七台河地区的煤矿安全生产安全监管都非常重视思想监管的重要作用,其中七台河市煤矿安全监察分局特别重视思想在煤矿安全监管的关键作用,并制定了应用思想监管法的具体措施。

(2) 该方法所针对的煤矿安全监管问题。

监管主体在安全监管中发现,监管对象思想上的麻痹大意是导致安全问题的一个重要原因。一些监管主体就在监管实践中有意识地对监管对象的思想进行干预,试图改变监管对象对于煤矿生产安全的想法。科学研究表明,行为是思想的函数,人的行动是人的思想所决定的。监管主体要想实现对于监管对象的行为干预,首先要改变监管对象的思想。

(3) 方法的描述。

从表面上看,思想监管法的理论依据非常简单,以监管对象的思想作为安全监管力的主要作用点。监管对象思想的具体表现为就是想法。监管对象在生产中的大多数行为都先要受到某种想法的驱动。因此,在监管实践中,如果监管主体能够看透监管对象的所想,那么监管主体就可以准确判断监管对象的所作所为。一旦监管主体运用安全监管力改变了监管对象的所想,那么监管对象的所作所为也可以随之发生改变。

(4) 思想监管法适用的环境。

思想监管法几乎不受任何环境的影响。在生产现场、班后等环境下,监管主体都可以对监管对象施加思想上的影响作用。正面的思想会带来正面的行为,消极的思想更可能带来消极的行为。因此,监管主体会通过各种手段来应对监管对象,尽可能地塑造出监管对象的正面思想。如果监管对象在思想上认识到安全是生产的重中之重,并时刻提醒自己要把安全放在心上,那么不安全行为的可能性就会大幅度降低。

(5) 思想监管法的优势。

思想监管法成本低,可以随时随地地贯彻执行。监管主体可以通过讲话、发文、现场检查等方式影响监管对象的思想。从某种意义上来说,监管主体只需要消耗非常少的监管资源就可以达到影响监管对象的目标。在安全监管力理论体系中,监管力被监管主体施加于监管对象可以促使监管对象的三大变化之一就是监管对象的思想变化。

(6) 思想监管法的缺点。

该方法的主要缺点是难以进行定性评价，其效果在很大程度上依赖于监管主体的个人的能力及魅力，也就是说监管主体要具备“看透监管对象心思的能力”。如果监管主体掌握了运用思想来影响监管对象的能力，那么这种方法在实践中就可以发挥出明显的作用。当前，榆阳地区的榆阳区的监管主体已经在广泛采用思想监管法。例如，矿工在每次下井之前，相关监管人员就会通过观察下井矿工的精神状态来决定他们是否合适下井，对于那些精神状态不佳、萎靡不振的矿工则要进行重点监控，尽量避免从事井下工作。实践中，对于井下员工的监管过程中，下井前的“精神体检”起到了遏制事故隐患的第一关。事实证明，人为因素是井下事故的首要致因，提升了人的可靠性则可以从根本上降低事故的隐患。

(四) 抓关键少数

(1) 方法名称及适用问题描述。

在煤矿安全监管实践中，监管主体如果抓不住关键少数，煤矿安全工作往往就很难落实。

事故原因通常不是单一的，有些因素是事故的主要致因。因此，在煤矿安全监管实践中，如果主要监管主体狠抓煤矿安全的治理，并狠抓那些承担关键责任的少数，那么煤矿发生重大安全事故的可能性会很低。近 2 年多来，榆林地区已经杜绝了重特大安全事故，连伤亡事故也基本消失。关键少数对于监管好煤矿安全生产起到关键作用，狠抓承担关键责任的少数责任主体则是煤矿生产安全的关键。

(2) 方法的描述。

方法描述就是阐释该方法的理论依据、主体与客体、启动条件、监管资源的配置等。按照安全监管力理论，监管主体上有很多个起到替代作用的发力点，而监管对象上也存在许多个能够产生受力效果的受力点。关键少数就是监管主体上起到关键作用的发力点或者是监管对象上能够产生关键受力效果的受力点。通俗地说，同样的安全监管力，发力主体的不同或者受力主体的不同会导致力的作用效果出现显著性差异。在“抓关键少数”煤矿安全监管方法中，少数监管主体承担了关键性监管责任。如在榆林模式中，主管煤矿安全工作的领导就发挥了关键作用。在认知上，他认为“在中国要干成或者干好一件事情，领导重视非常关键”。在煤矿安全现实中，他始终身体力行，将领导的关键角色落到实处，坚持每月在夜里下矿现场检查一次。现场检查中，监管主体将煤矿企业的主要负责人（矿长或者实际控制人）作为主要抓手，监管主体到现场检查时，矿长必须接受和陪同检查，发现问题则及时落实到关键责任人。

（3）方法的主要步骤及应用。

第一步，关键少数（监管主体和监管对象）的选择。第二步，关键少数的责任落实。第三步，关键少数的发力及受力（安全监管措施的制定及落实）。第四步，关键问题的闭环管理。监管主体发现的问题落实到关键责任人或者是对关键责任人进行全面授权，关键责任人承担解决问题的关键责任，监管主体对于问题是否得到解决进行评估，关键责任人需要承担关键责任，是确保问题得到闭环管理的关键。第五步，纠偏和纠错。抓关键少数并不是一种静态的方法，关键问题在不断变化，如果关键责任主体的能力不能适应关键问题的变化，那么关键责任人就会逐步欠缺解决关键问题的能力，因此监管主体需要针对关键问题的变化而进行不断地纠偏和纠错。

（4）适用场景及局限性。

这种监管方式非常适合于中国制度下的煤矿安全监管。中国制度是党政一把手负主责。不管是监管部门还是煤矿企业，一把手都负关键责任，是所谓的关键少数，是监管和被监管的主要抓手。得到一个部门的一把手重视的问题通常都能够得到很好的解决。在党政一把手关键责任的体制下，抓关键少数是所有煤矿安全监管方式方法中最有效的一种。但是“抓关键少数”这种煤矿安全监管模式也存在某些缺陷。首先，“抓关键少数”会造成一把手的工作负荷大，让一把手在长期的工作中承受巨大的心理和工作压力。党政一把手是国家最关键的资源，理所应当得到最好的保护，而目前这种监管方式从某种程度上造成了对于关键资源的过度开发。其次，虽然党政一把手是关键少数的抓手，抓关键少数在实践中能否取得预期的理想效果在很大程度上还与党政一把手的个人决心、能力有关。如果党政一把手有能力但缺乏抱负（胸无大志型）或者有抱负但缺乏能力（志大才疏型），那么抓关键少数也很难取得理想效果。只有当党政一把手既有能力又有抱负，才能将“抓关键少数”这种监管方法的作用发挥到极致，取得最好的监管效果。当前，榆林模式的巨大成功与现任主管煤矿安全的党政一把手既具有远大抱负又有超强的工作能力密切相关。

(5) 典型案例。

在榆林市,抓关键少数这种监管方法在实践中应用的案例非常多。无论是监管部门还是煤矿企业都在实践中常用到抓关键少数这种方法。监管部门如果高度重视煤矿企业安全生产的监管,经常对煤矿企业进行安全检查,那么煤矿企业的违规生产频次就会显著降低。同样,煤矿企业的主要领导如果把生产安全作为各项任务的重中之重,那么该煤矿也会一直保持着良好的安全生产形势。

在企业方面,榆林神华能源有限责任公司的做法很有典型性。该公司成立了以董事长为主任、各部门及单位主要负责人为成员的安全生产委员会(安委会),并通过制度的方式明确安委会的职责。榆神公司通过安委会抓住了所有部门或者单位的关键少数,并把责任落实到了关键少数——公司日常安全工作由常务副总经理分管。另外,榆神公司的两个下属煤矿也分别成立了安全生产委员会,设分管安全的副矿长,设置安监科,配置安全管理及检查人员 10 人。榆神公司在日常的安全管理中将各个部门或者单位的"关键少数"作为主要抓手,并根据《矿山安全法》《煤矿安全规程》等制定了安全生产监督检查管理办法、管理人员深入现场管理办法等制度,明确了安全监督检查的职责、组织形式、考核和奖罚,认真开展监督检查。同时,公司还积极宣贯国家安全生产方针、政策、法律、法规,传达上级安全生产要求,认真分析安全形势,解决安全生产中存在的重大问题,深入研究隐患整改的措施,实现了安全制度、技术的现场落实,本公司的安全生产一直保持着良好的态势。

在监管部门方面,监管部门的做法主要是严管(关键少数),加强制度建设,并强化制度的执行,让制度落到实处。总体上来看,榆林地区的煤矿安全监管分为两条线,分别是榆林监察分局和榆林市能源局,两者在职能上既有不同之处也有重叠之处,保证了煤矿安全监管体系在面对复杂的煤矿生产问题时具有功能上的冗余性。榆林市能源局及其下属部门的典型做法(以神木市能源局为例)如下:局长主持全盘工作,由一名副局长全面负责煤矿安全生产工作,2 名副局长和 2 名副总工程师分别包抓、分管 4 个中心煤管所及相关科室;4 个中心煤管所具体负责各辖区煤矿安全生产监管工作,局安监科负责监督各中心煤管所工作;各中心煤管所工作人员包矿,驻矿安全生产监察员驻矿监督管理。目前,局安监科、生产技术科及 4 个中心煤管所共配备了 71 位煤矿相关专业的安全监管人员。

神木市能源局的做法就是“明确责任是抓关键少数的基础”，抓关键少数不是目的，而抓落实“关键少数”的责任才是目的，只有把责任落实了，关键少数才能成为有用的抓手。

（五）包保-保安

包保或者保安也是监管方针对涉危行业的经营或者生产主体所常采用的安全监管方法，该方法的名称及适用问题描述、主要步骤、适用场景及局限性、典型案例等见表 5-2。

表 5-2 包保或者保安监管方法

方法名称及适用问题描述	聚焦监管责任，实行一对一的监管，监管主体对于监管对象的生产安全进行承包，保证每一家煤矿企业至少有一位党政人员紧盯煤矿生产的安全问题
主要步骤	第一步，摸清属地煤矿企业数量；第二步，向属地的每一家煤矿分配至少一名党政工作人员；第三步，属地党政机构的党政工作人员与辖区内的煤矿建立常态化一对一的联系，对相关煤矿进行安全包保
适用场景及局限性	适用场景：属地煤矿生产安全面临巨大压力，需要通过党政干预才能确保煤矿生产的日常安全。 局限性：① 消耗的监管资源巨大；② 外行管内行；③ 责任不明确，党政人员本来都有自己的明确工作职责，对于煤矿企业的生产安全并不精通，又要在工作的职责之外对煤矿企业的生产安全包保，不仅会影响他们的本职履责，也会影响他们对于包保煤矿的履责
典型案例	总体上来看，黑龙江七台河地区的地方政府执行包保煤矿安全监管方式方法最到位。本方法的典型案例主要来源于该地区。目前，黑龙江七台河地区已经对包保制度化，从市区级政府开始，每一位党政工作人员都有自己负责的包保煤矿，一旦这些包保煤矿出了安全问题，他们也要跟着担责。其他地区虽然也有包保这种监管方式方法，但执行得没有七台河地区好，有些地方只是流于形式

（六）全覆盖

全覆盖是监管方在重大政策颁布或者重大事故发生后对国内所有被监管方在经营和生产中可能发生安全问题的地方进行不留死角的安全检查。该安全监管方法的名称及适用问题描述、理论解释、主要步骤、适用场景及局限性、典型案例等见表 5-3。

表 5-3 全覆盖监管方法

方法名称及适用问题描述	全覆盖是一种事故预防和隐患排查的方式方法，通过对煤矿生产中任何可能引起安全问题的细节进行全方位不留死角的地毯式排查，以排除所有可能存在的安全隐患。当国内某个煤矿发生了重大或者重特大事故后，同类煤矿要对类似或者同样的安全隐患进行全面排查，不留任何死角

表 5-3(续)

理论解释	安全监管全覆盖的思想来源于全景监控(Panopticon monitoring),即全方位不留死角的监管。从安全监管力视角来看,监管主体将安全监管力作用于任何可能引起安全问题的作用点,以杜绝任何隐患形成。全覆盖是一种事故预防的监管法
主要步骤	(1) 监察机构向监管对象"发文、发通知"; (2) 监察机构、监管部门、地方政府及煤矿企业组织人员制定安全隐患排查的方案; (3) 煤矿企业作为责任主体实施安全隐患排查; (4) 形成隐患排查清单或者台账; (5) 隐患整改情况反馈; (6) 监察或者监管部门的抽检
适用场景及局限性	适用场景:一个煤矿发生的事故也可能在其他煤矿重复发生。 局限性:全覆盖是一种效果明显的煤矿安全监管方式方法,但这种方式方法的局限性也非常明显。目前,全覆盖在执行的过程中,监管主体对于把哪些煤矿定义成是同类煤矿还不清楚,结果在全覆盖的执行过程中就会出现"一人生病,不仅全家吃药,而且亲朋好友及邻居都要跟着吃药"的问题。造成监管资源浪费,扰动煤矿正常的生产秩序
典型案例	2020 年,重庆松藻煤矿"9·27"重大事故发生后,全国所有的煤矿都进行了一次安全检查全覆盖,以杜绝类似事故的发生。随着中国煤矿安全形势持续向好发展并逐步进入一个安全稳态,重特大事故已经基本消失,重大事故也越来越少,几乎每一次伤亡事故都会让国家局有决心和有能力进行一次全覆盖式的隐患排查

（七）"一刀切"

(1) 方法名称及适用问题描述。

在整个煤矿生产安全深化治理的过程中,"一刀切"是涉及面最广、效果最明显的一种方法。该方法在特定的条件下对所有的煤矿企业采取同样的措施。例如,为了杜绝与百吉矿相类似的及其他类型的事故再次发生,在榆林市党政的领导下,榆林市管辖范围内的所有煤矿都停产长达半年之久。神木市百吉矿"1·12"事故后,监管部门采用"一刀切"的方式,对辖区内所有煤矿采取停产整顿措施,不管辖区内的煤矿是否发生事故,也不管辖区内煤矿生产安全水平的差异性,所有的煤矿都必须停产,也就是"一刀切"。

(2) 理论解释。

"一刀切"安全监管法在理论依据类似于画安全红线,在做法上与画安全红线安全监管法也大同小异。但监管主体和监管对象对于"一刀切"和"画安全红线"这两种安全监管方式方法的理解却有很大不同。"一刀切"通常只画出一条线,而安全红线可能有很多条。从安全监管力视角来看,"一刀切"监管法体现了安全监管力聚焦的思路,监管主体将安全监管力作用于部分不达标或者不合规的监管对象。如关闭年产 30 万 t 以下的小煤矿,监管主体就将安全监管力作用于那些产能不达标的煤矿，产能不达标是监管主体选择安全监管力作用对象的主要依据。

(3) 方法的主要步骤及应用。

以榆林地区的监管实践为例来介绍“一刀切”方法的主要步骤。

第一步，监管部门明确要解决的关键问题。

众所周知，煤炭产业是榆林市的支柱产业，煤矿生产的安全关系到榆林地区经济发展的可持续性和健康性。保证煤矿生产的安全问题是保证榆林地区经济发展的关键。在神木百吉矿“1·12”事故后，榆林市下令对辖区内所有煤矿进行停产整治，这反映出榆林市党政领导要把煤矿生产安全彻底抓好的巨大决心和魄力。在煤矿停产整治期间，监管部门对于长期制约煤矿生产安全的问题进行彻底摸排，力图找到所有可能影响煤矿生产安全的问题，并从根本上把这些问题彻底解决。

第二步，召开会议。监管部门就辖区内的煤矿停产整顿进行会议讨论，同时对辖区内的所有煤矿企业进行“一刀切”式的停产整顿进行部署，并达成共识。在榆林地区，煤炭产业的停摆会对经济、社会造成方方面面的影响，停产整顿是大事，监管部门内部、监管部门和企业之间如果不能事先达成共识，突然宣布辖区内所有煤矿停产，势必会对经济和社会的问题造成巨大冲击。

第三步，监管部门向下属单位及煤矿企业下发红头文件。“一刀切”的关键主要是在同一个时间或者时期内，辖区内的所有的煤矿要做或者不做某些事情，就是要实现煤矿企业行为的同步。而在中国制度下，监管部门向下属单位或者辖区内煤矿企业下发红头文件是实现监管对象行为同步的重要措施。

第四步，红头文件的贯彻执行。

(4) 适用场景及局限性。

“一刀切”煤矿安全监管方式主要适用于权力高度集中的制度体系。权力集中度越高，“一刀切”的效果就越好。在中国，监管部门对于煤矿企业享有高度集中的权力。从产业政策的制定到企业的产权结构设计，政府都有一定管控权。正是由于政府对于企业有着巨大的管控力，“一刀切”的煤矿安全监管方式方法才能在实践中执行，并且效果卓著。“一刀切”的监管方式方法的前提是有一个强大且不会犯错误的权力高度集中的政府，这是保证“一刀切”能够贯彻下去的前提，同时也是“一刀切”的局限性所在。例如，陕西榆林地区在

“1·12”事故后，就采用了“一刀切”的监管方式。但后来在实际应用中，“一刀切”在非常重大事故上也被频繁应用，导致地方经济受到巨大影响。属地政府在随后的安全监管中逐步调整和优化了“一刀切”的监管方式。因此，在实际应用时，监管主体一定要慎重“一刀切”，“一刀切”不能不用，但也不能频繁使用。监管主体在使用“一刀切”时，一定要充分评估“一刀切”方法与现实问题的匹配性。“一刀切”的方法须在各方讨论后集体决定是否采用，不能轻易使用。

（5）典型案例。

辖区内所有煤矿进行停产整顿是“一刀切”监管方式方法的最典型表现形式。典型案例包括：2019 年 1 月 12 日，陕西省神木市百吉矿业公司李家沟煤矿发生煤尘爆炸事故，造成 21 人死亡。该矿为民营企业，核定生产能力 90 万 t/a，属低瓦斯矿井，煤尘具有爆炸危险性。事故发生后，榆林市党政立马启动对于辖区内煤矿的停产整顿，时长达半年之久。

（八）专项整治

安全监管专项整治法与安全监管全覆盖法的做法类似，但在时效上有比较大的差异。专项整治一般是针对整个行业所存在的共性问题所采用的解决方法，其持续的时间有可能很长，直至所要解决的安全问题被彻底解决。而安全监管的全覆盖法所解决的未必是行业内的共性安全问题，是受到重大事故效应或者重大政策效应驱动而进行的安全大检查，被检查的对象可能根本就不存在相关的安全问题。该方法的名称及适用问题描述、理论解释、主要步骤、适用场景及局限性、典型案例等见表 5-4。

表 5-4　煤矿安全专项整治监管方法

方法名称及适用问题描述	《全国安全生产专项整治三年行动计划》是国务院安委会印发的全国安全生产专项整治计划，主要聚焦在风险高隐患多、事故易发多发的煤矿、非煤矿山、危险化学品、消防、道路运输、民航铁路交通运输、工业园区、城市建设、危险废物等领域，组织开展安全整治
理论解释	专项整治的理论依据是聚焦理论或者攻关理论，即在一个特定的时间段内，监管主体集中力量解决某些长期困扰煤矿生产安全的共性问题。从安全监管力的视角来看，监管主体在某个特定的时间段内，将安全监管力聚焦于某些困扰煤矿生产安全的共性问题，并持续加大安全监管力的作用强度

表 5-4(续)

主要步骤	2020 年 4 月 28 日,国务院新闻办公室举行《全国安全生产专项整治三年行动计划》新闻发布会。专项整治三年行动从 2020 年 4 月 1 日启动至 2022 年 12 月结束,分为动员部署、排查整治、集中攻坚和巩固提升四个阶段。 一、2020 年 4 月份为动员部署阶段。各地区、各有关部门和中央企业制定实施方案,对开展专项整治三年行动作出具体安排。 二、2020 年 5 月至 12 月为排查整治阶段。主要是建立问题隐患和制度措施"两个清单",坚持边查边改、立查立改,加快推进实施,整治工作取得初步成效。 三、2021 年为集中攻坚阶段。整治工作中动态更新"两个清单",针对重点难点问题加大攻坚力度,推动建立健全安全隐患排查和安全预防控制体系,整治工作取得明显成效。 四、2022 年为巩固提升阶段。针对专项整治中发现的共性问题和突出矛盾,梳理法规标准、政策措施层面需要建立健全、补充完善的具体制度,逐项推动落实,形成一批制度成果
适用场景及局限性	适用场景:"风险高隐患多、事故易发多发"行业或者领域。 局限性:国务院安委会印发的全国安全生产专项整治计划是一种纲要性的计划。各个行业如何进行专项整治,专项整治的具体对象、内容、目标及效果都需要各个行业针对具体问题进行细化,这给各个行业在执行专项整治计划过程中有很大自由操作的空间,不同行业或者同一行业内不同对象的专项整治的具体操作举措和整治效果都难以用统一的尺度来把握
典型案例	2020 年 4 月 28 日,应急管理部办公厅副主任李豪文表示,煤矿安全生产专项整治三年行动计划主要采取以下几个方面的措施:一调、二提、三监管。"一调"就是加大煤矿产业结构调整力度。"二提"是提能力,主要是提高煤矿的机械化、信息化、自动化和智能化水平,统称为煤矿的"四化"。"三监管"是继续加强煤矿安全执法

(九)党政同责

2018 年 4 月 18 日,中共中央办公厅 国务院办公厅印发的《地方党政领导干部安全生产责任制规定》第四条规定:实行地方党政领导干部安全生产责任制,应当坚持党政同责、一岗双责、齐抓共管、失职追责,坚持管行业必须管安全、管业务必须管安全、管生产经营必须管安全。党政同责实际上是"党政同责、一岗双责、齐抓共管、失职追责"的简称。该安全监管方法是重大性的制度性改变,党政一把手在抓安全问题上负有同等的责任,改变过去由行政一把手抓安全的安全监管运行机制。由于党政同责安全监管方法是以国家宏观政策为依据构建而成的,因此该安全监管方法是一种基于构建主义的顶层设计的安全监管方法。目前,该方法在中国的安全监管领域已经全面实行,取得了立竿见影的安全监管效果。在本书中,我们对该方法在安全监管领域如何落实进行了讨论,并对该方法的名称及适用问题描述、主要步骤、适用场景及局限性、典型案例等进行了阐释(见表5-5)。

表 5-5　煤矿安全党政同责监管方法

方法名称及适用问题描述	党政同责监管法核心思想是抓安全问题党政干部负有同等责任。该方法来源于习近平总书记关于安全生产重要指示精神和党中央、国务院决策部署。落实安全生产责任制，要落实行业主管部门直接监管、安全监管部门综合监管、地方政府属地监管，坚持管行业必须管安全，管业务必须管安全，管生产必须管安全，而且要党政同责、一岗双责、齐抓共管。该担责任的时候不负责任，就会影响党和政府的威信
理论解释	党政同责的理论依据是可靠性增强理论，即同一岗位如果有多人担责的情况下会增加监管体系的可靠性。从安全监管力视角来看，党政同责就是在安全监管力作用体系中，不同监管主体向同一监管对象发力，可以形成合力作用
主要步骤	(1) 学习习近平总书记关于"党政同责 一岗双责 齐抓共管 失职追责"的重要讲话； (2) 领会"党政同责、一岗双责"的主要思想； (3) 各层监管部门制定"党政同责、一岗双责"的具体制度，明确党政在煤矿安全监管上要承担的具体责任，包括责任是数量和担责的方式； (4) 落实"党政同责、一岗双责"制度
适用场景及局限性	适用场景：需要抓生产安全工作的各部门，如煤矿安全监察监管部门、应急管理部门、环保部门、交通安全部门等。 局限性："党政同责"法拓宽了落实生产安全责任链条的宽度，但也导致了抓安全生产工作的责任主体重复担责和多头领导问题，同时会造成一定程度的责任边界模糊问题
典型案例	目前，"党政同责、一岗双责"制度，在实践中得到了很好的执行。山西、陕西、黑龙江、河北等省的"党政同责"在煤矿安全监管上都执行得很好

（十）风险分级管控

风险分级管控是一种层级式安全监管方法，即风险越大，其受到的管控级别也越高。另外，上级管控的风险，下级也必须管控，并负责具体落实。该安全监管方法的名称及适用问题描述、理论解释、主要步骤、适用场景及局限性、典型案例等见表 5-6。

表 5-6　煤矿安全风险分级管控监管方法

方法名称及适用问题描述	风险分级管控的主旨：企业要对辨识出的安全风险进行分类梳理，对不同类别的安全风险，采用相应的风险评估方法确定安全风险等级。该方法来源于《标本兼治遏制重特大事故工作指南》(安委办〔2016〕3 号)，构建安全风险分级管控和隐患排查治理双重预防机制，作为遏制重特大事故的重要举措
理论解释	风险分级管控的理论依据在组织层次结构理论和匹配理论。风险分级管控体现了重要的层次结构思想。监管主体和监管对象把煤矿生产中所暴露出的各种风险进行分级层次化管控，重大风险有应对重大风险的举措和资源投入，而一般风险有应对一般风险的举措和资源投入，安全监管举措有条不紊，监管主体和对象各司其职

表 5-6(续)

主要步骤	(1) 煤矿安全监察机构、监管部门及地方政府、煤矿企业首先要将构建双重预防机制摆上重要议程、日程。 (2) 明确"构建双重预防机制"的组织架构及主要负责人。切实加强组织领导,周密安排部署。 (3) 明确风险分级管控的关键内容。 (4) 制定关键举措:突出重点地区、重点煤矿企业、重点生产环节和重要岗位的管控,辨识重大风险,排查治理重大隐患。 (5)不断完善工作机制,深化安全专项整治,推动各项标准、制度和措施落实到位
适用场景及局限性	适用场景:高危行业,高危企业、劳动密集型场所、高危作业工序和聚集型人群。 局限性:风险分级管控容易导致重要监管资源分配的失衡,以至于更多的监管资源被投向重大风险管控。而重大隐患在科学的管控下未必会发生重大事故,小的隐患在不当管控下有可能会转变为重大隐患,并进而诱发重大事故
典型案例	目前,所有的高危行业,包括煤炭行业都有风险分级管控的典型案例

(十一) 煤矿主体责任

"国家监察、地方监管、企业负责"是我国矿山安全监管监察体制,该体制落实到安全监管实践中就是执行"煤矿主体责任"制度。由该制度发展而来的煤矿主体责任监管法就是由监管方监督落实好企业抓安全生产的主要职责,而监管方的主要职责是监督企业落实好"主体责任"。该安全监管方法的名称及适用问题描述、理论解释、主要步骤、适用场景及局限性、典型案例等见表 5-7。

表 5-7 煤矿安全的煤矿主体责任监管方法

方法名称及适用问题描述	落实煤矿安全生产主体责任实际上就是"生产责任制"的变体。近年来,习近平总书记关于企业履行安全生产主体责任做了多次重要指示。国家煤矿安监局印发了《关于落实煤矿企业安全生产主体责任的指导意见》,以推动煤矿企业健全安全生产责任体系,加强所属煤矿安全生产管理,有效防范煤矿事故
理论解释	经济、管理、政治及社会学等领域对于责任都有大量的论述。有关责任的理论依据常见于权力理论、组织行为理论等。煤矿主体责任的落实实际上就是要落实权责对等原则,即尽职免责,失职担责。从安全监管力的视角来看,落实煤矿企业主体责任实际上就是要发挥企业的内控力作用,逐步减小安全监管力对于监管对象的直接作用,厘清监管主体和监管对象之间的责任边界
主要步骤	(1) 国家矿山安全监察局学习和领会习近平总书记关于安全生产主体责任指导意见; (2) 国家矿山安全监察局向"产煤省、自治区、直辖市及新疆维吾尔自治区生产建设兵团煤矿安全监管部门,各省煤矿安全监察局,司法部监狱管理局,有关中央企业"发文; (3) 产煤省、自治区、直辖市及新疆维吾尔自治区生产建设兵团煤矿安全监管部门,各省煤矿安全监察局,司法部监狱管理局,有关中央企业就"安全生产主体责任落实"再向下一级机构或者部门发文; (4) 市一级安监局、煤管部门向辖区内煤矿企业或者矿业集团发文; (5) 企业制定落实安全生产主体责任的具体方案并执行,同时向监管部门报告执行情况; (6) 监管部门对于煤矿落实安全生产责任情况进行检查和考核,同时提出整改意见

表 5-7(续)

适用场景及局限性	适用场景:国内所有煤矿及非煤矿山企业。 局限性:虽然监管主体和对象对于落实企业安全生产主体责任已经达成共识,但企业和监管部门对于企业落实主体责任到何种程度才算执行到位还不太清楚。目前,监管部门对于企业的日常生产活动仍然存在过多的现场检查和干预,企业在落实主体责任和应对监管部门检查上难以做到平衡
典型案例	目前,各产煤省都出台了落实煤矿企业安全生产主体责任的相关规定。各产煤省都有落实安全生产企业主体责任的典型案例

(十二)安全红线

安全红线也是基于国家政策落实而形成的安全监管法,体现了高层抓生产安全的意志和决心。该安全监管方法的名称及适用问题描述、理论解释、主要步骤、适用场景及局限性、典型案例等见表 5-8。

表 5-8　煤矿安全的安全红线监管方法

方法名称及适用问题描述	安全红线是监管主体深入贯彻落实习近平总书记关于安全生产工作一系列重要指示精神,根据煤矿生产安全监管的特殊属性而树立起的煤矿安全生产"红线"意识和"底线"思维。 "红线"就是煤矿企业在生产中不能违反的"法律、法规、规章和标准",煤矿企业只要不跨越这些"红线",生产安全就是有保障的。煤矿安全监管监察机构的职能职责就是依照国家有关安全生产法律、法规、规章和标准,对煤矿企业实施安全监管监察,坚守煤矿安全行政执法"红线",促进煤矿安全生产
理论解释	依据强化敏感性理论,监管主体对监管对象的行为活动设置了防火墙,规定了监管对象在生产活动中的"可为和不可为"的界线(红线),监管主体主要运用安全监管力在监管对象生产活动中的"可为和不可为"之间搭建防火墙。当画好安全红线后,监管主体将安全监管力主要作用于监管对象的"不可为"的受力点上
主要步骤	(1)各省深入学习和贯彻落实习近平总书记关于安全生产工作一系列重要指示精神,形成煤矿安全生产"红线"共识。 (2)各省根据《中华人民共和国安全生产法》《煤矿安全规程》《国务院关于预防煤矿生产安全事故的特别规定》《安全生产违法行为行政处罚办法》等相关煤矿安全生产法律、法规、规章和标准的规定,结合各省煤矿安全生产工作实际情况,画好煤矿安全生产"红线"。 (3)向各煤矿宣传和下达煤矿安全生产的"红线"。 (4)监管主体、监管对象深入学习煤矿安全生产"红线"。 (5)监管主体以"红线"作为参照标准对于监管对象实行安全监管
适用场景及局限性	适用场景:当一个国家的煤炭行业发展到比较成熟阶段,煤矿生产的安全形势已经比较稳定,但重大伤亡事故仍然零星发生,这时监管主体从国家的战略高度意图在较短时间内杜绝任何煤矿重大事故的发生。 局限性:安全红线在形式上虽然区分了哪些是可以做的,哪些是绝对不可以做的,但在实践中执行起来存在很难做到位的问题。因为煤矿安全生产实际在很多情形下很难画出清晰的"红线"
典型案例	四川、黑龙江、山西、陕西、河北等地都根据自身的煤矿生产安全实际情况制定了煤矿生产的"安全红线"。例如,四川省制定了《四川省煤矿安全生产"红线"暨行政执法"底线"暂行规定》,黑龙江省印发了《黑龙江省煤矿安全管理红线》

二、煤矿安全监管的典型案例

中国煤矿安全监管主体在长期的安全监管实践中积累了许多安全监管案例。这里我们只挑选了“开小灶”和“‘1221’六位一体监察工作法”两种安全监管案例作为煤矿安全监管的代表性案例。

（一）“开小灶”式煤矿安全监管方式方法的典型案例

（1）概括描述。

监管主体在对一个煤矿企业或者一个地区的大多数煤矿企业开小灶的时候，首先要在宏观上掌握这个地区的煤炭产量变化趋势、煤矿的区域分布、煤矿的采煤工艺、属地煤矿安全治理结构等情况。例如，近年来黑龙江煤炭产业进入了发展的萎缩时期，当前煤炭年产量与高峰期相比，已经出现了明显的下降（查阅近年来黑龙江煤炭产量的变化趋势）。相比于其他煤矿资源富集区，黑龙江七台河地区煤矿安全监管存在许多问题：小煤矿多，需要关停和整合的矿井多，煤炭资源埋藏深、地质条件复杂，开采难度大，技术人才流失严重。

（2）主要问题及成因。

煤炭产业曾经是黑龙江省产业结构的重要组成部分，对于拉动地方经济发展、促进地方就业和维护社会稳定都具有重要意义。当前黑龙江在产的煤矿企业大多都面临资源枯竭，地质条件复杂，单体煤矿产量低，煤矿安全问题治理难度大等问题。随着开采难度的不断增加，安全风险也越来越大，与此同时煤炭产量也开始逐年有所萎缩，企业的收入和利润难以维持持续性的增长，这不仅给地方经济发展、就业及社会保障等造成了某些负面的影响，同时也对煤矿治理生产中所面临的安全问题的投入产生不利影响。当煤矿企业的收入和利润逐步下降时，企业在安全投入上的主动性也会随之下降，这会导致企业在生产中有意或者无意地隐瞒所遇到的事故隐患。项目组在调研中发现，当企业面对收入和利润增长乏力而安全投入又要加大时，企业会在安全投入上表现得非常谨慎。但这并不意味着企业对于安全问题不重视，而是无能为力。对于煤矿企业来说，保持收入和利润增长是企业经营的主要目的之一，而确保生产安全则是企业需要最优先解决的问题。这样，煤矿企业就会在安全和生产上陷入两难境地，这时企业需要借助于外力，也就是安全监管力的作用才能把生产安全推向正常的轨道上。当前，尽管黑龙江地区有相当数量的煤矿都遭遇增收难和安全投入大的问题，但各煤矿应对上述问题的能力参差不齐，有些煤矿的安全问题更为突出，需要监管主体对其进行重点安全监管（“开小灶”）才能重塑生产安全的能力。

（3）监管问题。

目前，黑龙江七台河地区监管主体所面临的主要监管问题包括：

一是依靠政策关停和整合年产 30 万 t 以下煤矿执行难度大。黑龙江七台河地区的煤矿企业大多数产量低，开采工艺落后，虽然近年来依赖于监管部门强大的监管力作用，基本上遏制住了重特大和重大事故，但落后的生产工艺中仍然存在重大隐患没有解除，这就需要监管部门将安全监管力持续作用于监管对象不能放松，监管主体面临着巨大监管压力。

二是关停和整合年产 30 万 t 以下小煤矿的政策在执行过程中导致一部分即将被关停小煤矿“抢产和强产”问题，安全隐患巨大。黑龙江省煤炭产业内部结构根据国家煤炭产业政策的总体规划和部署，针对本省煤炭产业内部结构开始了新一轮调整，以适应国家针对黑龙江省内部的煤矿产业结构的调整。而在新一轮的省内煤炭产业内部结构调整期间，煤矿安全监管也面临着诸多的新问题，如某些不符合产能规定的需要停产或者关闭的煤矿会违规增产，以赶在关停之前回收投资，这种做法不仅在某种程度上增加了煤矿生产的事故风险，也给监管增加了难度。

三是技术工人及技术员流失比较严重。黑龙江省内小煤矿多，产量低，机械化程度低，自身安全生产能力有限，井下作业人数过多，再加上煤炭赋存地质条件复杂，储量逐渐耗竭，机械化和智能化开采程度较低，导致煤矿生产安全问题比较突出。项目组在调研中发现，七台河地区的煤层普遍较薄，难以用大型机械设备。因此，监管对象想要依赖技术来提升煤矿企业的安全生产能力很难，只能依赖提升员工的技能来改善煤矿生产的安全。但是，七台河地区的煤矿产量低，一些技术过硬、年富力强的技术工人或者技术人员已经去其他经济效应好的外省煤矿企业就职，在一定程度上导致了七台河地区煤矿企业的技术工人和技术员的短缺。

四是煤矿企业的产权结构复杂，关停不达标煤矿阻力大。例如，七台河地区不仅煤矿多，煤矿企业的产权结构也非常复杂，既有国有煤矿，也有股份制合资煤矿，还有相当一部分私有煤矿。一些煤矿企业在政府出台关停年产 30 万 t 以下煤矿的规定之前就高价把煤矿卖给其他投资人。这些投资人在接手煤矿之后不久就面临着关停问题，为了快速收回投资，就拼命提高产量，甚至被下达了停产或者关停的通知后，仍然继续违规生产。这都给当前的煤矿安全监管增加了新的难题。

另外，煤炭产业是黑龙江省产业结构的重要组成部分，并有着漫长的产业历史，这使得该地区的人民、企业及政府的经济和社会生活广泛而深入地嵌入于煤炭产业，对煤炭产业形成了依赖性。关停不达标煤矿必然会对当地的经济和社会生活产生较大冲击。因而关停煤矿也就会受到很大阻力，以至于某些煤矿违规生产。

五是黑龙江省七台河地区煤炭产业政策调整导致煤矿安全监管更加复杂。关闭一批、停产待整合一批、在产待整合一批，黑龙江七台河地区的煤炭产业结构迎来了一个重要的调整期。随着煤矿产业内部调整逐步铺开，监管主体对于不同类型煤矿企业所采取的监管方式也随之发生了变化。由于全省存在 3 种不同类型的煤矿，因而针对相应煤矿的监管方式方法也有明显不同。当前，本省的煤矿监管方式主要是“分类监管、拉清单”，“一刀切”，“全覆盖，不留死角”，对于一些安全问题突出的煤矿则采用“开小灶”方式。

(4)“开小灶”的理论依据。

一是基于控制论的分级监管。当一个地区的煤炭产业进入特殊发展阶段，煤矿企业属性出现了明显异质化时，即难以用同样的标准来要求所有企业时，这时监管主体应该适时启动“开小灶式”的煤矿安全监管方式。因为，当有一部分煤矿企业因为特殊的生产和经营条件使得自身的企业行为难以达到行业的标准时，这时安全监管“开小灶”则特别有效。安全监管“开小灶”实际上是对分级管控的安全监管模式进行了变通，在分级管控的基础上又引入了跨层级的直线式管控的煤矿安全监管模式(图 5-2)。这种煤矿监管措施主要是为了应对复杂的煤炭产业内部结构及复杂的安全生产方式而设计的。监管主体仍然是分层级的，但对于监管对象的管控既有分级管控也有跨层级管控。

二是分布式安全监管力。总体上来看，中国煤矿安全监管体系的结构是带有明显层次性的，因而安全监管力的作用体系的结构也应该是层次性，安全监管力的作用是串行的，自上而下施加力的作用(安全监管力的串行作用)。但是，当某些监管对象面临着特殊的安全问题，监管主体对监管对象“开小灶”，这时高层次上的监管主体就可能绕过中间层次的监管主体向监管对象直接施加安全监管力。与此同时,中间层次上的监管主体也会直接向监管对象施加安全监管力。也就是说,发力主体与受力客体之间的对应关系既包含一对一也包括一对多或者多对一的问题(图 5-2)。

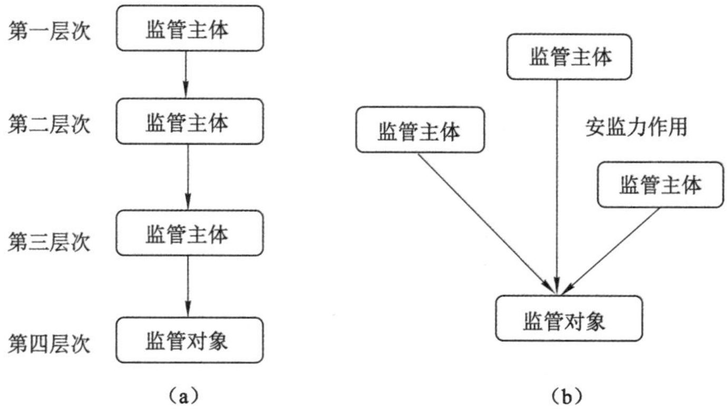

图 5-2 “开小灶”煤矿安全监管模式

当监管对象的企业行为偏离标准过大时,并且依赖于自控力难以纠正这个偏差时,监管主体就需要适时启动“开小灶”监管方式。目前,项目组对于企业自身纠偏能力进行了简单的估算,企业行为偏离标准 5%～15%时,企业依赖于自控力还能够把这个偏差矫正过来。而当这个偏差达到 25%以上时,企业依赖于自身力量已经难以矫正偏差。在以后的研究中,项目组还需要开发更为精确的量表对偏离程度进行度量,以确定“开小灶”监管方式的启动条件,同时也要针对“开小灶”监管方式制定具体规范,避免某些监管主体随意启动“开小灶”的监管方式,影响煤矿企业的正常生产秩序。“开小灶”的目的是纠正企业的行为偏差,完善企业的生产秩序,是一种高针对性高投入的煤矿安全监管方式方法。如果监管主体在“开小灶”之前不能进行“抓准问题”,精心布局,就可能会造成巨大监管资源浪费。

三是基于信息论的交互式信息传输。在煤矿安全监管体系中,信息的不对称性会增加安全监管力作用体系中的阻力。监管对象掌握信息优势时,就可以利用信息不对称性来影响安全监管力的作用效果,从而产生反作用。例如,监管对象更加熟悉生产现场,其对于生产现场中的安全隐患动态掌握要强于监管主体。如果监管对象把有关安全隐患的信息故意隐瞒,那么监管主体就很难找准安全监管力的作用点,导致监管主体不能快速定位安全隐患,小隐患就可能变成大隐患。

在煤矿安全监管实践中，信息对称对于提升安全监管效果有着至关重要作用。但监管对象是有限理性的行为主体，他们会利用信息的不对称性来规避某些不符合自身利益偏好的监管，结果会导致监管效率和效果的下降。也就是说，在煤矿安全监管体系中，当受监管的对象不愿意主动上报涉及煤矿生产安全的信息时，监管主体就需要更加主动地收集监管对象涉及生产安全的信息，以恢复有效的信息传输渠道，降低监管主体在信息获取不对称上的劣势。显然，监管主体对于监管对象了解，就可以采用有针对性的监管措施，监管效果也就会更好。但在煤矿安全监管实践中，监管主体和监管对象所掌握的信息是很难实现对称的。而在煤矿安全监管体系中，监管主体和监管对象之间是相互作用相互影响的，任何一方如果有意利用信息的不对称性的优势都会降低监管效率和效果的下降，让安全隐患得不到及时排除。因此，从这个角度上来看，煤矿安全监管也可以说成是以信息论为基础的信息处理过程。问题的发现、安全决策、监管措施的介入都离不开监管主体对于监管对象的信息的搜集、分析和处理等关键环节。当监管对象能够主动且毫无保留地向监管主体及时汇报各类有关生产安全的信息时，这时监管主体与监管对象就处于信息对称状态，就会明显降低安全监管力在监管实践中受到的阻力，监管成本也会随之降低，而监管效果则会明显提升。

(5) 安全监管开小灶方法的适用条件。

① 煤炭产业内部调整，有少数煤矿的安全生产能力明显低于监管主体所设定的最低要求。当煤矿企业进入一个难以遵从标准化和规程化组织生产的阶段，且其所面临的安全问题依赖于自身的自控力已经难以解决时，这时“开小灶”的安全监管方式在实践中就可以发挥出比较好的效果。“开小灶”监管是一种以控制论为依据的监管方式。煤矿安全监管的主要理论依据之一是控制论，就是通过相关监管措施来控制煤矿企业在生产过程中所出现的任何偏差，避免安全隐患发生或者积累。为了实现对于煤矿企业安全生产的有效控制，监管主体和客体首先应该在生产实践中制定出监管对象基本能够遵守的标准(80%)。少数(20%)不能遵守最低安全标准的煤矿企业则可以划归为“开小灶”的对象。但是，当前煤矿安全监管实践中监管主体何时启动“开小灶”、选择哪些对象来“开小灶”、让谁去监管对象“开小灶”在很大程度上还要依赖于监管主体的经验和智慧，还需要进一步科学化和规范化。

② 特定煤矿出现了比较突出的安全问题。当一个地区的煤炭产业并没有出现行业性的结构调整问题，但个别煤矿企业因为内部经营问题而导致了比较突出的安全问题，这时监管主体可以遵循特事特办原则，适时启动安全监管的"开小灶"法，在一个特定的时间范围内对监管对象进行全方位的安全监管，帮助监管对象恢复正常的安全生产能力。"开小灶"法不仅要发现监管对象在生产中出现的各种安全问题，更要帮助监管对象恢复正常的安全生产能力。同样，监管主体对于监管对象"开小灶"，也是要帮助监管对象补上生产安全上存在的"短板"，和其他正常的煤矿一样具备达标合规的安全生产能力。

（6）具体方案。

① 全面排查，找到各个煤矿的共性和特殊安全问题，遴选"开小灶"对象。共性问题可以通过统一发文的监管方式来解决，而对于个别煤矿的特殊安全问题则采用特事特办的"开小灶"的方式来解决。为此，项目组将继续开发煤矿重大事故风险压力测试的测量模型，并应用该测量模型对所有在产煤矿进行重大事故风险压力测试，对于压力测试排名后1%的煤矿按照排名先后顺序选作"开小灶"对象。

② 监管主体的选择。借鉴行为科学等方面的知识，项目组从"工作热情、组织公民行为、技能、家庭-工作关系、社交能力"等多个维度设计了遴选适合给监管对象"开小灶"的监管主体的指标。给煤矿企业"开小灶"的监管主体是发力主体，是决定"开小灶"效果的关键力量。这就需要运用科学的方法来选择最适合给监管对象"开小灶"的监管人员，以保证获得最佳效果。

③ 时机选择。选择适合"开小灶"的最佳时机。监管主体一旦选定了对象，确定了执行人员，紧接着就应该选择最佳时机。这里项目组开发了以下量表用于测量适合"开小灶"的最佳时机，该量表为：监管主体在现场检查中发现该煤矿在继续生产的过程中所面临的风险仍然在积累，监管主体感觉企业的负责安全工作的主要负责人对于当前的生产安全的重视程度不够，监管主体觉得企业的主要负责人在安全管理上的能力不足，监管主体从整体上感觉这个企业的生产秩序混乱。

④ 方案执行。"开小灶"的方案就是在规定的时间内，由规定的监管人员指定规定的监管对象把既定的安全问题解决掉。监管主体在执行"开小灶"方案时要做好统筹，调配好监管资源，分配好监管任务，明确监管对象所要承担的责任，

明确解决问题的关键时间节点。

⑤ 方案修正。任何方案都很难做到完美无缺。“开小灶”本身所面对的监管问题就比较复杂，事先制订好的方案在执行中出现偏差也是可能的。当方案在执行中出现偏差时，监管主体就要针对过程中出现的问题适时做出调整，以发挥出最佳的监管效果。“开小灶”方案需要修正的原因主要有以下几个方面：第一，现实中出现的安全问题比预期中更加严重或者不严重；第二，随着监管主体所掌握的信息越来越充分，发现之前的方案本身就存在缺陷。

⑥ 效果评估和反馈（煤矿安全监管回头看）。“开小灶”后，监管主体还要对于被“开小灶”的煤矿“回头看”，防止同类问题的反弹及出现新的问题。“开小灶”的对象本身对于安全问题的自我修复能力就比较弱，需要依赖来源于外部的安全监管力才能正常生产。一旦外力作用减弱或者消失，旧疾就有可能复发。因此，“开小灶”后，监管主体还要对效果进行跟踪、评估，对新出现的问题要及时反馈。

⑦ 验收。开小灶后3—6个月，上级监管部门对于“开小灶”的效果进行验收，以评估“开小灶”的监管对象所存在的问题有没有彻底解决。验收中如果没有发现新的问题，旧有的问题也没有复发，则“开小灶”项目验收通过。

（二）“1221”六位一体监察工作法及其典型案例

（1）“1221”六位一体监察工作法的概括描述。

“1221”六位一体监察工作法是地方安监部门针对本地区煤矿安全监管问题所采用的一种综合监管方法。其中，“1”指必须紧抓与地方党政一把手交流对话；“2”指增强企业落实主体责任主动性的触动灵魂式监察和推动企业开启自查纠错模式的督导纠错式监察；“2”指帮扶式的技术引领和转变理念式的立体化警示教育；“1”指联合纪委监委推动监管责任落实的监管协查工作。该方法由“1＋2＋2＋1＝6”个方面构成，所以又被称为六位一体监察工作法。本案例采编于黑龙江七台河地区。

（2）“1221”六位一体监察工作法的主要问题及成因。

当前全国各地的煤矿安全监察工作在执行的过程中与地方政府、地方党政之间的协同还存在一定程度上的不足，这会导致地方煤矿安全监察工作效果不理想的后果。黑龙江七台河市的煤矿安全监察工作也不例外。例如，针对同样的安全问题，如果地方监察机构与地方党委、政府之间“交流对话”不足，就可能出现重复检查、浪费监管资源的问题。造成上述问题的主要原因是地方党政一把手要管的事情非常多,抓煤矿安全工作只是众多工作任务中的一项。而地方煤矿安全监察局是国家煤矿监察局在地方上的专设机构,专门负责地方煤矿安全监察执法工作,这种一对多的机构对机构的煤矿安全治理体系必然会造成协同难题。在有些情况下,地方党政部门去了现场检查了同样的问题,地方监察机构又去重复检查同样问题。

(3)“1221”六位一体监察工作法的监管问题。

从对应关系上看,监管对象在类型上是单一的,主要包括属地煤矿企业或者矿业集团。而监管主体在类型上是多样的,包括地方党政一把手、地方监察机构、地方煤管部门等,这就难免造成煤矿安全监管实践中的不同监管主体之间“沟通交流”存在一定程度不足问题,彼此可能把对方该做的事情做了,又有可能本职上该做的事件又没有做到位。

(4)“1221”六位一体监察工作法的理论依据。

支持“1221”六位一体监察工作法的理论依据是以安全监管力合成作用为基础的协同理论。在煤矿安全监察监管工作中,监察主体在面对复杂的监管问题时需要协同各方面的监管力量才能收到最好的监管效果。“1221”六位一体监察工作法正是通过充分协同“地方党政力量、地方监察力量、地方煤管力量”,以形成充分的合力来解决属地煤矿的安全问题。

(5)“1221”六位一体监察工作法的适用条件。

“1221”六位一体监察工作法主要适用于煤炭产业由盛向衰发展趋势的地方煤矿安全监管。这些产煤地区的煤炭产业处于发展的重要转型过程。在过去,这些地方的煤炭产业是支撑经济发展的重要产业,但如今虽然仍然很重要,但由于煤炭资源逐步耗竭,相关安全问题也比较突出,煤炭产业的盈利水平普遍较低,甚至有亏损的情况发生,这时监管、监察、地方党政需要齐抓共管、相互协同才能稳定当地的煤矿生产安全局面。

(6)“1221”六位一体监察工作法的具体方案。

具体方案参考了佳合分局提供的“1221”六位一体监察工作法的视频资料,并没有做出多少改动。“1221”六位一体监察工作法的具体方案主要包括六个部分,由 1+2+2+1 组成。第一个“1”主要是解决的与地方党政一把手的沟通问题。第一个“2”主要从精神和行为两个方面入手来对监管对象进行纠偏和监察,落实企业主体责任。第二个"2"主要从两个方向引导和转变监管对象的生产活动,既要对监管对象进行帮扶(起拉动作用的安全监管力)又要进行警示教育(起推动作用的安全监管力)。第二个"1"是监察部门联合纪委监委共同推动监管责任的落实,也就是利用多个安全监管力的合成作用来放大安全监管力的作用效果。

"1221"六位一体监察工作法的具体内容如下:

第一,创新建立对话交流机制,力促属地监管责任落实。煤矿安全监察佳合分局准确抓住地方党政领导、安全监管部门主要负责人,煤矿企业董事长等安全生产工作的关键少数,深挖煤矿安全生产工作和安全监管存在的问题,坚持积极为改进和完善煤矿安全监管工作建言献策,建立了关键少数交流对话和向市委常委会定期专题报告的工作机制。

第二,创新开展触动灵魂式监察执法,促进企业落实主体责任。佳合分局在长期的安全监察实践中总结了安全生产管理四要素,其主要主张包括:人是最基本的构成,而灵魂作为人的精神,思想和感情是行为的主导和决定性因素,开展触动灵魂式监察执法及考试、现场说教、普法、公开裁定、谈感想体会,创立了直观、可视的责任追究的模式,将落实企业主体责任与佳合分局的日常监察工作紧密结合在一起。

第三,创新开展督导室监察执法,建立常态化自我纠错模式。佳合分局以监察煤矿管理机构、责任制落实、隐患排查治理和风险管控情况为主,精心制作现场检查表,由煤矿企业管理人员和安检员对照检查表逐项开展自查(拉清单)。监察组人员负责陪检和督导,让参与检查的矿级领导通报自查发现隐患问题,对于自查出的隐患和问题,要求企业按照"五落实"要求整改,而对于企业没有排查出或刻意隐瞒回避的问题,对照隐患和相应法律法规详细解读,并对相关人员现场提出批评和警示教育。

第四,开展帮扶式促学服务,引领安全管理提档升级。佳合分局组织属地煤矿公司人员和地方瓦斯灾害重点矿井的矿长和总工程师,实地学习煤矿瓦斯突出和防治方面的经验;组织区委区政府、监察委、法院、煤管局等主要大领导和相关人员赴各大市进行学习考察,拓展安全监管工作思路,明确下一步工作方向,促进安全监管工作上水平,利用优质资源为煤矿企业创造难得安全培训机会。

本章小结

本部分对国内现行的安全监管方式方法进行了梳理和总结，得出安全监管力理论在中国的煤矿安全监管实践中具备“据、理、力、争”四个条件。安全监管力理论是以大量的安全监管实践为依据，并在此基础上逐步发展和完善了理论框架。也就是说安全监管力的形成和发展是有理有据的。另外，安全监管力理论成长和发展还需要获得监管方和被监管方的共同支持。而中国的制度优势决定了安全监管力能够获得监管方和被监管方的有力支持。因为在中国的制度环境下，监管方和被监管方的利益是一致的，只要安全监管力理论是有理有据的，那么必然会得到监管方与被监管方的支持，这可以让安全监管力理论获得更多的实践检验，推动安全监管力理论的不断进化。另外，中国的安全监管主体在监管实践中始终致力于彻底解决煤矿生产中的各类事故，他们不仅在安全监管实践中对安全监管力思想进行大胆地探索，还致力于对安全监管力理论进行持续改进，其实践经验有助于我们构建和完善针对中国煤矿安全问题的安全监管新理论。最后，以安全监管力理论框架为基础对国内的安全监管的典型案例及典型方式方法进行了梳理，由此可知安全监管力理论可以很好地解释和预测国内安全监管方式方法的效度。

第六章

安全监管力操作手册

第一节 安全监管力操作手册简介

安全监管力理论从提出到推广应用通常要经历以下几个阶段，分别是安全监管力思想酝酿阶段、思想成形阶段、理论逻辑形成及实践相伴生阶段、实践推广阶段、理论应用及修正阶段。在安全监管力理论形成及应用的各个阶段，如能有指导安全监管力具体操作的手册，这会在很大程度上加快安全监管力理论的普及。对于应用者来说，如果有一本安全监管力手册作为参考，这将有助于提高应用安全监管力解决问题的效率。

安全监管力理论部分已经详细地阐释了安全监管力作用体系的五个构成维度，分别是安全监管力的作用点、方向、大小、作用时间及环境。安全监管力的作用效果会随着上述五个维度的变化而发生变化。而从安全监管力的理论逻辑出发，煤矿安全监管可以简化为监管主体向监管对象施加安全监管力的作用，让后者做出改变或者保持不变，以预防、避免事故的发生，或者是减轻事故的影响作用，实现安全监管目标。另外，在安全监管力的分类上，项目组主要区分了安全监管力的直接作用关系和间接作用关系。安全监管力的直接作用就是监管主体直接用力，即监管主体向监管对象直接施加安全监管力。安全监管力的间接作用就是监管主体的间接用力，即监管主体向煤管部门或者属地政府直接施加安全监管力，并进而对监管对象产生间接的影响作用。随着煤矿主体责任的逐步落实，监管主体的间接用力将逐步取代直接用力。

第二节 安全监管力操作手册的具体内容

在安全监管力作用体系中，安全监管力是监管主体向监管对象施加的影响作用，也就是煤矿安全监管的运行机制。为了帮助监管主体更好地在实践中应用安全监管力理论和方法，针对安全监管力理论和方法体系编制了操作手册，主要包括监管主体、监管对象、安全监管力类型、安全监管力作用体系（作用点、方向、大小、时间及环境）等内容。为了提升监管主体的监管效率，监管主体可以参考操作手册先形成一个以安全监管力作用体系为基础的现场监管清单，现场检查时可以对照该清单进行。

在煤矿安全监管体系中，监管主体的直接监管对象分为强直接监管对象和弱直接监管对象。强直接监管对象是煤矿企业或者矿业集团公司，而弱直接监管对象是属地政府、属地政府负责煤矿安全监管的相关职能部门。监管主体对于弱直接监管对象的监管实际上就是所谓的“督导”，不能够对于弱直接监管对象直接下行政命令或者强制执法。另外，由于安全监管力是一种外力作用，因此，监察机构的内部管理在本项目中并没有被纳入安全监管力的作用体系内。例如，监管主体对于自身的监管则被划分为内部管理而非监管的范畴。按照上述分类标准，当安全监管力直接作用于煤矿企业时，其作用点可以分为以下 7 类，分别是：

（1）煤矿设备设施及环境（见表 6-1）；

（2）煤矿临时性特殊作业活动（以爆破作业为例，见表 6-2）；

（3）煤矿岗位作业活动（见表 6-3）；

（4）煤矿矿长（以重大风险清单为例，见表 6-4）；

（5）煤矿总工程师（以通风系统为例，见表 6-5）；

（6）地测部门（见表 6-6）；

（7）综采一队（见表 6-7）。

表 6-1 基于安监力作用的主斜井监管细则

监管主体	作用点	作用方向	作用方向上的风险	作用时间或者环境	作用力大小	监管对象
监察机构 监管部门 属地政府	煤尘发生点（多点）	煤尘含量	煤尘爆炸：主斜井存在煤尘含量超限导致煤尘爆炸的风险	1. 必须及时清除巷道中的浮煤，清扫、冲洗沉积煤尘或者定期撒布岩粉；应当定期对主要大巷刷浆	大	矿井防尘工
				2. 粉尘中游离 SiO_2 含量＜10％，粉尘监测应当采用定点监测、个体监测方法	大	矿井防尘工
监察机构 监管部门 属地政府 企业内部 安检部门	火发生点（多点）	消防器材	火灾：主斜井存在消防器材失效导致火灾事故扩大的风险	消防材料和工具的品种和数量应符合有关规定，并定期检查和更换；消防材料和工具不得挪作他用	小	区队
监察机构 监管部门 属地政府 企业内部 安检部门	多点	防火铁门	火灾：主斜井存在防火铁门失效导致火灾事故扩大的风险	进风井口应当装设防火铁门，防火铁门必须严密并易于关闭，打开时不妨碍提升、运输和人员通行，并定期维修；如果不设防火铁门，必须有防止烟火进入矿井的安全措施	小	安全检查工
企业内部 安检部门	多点	一氧化碳	中毒和窒息：主斜井存在产生一氧化碳超限导致人员中毒和窒息风险	1. 有自然发火危险的矿井，必须定期检查一氧化碳浓度、气体温度等变化情况；一氧化碳最高允许浓度为 0.002 4％	小	瓦斯检查工
				2. 抢救人员和灭火过程中，必须指定专人检查甲烷、一氧化碳、煤尘、其他有害气体浓度和风向、风量的变化，并采取防止瓦斯、煤尘爆炸和人员中毒的安全措施	大	矿山救护队
				3. 一氧化碳浓度不等超过 0.002 4％	中	瓦斯检查工
企业内部 安检部门	温度监测点（多点）	温度	进风井存在温度过低地面结冰导致人员摔伤的风险	进风井口以下的空气温度（干球温度，下同）必须在 2 ℃以上	小	瓦斯检查工

表 6-1(续)

监管主体	作用点	作用方向	作用方向上的风险	作用时间或者环境	作用力大小	监管对象
企业内部安检部门	胶带输送机	胶带保护	火灾:胶带保护存在失效导致火灾进一步扩大的风险	1. 烟雾保护传感器安装在驱动滚筒下风侧 10～15 m 范围内,距上胶带上方 0.6～1 m	大	输送机司机
				2. 热电偶感应式温度保护传感器安装在距驱动滚筒与胶带接触面的 5～10 mm 处。每个驱动滚筒均应安装	大	输送机司机
				3. 自动洒水装置应安装在驱动滚筒两侧,每个驱动滚筒均应安装。洒水时能够对驱动滚筒全端面覆盖。电磁阀由温度传感器控制,水源阀门应保持常开	小	输送机司机
企业内部监管部门		胶带防护	运输:胶带保护存在失效导致运输事故或事故扩大的风险	1. 张紧力下降保护安装在张紧装置与张紧滚筒之间,当胶带张紧力下降时,使输送机自动停机并报警	中	输送机司机
企业内部监管部门				2. 防跑偏保护,在卸载滚筒后 15 m 范围内上胶带两侧装设一组防跑偏传感器,传感器触杆应距槽形托辊外端面 30～50 mm 内,当胶带跑偏超出托辊最外沿时,能够触碰到传感器	大	输送机司机
企业内部安检部门			机械伤害:胶带保护存在失效导致机械伤人的风险	沿线急停装置,在机头、机尾、各装载点、巷道内每隔 50 m 均需安装一个急停装置,拉绳应沿胶带机全线安设。装置信号要接入胶带机控制系统	中	输送机司机
企业内部安检部门		滚筒	机械伤害:胶带滚筒存在运输机械伤人的风险	机头、机尾、驱动滚筒和改向滚筒处,应当设防护栏及警示牌	中	输送机司机
企业内部安检部门		胶带接头	运输:胶带接头存在断裂导致运输事故的风险	一般胶带接头开口不得大于 50 mm,钢丝绳芯线接头不得出现抽动、异常现象	中	输送机司机
企业内部安检部门		沿线护栏	胶带沿线护栏失效存在物体打击伤人的风险	胶带巷内同时存在运人设备时,胶带沿线需安设护栏,护栏要求齐全可靠	中	输送机司机
企业内部安检部门	架空人车装置	架空乘人装置保护	机械伤害:架空乘人装置存在保护失效导致机械伤害伤人的风险	1. 架空人车运输沿线每隔 50 m 安设一组急停拉线保护	中	架空人车司机
				2. 机头必须安设有速度保护装置	大	架空人车司机
				3. 机尾必须安设有重锤保护装置	大	架空人车司机
				4. 机头、机尾均安设有过位保护装置	大	架空人车司机

表 6-1(续)

监管主体	作用点	作用方向	作用方向上的风险	作用时间或者环境	作用力大小	监管对象
企业内部安检部门	钢丝绳	钢丝绳各部位	运输:架空人车装置存在钢丝绳不符合标准导致运输事故的风险	1. 要求钢丝的断面积与钢丝总断面积之比小于 6%	中	架空人车司机
				2. 钢丝绳接头的插接长度不得小于钢丝绳直径的 1 000 倍	大	架空人车司机
				3. 井下架空乘人装置的主导轮和尾导轮直径与钢丝绳直径的比值不得小于 60 倍	大	架空人车司机
	座椅	座椅各位置	运输:架空人车装置存在座椅安装不符合标准导致运输事故的风险	乘人吊椅距底板的高度不得小于 0.2 m,在上下人站处不大于 0.5 m。吊椅间距不应小于牵引钢丝绳 5 s 的运行距离,且不得小于 6 m	中	架空人车司机

表 6-2　基于安监力作用的煤矿临时性特殊作业活动的监管细则

监管主体	作用点	作用方向	作用方向上的风险	作用时间或者环境	作用力大小	监管对象
火工品监管人员	一、运输	火药爆炸	爆炸物品运输期间存在火药爆炸的风险	1. 炸药和电雷管在同一列车内运输时,装有炸药与装有电雷管的车辆之间,以及装有炸药或者电雷管的车辆与机车之间,必须用空车分别隔开,隔开长度不得小于 3 m	中	井下爆破工
				2. 电雷管必须装在专用的、带盖的、有木质隔板的车厢内,车厢内部应当铺有胶皮或者麻袋等软质垫层,并只准放置 1 层爆炸物品箱。炸药箱可以装在矿车内,但堆放高度不得超过矿车上缘。运输炸药、电雷管的矿车或者车厢必须有专门的警示标识	大	井下爆破工
				3. 爆炸物品必须由井下爆炸物品库负责人或者经过专门培训的人员专人护送。跟车工、护送人员和装卸人员应当坐在尾车内,严禁其他人员乘车	大	井下爆破工
				4. 列车的行驶速度不得超过 2 m/s	中	井下爆破工
				5. 装有爆炸物品的列车不得同时运送其他物品	小	井下爆破工
				6. 水平巷道和倾斜巷道内有可靠的信号装置时,可以用钢丝绳牵引的车辆运送爆炸物品,炸药和电雷管必须分开运输,运输速度不得超过 1 m/s。运输电雷管的车辆必须加盖、加垫,车厢内以软质垫物塞紧,防止震动和撞击。严禁用刮板输送机、带式输送机等运输爆炸物品	小	井下爆破工

表 6-2(续)

监管主体	作用点	作用方向	作用方向上的风险	作用时间或者环境	作用力大小	监管对象
火工品监管人员	一、运输	火药爆炸	爆炸物品运输期间存在火药爆炸的风险	7. 在交接班、人员上下井的时间内，严禁运送爆炸物品	大	井下爆破工
				8. 禁止将爆炸物品存放在井口房、井底车场或者其他巷道内	大	井下爆破工
	二、储存	火药爆炸	爆炸物品存在储存不当导致火药爆炸的风险	1. 井下爆炸物品库的最大贮存量，不得超过矿井 3 天的炸药需要量和 10 天的电雷管需要量	中	井下火工品库管工
				2. 井下爆炸物品库的炸药和电雷管必须分开贮存	中	井下火工品库管工
				3. 每个硐室贮存的炸药量不得超过 2 t，电雷管不得超过 10 天的需要量；每个壁槽贮存的炸药量不得超过 400 kg，电雷管不得 2 天的需要量	大	井下火工品库管工
				4. 库房的发放爆炸物品硐室允许存放当班待发的炸药，最大存放量不得超过 3 箱	大	井下火工品库管工
	三、电雷管导通	其他爆炸	电雷管导通期间存在电雷管爆炸的风险	1. 检查电雷管的工作，必须在爆炸物品贮存硐室外设有安全设施的专用房间或者硐室内进行	中	井下火工品库管工
				2. 每次导通前必须检查导通仪器是否完好，确认完好才能进行操作	中	井下火工品库管工
				3. 导通电雷管时电雷管箱必须在导通硐室外开启，一次开启一箱并点数量，每次最多取 100 发在导通台进行导通	大	井下火工品库管工
				4. 电雷管导通必须在专用的导通硐室内进行，严格按规定操作	大	井下火工品库管工
				5. 电雷管必须逐个进行导通测试，不得漏查	大	井下火工品库管工
				6. 检验电雷管的电流不得超过 50 mA	中	井下火工品库管工

表 6-2(续)

监管主体	作用点	作用方向	作用方向上的风险	作用时间或者环境	作用力大小	监管对象
火工品监管人员	四、发放、领用	其他爆炸	爆炸物品发放、领用期间存在爆炸物品爆炸的风险	电雷管在发给爆破工前，必须用电雷管检测仪逐个测试电阻值，并将脚线扭结成短路	中	井下火工品库管工
			爆炸物品发放、领用存在未清点数量导致爆炸物品丢失的风险	1. 发放人员和领取人员严格按照规定轻拿轻放爆炸物品，严禁扔、摔等野蛮操作	中	井下火工品库管工
				2. 发放的爆炸物品必须是有效期内的合格产品，并且雷管应当严格按同一厂家和同一品种进行发放	小	井下火工品库管工
				3. 发放的爆炸物品必须当面点清数量，并完善记录台账，及时填写，做到账实相符	小	井下火工品库管工
	五、人力运送	火药爆炸	人力运送爆炸物品期间存在火药爆炸的风险	1. 电雷管必须由爆破工亲自运送，炸药应当由爆破工或者在爆破工监护下运送	中	井下爆破工
				2. 爆炸物品必须装在耐压和抗撞击、防震、防静电的非金属容器内，不得将电雷管和炸药混装。严禁将爆炸物品装在衣袋内。领到爆炸物品后，应当直接送到工作地点，严禁中途逗留	中	井下爆破工
				3. 在交接班、人员上下井的时间内，严禁携带爆炸物品人员沿井筒上下	大	井下爆破工
	六、临时存放	其他爆炸	临时存放存在存放不当导致爆炸物品爆炸的风险	爆破工必须把炸药、电雷管分开存放在专用的爆炸物品箱内，并加锁，严禁乱扔、乱放。爆炸物品箱必须放在顶板完好、支护完整，避开有机械、电气设备的地点。爆破时必须把爆炸物品箱放置在警戒线以外的安全地点	中	井下爆破工
	七、装配起爆药卷	其他爆炸	装配起爆药卷期间存在爆炸物品爆炸的风险	1. 必须在顶板完好、支护完整，避开电气设备和导电体的爆破工作地点附近进行。严禁坐在爆炸物品箱上装配起爆药卷。装配起爆药卷数量，以当时爆破作业需要的数量为限	中	井下爆破工

表 6-2(续)

监管主体	作用点	作用方向	作用方向上的风险	作用时间或者环境	作用力大小	监管对象
火工品监管人员	七、装配起爆药卷	其他爆炸	装配起爆药卷期间存在爆炸物品爆炸的风险	2. 装配起爆药卷必须防止电雷管受震动、冲击,折断电雷管脚线和损坏脚线绝缘层	中	井下爆破工
				3. 从成束的电雷管中抽取单个电雷管时,不得手拉脚线硬拽管体,也不得手拉管体硬拽脚线,应当将成束的电雷管顺好,拉住前端脚线将电雷管抽出。抽出单个电雷管后,必须将其脚线扭结成短路	中	井下爆破工
				4. 电雷管必须由药卷的顶部装入,严禁用电雷管代替竹、木棍扎眼。电雷管必须全部插入药卷内。严禁将电雷管斜插在药卷的中部或者捆在药卷上	中	井下爆破工
				5. 电雷管插入药卷后,必须用脚线将药卷缠住,并将电雷管脚线扭结成短路	中	井下爆破工
	八、装药	爆破	装药期间存在操作不当导致爆破伤人的风险	1. 装药前,必须首先清除炮眼内的煤粉或者岩粉,再用木质或者竹质炮棍将药卷轻轻推入,不得冲撞或者捣实。炮眼内的各药卷必须彼此密接	大(重大风险)	井下爆破工
				2. 炮眼封泥必须使用水炮泥,水炮泥外剩余的炮眼部分应当用黏土炮泥或者用不燃性、可塑性松散材料制成的炮泥封实。严禁用煤粉、块状材料或者其他可燃性材料作炮眼封泥。无封泥、封泥不足或者不实的炮眼,严禁爆破	大	井下爆破工
				3. 炮眼深度和炮眼的封泥长度应当符合下列要求: (1) 炮眼深度小于 0.6 m 时,不得装药、爆破;在特殊条件下,如挖底、刷帮、挑顶确需进行炮眼深度小于 0.6m 的浅孔爆破时,必须制定安全措施并封满炮泥。 (2) 炮眼深度为 0.6~1 m 时,封泥长度不得小于炮眼深度的 1/2。 (3) 炮眼深度超过 1 m 时,封泥长度不得小于 0.5 m。 (4) 炮眼深度超过 2.5 m 时,封泥长度不得小于 1 m。 (5) 深孔爆破时,封泥长度不得小于孔深的 1/3	大	井下爆破工

表 6-2(续)

监管主体	作用点	作用方向	作用方向上的风险	作用时间或者环境	作用力大小	监管对象
火工品监管人员	八、装药	爆破	装药期间存在操作不当导致爆破伤人的风险	(6) 光面爆破时，周边光爆炮眼应当用炮泥封实，且封泥长度不得小于 0.3 m。 (7) 工作面有 2 个及以上自由面时，在煤层中最小抵抗线不得小于 0.5 m，在岩层中最小抵抗线不得小于 0.3 m。浅孔装药爆破大块岩石时，最小抵抗线和封泥长度都不得小于 0.3 m	大	井下爆破工
	九、连线	爆破	连线存在操作不当导致爆破伤人的风险	1. 爆破母线符合标准	大	井下爆破工
				2. 爆破母线和连接线、电雷管脚线和连接线、脚线和脚线之间的接头相互扭紧并悬空，不得与轨道、金属管、金属网、钢丝绳、刮板输送机等导电体相接触	大	井下爆破工
				3. 巷道掘进时，爆破母线应当随用随挂。不得使用固定爆破母线，特殊情况下，在采取安全措施后，可不受此限	大	井下爆破工
				4. 爆破母线与电缆应当分别挂在巷道的两侧。如果必须挂在同一侧，爆破母线必须挂在电缆的下方，并保持 0.3 m 以上的距离	大	井下爆破工
				5. 只准采用绝缘母线单回路爆破，严禁用轨道、金属管、金属网、水或者大地等当作回路	大	井下爆破工
				6. 爆破前，爆破母线必须扭结成短路	大	井下爆破工
				7. 脚线的连接工作可由经过专门训练的班组长协助爆破工进行。爆破母线连接脚线、检查线路和通电工作，只准爆破工一人操作	中	井下爆破工
	十、爆破	爆破	爆破期间存在爆破伤人的风险	1. 领出发爆器，首先检查电量是否充足，螺丝是否固定好，发现一项不合格均不得投入使用。发爆器的把手、钥匙或者电力起爆接线盒的钥匙，必须由井下爆破工随身携带，严禁转交他人。只有在爆破通电时，方可将把手或者钥匙插入发爆器或者电力起爆接线盒内。爆破后，必须立即将把手或者钥匙拔出，摘掉母线并扭结成短路	大(重大风险)	井下爆破工

表 6-2(续)

监管主体	作用点	作用方向	作用方向上的风险	作用时间或者环境	作用力大小	监管对象
火工品监管人员	十、爆破	爆破	爆破期间存在爆破伤人的风险	2. 在有煤尘爆炸危险的煤层中，掘进工作面爆破前后，附近 20 m 的巷道内必须洒水降尘	大	井下爆破工
				3. 爆破前，班组长必须亲自布置专人将工作面所有人员撤离警戒区域，并在警戒线和可能进入爆破地点的所有通路上布置专人担任警戒工作。警戒人员必须在安全地点警戒。警戒线处应当设置警戒牌、栏杆或者拉绳	大	警戒员
				4. 爆破作业必须执行“一炮三检”和“三人连锁爆破”制度，并在起爆前检查起爆地点的甲烷浓度	大	井下爆破工
				5. 爆破工必须最后离开爆破地点，并在安全地点起爆。起爆地点到爆破地点的距离必须在作业规程中具体规定		井下爆破工
				6. 爆破前，班组长必须清点人数，确认无误后，方准下达起爆命令。爆破工接到起爆命令后，必须先发出爆破警号，至少再等 5 s 后方可起爆	大	井下爆破工
				7. 每次爆破作业前，爆破工必须做电爆网路全电阻检测。严禁采用发爆器打火放电的方法检测电爆网路	大	井下爆破工
				8. 爆破后，待工作面的炮烟被吹散，爆破工、瓦斯检查工和班组长必须首先巡视爆破地点，检查通风、瓦斯、煤尘、顶板、支架、拒爆、残爆等情况。发现危险情况，必须立即处理	大	井下爆破工
				9. 爆破作业必须编制爆破作业说明书，并符合下列要求： (1) 炮眼布置图必须标明采煤工作面的高度和打眼范围或者掘进工作面的巷道断面尺寸，炮眼的位置、个数、深度、角度及炮眼编号，并用正面图、平面图和剖面图表示。 (2) 炮眼说明表必须说明炮眼的名称、深度、角度，使用炸药、雷管的品种，装药量，封泥长度，连线方法和起爆顺序。 (3) 必须编入采掘作业规程，并及时修改补充。 (4) 钻眼、爆破人员必须依照说明书进行作业	中	井下爆破工

表 6-2(续)

监管主体	作用点	作用方向	作用方向上的风险	作用时间或者环境	作用力大小	监管对象
火工品监管人员	十、爆破	爆破	爆破期间存在爆破伤人的风险	10. 在有瓦斯或者煤尘爆炸危险的采掘工作面,应当采用毫秒爆破。在掘进工作面应当全断面一次起爆,不能全断面一次起爆的,必须采取安全措施。在采煤工作面可分组装药,但一组装药必须一次起爆。严禁在 1 个采煤工作面使用 2 台发爆器同时进行爆破	大	井下爆破工
				11. 装药前和爆破前有下列情况之一的,严禁装药、爆破: (1) 采掘工作面控顶距离不符合作业规程的规定,或者有支架损坏,或者伞檐超过规定。 (2) 爆破地点附近 20 m 以内风流中甲烷浓度达到或者超过 1.0%。 (3) 在爆破地点 20 m 以内,矿车、未清除的煤(矸)或者其他物体堵塞巷道断面 1/3 以上。 (4) 炮眼内发现异状、温度骤高骤低、有显著瓦斯涌出、煤岩松散、透老空区等情况。 (5) 采掘工作面风量不足	中	井下爆破工
				12. 处理卡在溜煤(矸)眼中的煤、矸时,如果确无爆破以外的其他方法,可爆破处理,但必须遵守下列规定: (1) 爆破前检查溜煤(矸)眼内堵塞部位的上部和下部空间的瓦斯浓度。 (2) 爆破前必须洒水。 (3) 使用用于溜煤(矸)眼的煤矿许用刚性被筒炸药,或者不低于该安全等级的煤矿许用炸药。 (4) 每次爆破只准使用 1 个煤矿许用电雷管,最大装药量不得超过 450 g	中	井下爆破工
	十一、爆炸物品清退	其他	退送爆炸物品存在未清点数量导致爆炸物品丢失的风险	爆炸物品现场用量必须在当班下班之前,经当班班组长,在清退单上签字后,井下爆破工亲自退库,井下火工品库管工按清退单查收,清点剩余爆炸材料并核准无误后,台账登记签字,做到现场账目统一	小	井下火工品库管工

表 6-2(续)

监管主体	作用点	作用方向	作用方向上的风险	作用时间或者环境	作用力大小	监管对象
火工品监管人员	十二、处理拒爆、残爆	爆破	处理拒爆、残爆期间存在爆破伤人的风险	1. 通电以后拒爆时，爆破工必须先取下把手或者钥匙，并将爆破母线从电源上摘下，扭结成短路；再等待一定时间（使用瞬发电雷管，至少等待 5 min；使用延期电雷管，至少等待 15 min），才可沿线路检查，找出拒爆的原因	大	井下爆破工
				2. 处理拒爆、残爆时，应当在班组长指导下进行，并在当班处理完毕。如果当班未能完成处理工作，当班爆破工必须在现场向下一班爆破工交接清楚	中	井下爆破工
				3. 处理拒爆时，必须遵守下列规定： （1）由于连线不良造成的拒爆，可重新连线起爆。 （2）在距拒爆炮眼 0.3 m 以外另打与拒爆炮眼平行的新炮眼，重新装药起爆。 （3）严禁用镐刨或者从炮眼中取出原放置的起爆药卷，或者从起爆药卷中拉出电雷管。不论有无残余炸药，严禁将炮眼残底继续加深；严禁使用打孔的方法往外掏药；严禁使用压风吹拒爆、残爆炮眼。 （4）处理拒爆的炮眼爆炸后，爆破工必须详细检查炸落的煤、矸，收集未爆的电雷管。 （5）在拒爆处理完毕以前，严禁在该地点进行与处理拒爆无关的工作	大	井下爆破工

表 6-3　基于安监力作用的煤矿岗位作业活动的监管细则

监管主体	作用点	作用方向	作用方向上的风险	作用时间或者环境	作用力大小	监管对象
瓦斯检测员及相关安监员	一、开机前检查	冒顶片帮	巷道存在冒顶片帮伤人的风险	1. 矿井回风立井中甲烷或者二氧化碳浓度超过 0.75%时，必须立即查明原因，进行处理	大（重大风险）	瓦斯抽放打钻工
		瓦斯爆炸	瓦斯存在浓度超限导致瓦斯爆炸的风险	2. 瓦斯检查工对回风立井瓦斯浓度每天至少检查 1 次	大	瓦斯抽放打钻工

表 6-3(续)

监管主体	作用点	作用方向	作用方向上的风险	作用时间或者环境	作用力大小	监管对象
瓦斯检测员及相关安监员	二、设备安装	机械伤害	移设平台时存在伤人的风险	矿井总回风巷或者一翼回风巷中甲烷浓度超过 0.75%、采区回风巷甲烷超过 1%时，必须立即查明原因，进行处理	大（重大风险）	瓦斯抽放打钻工
		物体打击	设备安装期间存在物体打击伤人的风险	瓦斯检查工对回风系统巷瓦斯浓度每天至少检查 1 次	大	瓦斯抽放打钻工
	三、打钻作业	瓦斯爆炸	打钻作业期间存在瓦斯超限导致瓦斯爆炸的风险	1. 进风隅角空顶面积不得超过 10 m^2	大（重大风险）	瓦斯抽放打钻工
				2. 瓦斯检查工对进风隅角瓦斯浓度每班至少检查 3 次		瓦斯抽放打钻工
				3. 进风隅角悬挂便携式甲烷检测报警仪		瓦斯抽放打钻工
				4. 架间安设风管防止背风角瓦斯积聚	大（重大风险）	瓦斯抽放打钻工
				5. 瓦斯检查工对架间瓦斯浓度每班至少检查 1 次		瓦斯抽放打钻工
		物体打击	打钻作业期间存在物体打击伤人的风险	1. 拖缆架下安设风管防止底板瓦斯涌出，造成瓦斯浓度异常	重大风险	瓦斯抽放打钻工
				2. 瓦斯检查工对拖缆架下瓦斯浓度每班至少检查 1 次		瓦斯抽放打钻工
		机械伤害	打钻作业期间存在机械伤人的风险	1. 采煤机必须设置甲烷断电仪或者便携式甲烷检测报警仪	大（重大风险）	瓦斯抽放打钻工
				2. 采煤机周围 20 m 范围风流中的瓦斯浓度达到 1.5%时，必须停止工作，切断电源，撤出人员，进行处理	大	瓦斯抽放打钻工

表 6-3(续)

监管主体	作用点	作用方向	作用方向上的风险	作用时间或者环境	作用力大小	监管对象
工作面及巷道安监员	四、停机	机械伤害	停机操作未停电闭锁，存在钻机伤人的风险	瓦斯检查工对采煤机瓦斯浓度每班至少检查 1 次	大	瓦斯抽放打钻工
	一、作业前检查	冒顶片帮	巷道存在冒顶片帮伤人的风险	回风隅角空顶面积不得超过 10 m^2	大(重大风险)	瓦斯抽放封孔工
		瓦斯爆炸	瓦斯存在浓度超限导致瓦斯爆炸的风险	1. 瓦斯检查工对回风隅角瓦斯浓度每班至少检查 3 次 2. 回风隅角悬挂甲烷传感器和便携式甲烷检测报警仪，甲烷传感器要垂直悬挂，距顶板(顶梁)不大于 300 mm，距巷道侧壁不小于 200 mm，报警浓度为 1%	大	瓦斯抽放封孔工
	二、封孔过程中	机械伤害	封孔注浆机存在故障处理不当导致机械绞伤人的风险	1. 定期安检	小	瓦斯抽放封孔工
				2. 采煤机必须安装内、外喷雾装置。割煤时必须喷雾降尘，内喷雾工作压力不得小于 2 MPa，外喷雾工作压力不得小于 4 MPa，喷雾流量应当与机型相匹配。无水或者喷雾装置不能正常使用时必须停机。破碎机必须安装防尘罩和喷雾装置或者除尘器	大(重大风险)	瓦斯抽放封孔工
		物体打击	封孔注浆存在连接管不完好，导致崩伤作业人员的风险	1. 液压支架必须安装喷雾装置，降柱、移架时同步喷雾	大(重大风险)	瓦斯抽放封孔工
				2. 工作面每完成一个循环必须对工作面及隅角进行一次冲洗	大(重大风险)	瓦斯抽放封孔工
				3. 必须及时清除巷道中的浮煤，清扫、冲洗沉积煤尘或者定期撒布岩粉	大(重大风险)	瓦斯抽放封孔工
				4. 检查静压水管、截止阀等无跑冒滴漏现象		瓦斯抽放封孔工
				5. 粉尘中游离 SiO_2 含量<10%，粉尘监测应当采用定点监测、个体监测方法		瓦斯抽放封孔工

表 6-3(续)

监管主体	作用点	作用方向	作用方向上的风险	作用时间或者环境	作用力大小	监管对象
工作面及巷道安监员	二、封孔过程中	瓦斯爆炸	封孔作业存在验孔、清孔，封孔不严导致瓦斯爆炸的风险	1. 工作面、回风流甲烷超过 1%时，必须立即查明原因，进行处理	大(重大风险)	瓦斯抽放封孔工
				2. 瓦斯检查工对回风流瓦斯浓度每班至少检查 3 次		瓦斯抽放封孔工
				3. 工作面迎头悬挂甲烷传感器和便携式甲烷检测报警仪，甲烷传感器要垂直悬挂，距顶板(顶梁)不大于 300 mm，距巷道侧壁不小于 200 mm，报警浓度为 1%		瓦斯抽放封孔工
				4. 综掘机必须设置甲烷断电仪或者便携式甲烷检测报警仪	大(重大风险)	瓦斯抽放封孔工
		中毒和窒息	封孔作业时存在钻孔瓦斯喷出导致人员中毒和窒息的风险	1. 综掘机周围 20 m 范围风流中的瓦斯浓度达到 1.5%时，必须停止工作，切断电源，撤出人员，进行处理		瓦斯抽放封孔工
				2. 瓦斯检查工对综掘机瓦斯浓度每班至少检查 1 次		瓦斯抽放封孔工
		其他	抬运物料期间存在作业人员摔伤的风险	1. 必须及时清除巷道中的浮煤，清扫、冲洗沉积煤尘或者定期撒布岩粉	大(重大风险)	瓦斯抽放封孔工
				2. 除尘风机完好，本体、风筒无损伤，机载喷雾完好		瓦斯抽放封孔工
瓦斯检测员及相关安监员	三、抽放管路安装	瓦斯爆炸	抽放管路安装时存在火花导致瓦斯爆炸的风险	检查静压水管、截止阀等无跑冒滴漏现象		瓦斯抽放封孔工
		其他	抬运抽放管路存在人员滑倒或管路砸伤的风险	综掘机必须安装内、外喷雾装置。割煤时必须喷雾降尘，内喷雾工作压力不得小于 2 MPa，外喷雾工作压力不得小于 4 MPa，喷雾流量应当与机型相匹配。无水或者喷雾装置不能正常使用时必须停机	大(重大风险)	瓦斯抽放封孔工
			抬运抽放管路存在人员滑倒或管路砸伤的风险	爆破作业地点 20 m 范围内及回风流甲烷超过 1%时，必须立即查明原因，进行处理	大(重大风险)	瓦斯抽放封孔工

表 6-3(续)

监管主体	作用点	作用方向	作用方向上的风险	作用时间或者环境	作用力大小	监管对象
瓦斯检测员及相关安监员	三、抽放管路安装	其他	抬运抽放管路存在人员滑倒或管路砸伤的风险	瓦斯检查工对回风流瓦斯浓度每班至少检查 3 次	中	瓦斯抽放封孔工
			抽放管路对接合口存在管路夹伤人员的风险	1. 工作面迎头悬挂甲烷传感器和便携式甲烷检测报警仪，甲烷传感器要垂直悬挂，距顶板(顶梁)不大于 300 mm，距巷道侧壁不小于 200 mm，报警浓度为 1%	中	瓦斯抽放封孔工
				2. 必须及时清除巷道中的浮煤，清扫、冲洗沉积煤尘或者定期撒布岩粉	大(重大风险)	瓦斯抽放封孔工
		物体打击	抽放管路吊、装期间存在管路砸伤作业人员的风险	1. 检查静压水管、截止阀等无跑冒滴漏现象	中	瓦斯抽放封孔工
				2. 粉尘中游离 SiO_2 含量<10%，粉尘监测应当采用定点监测、个体监测方法	大	瓦斯抽放封孔工
				3. 地面泵房内电气设备、照明和其他电气仪表都应当采用矿用防爆型；否则必须采取安全措施	大(重大风险)	瓦斯抽放封孔工
				4. 泵房必须有直通矿调度室的电话和安设检测管道瓦斯浓度、流量、压力等参数的仪表或者自动监测系统	中	瓦斯抽放封孔工
				5. 抽采瓦斯泵站放空管的高度应当超过泵房房顶 3 m	中	瓦斯抽放封孔工
				6. 抽放管路必须装设有防回火、防回流和防爆炸作用的安全装置	大(重大风险)	瓦斯抽放封孔工
				7. 瓦斯抽采泵站司机每天对管路进行巡查	中	瓦斯抽放封孔工
				8. 抽采管路应当安设一氧化碳、甲烷、温度传感器，实现实时监测监控。安全仪器监测工对甲烷传感器每 15 天调校一次	中	瓦斯抽放封孔工

表 6-3(续)

监管主体	作用点	作用方向	作用方向上的风险	作用时间或者环境	作用力大小	监管对象
瓦斯检测员及相关安监员	三、抽放管路安装	高处坠落	登高作业期间存在作业人员高处坠落摔伤的风险	1. 井上下敷设的瓦斯管路,不得与带电物体接触并应当有防止砸坏管路的措施		瓦斯抽放封孔工
				2. 每个密闭墙附近必须设置栅栏、警标,禁止人员入内,并悬挂说明牌	大(重大风险)	瓦斯抽放封孔工
				3. 定期测定和分析密闭墙内的气体成分和空气温度	中	瓦斯抽放封孔工
				4. 定期检查密闭墙外的空气温度、瓦斯浓度,密闭墙内外空气压差以及密闭墙墙体。发现封闭不严、有其他缺陷或者火区有异常变化时,必须采取措施及时处理	小	瓦斯抽放封孔工
	四、抽放管路拆除	瓦斯爆炸	拆除抽放管路期间存在瓦斯浓度超限导致瓦斯爆炸的风险	1. 所有测定和检查结果,必须记入防火记录簿	小	瓦斯抽放封孔工
				2. 矿井做大幅度风量调整时,应当测定密闭墙内的气体成分和空气温度	小	瓦斯抽放封孔工
				3. 每个密闭墙附近必须设置栅栏、警标,禁止人员入内,并悬挂说明牌	大(重大风险)	瓦斯抽放封孔工
				4. 定期测定和分析密闭墙内的气体成分和空气温度	小	瓦斯抽放封孔工
				5. 定期检查密闭墙外的空气温度、瓦斯浓度,密闭墙内外空气压差以及密闭墙墙体。发现封闭不严、有其他缺陷或者火区有异常变化时,必须采取措施及时处理	小	瓦斯抽放封孔工
				6. 所有测定和检查结果,必须记入防火记录簿	小	瓦斯抽放封孔工
		物体打击	拆除抽放管路期间存在管路砸伤人员的风险	矿井做大幅度风量调整时,应当测定密闭墙内的气体成分和空气温度	小	瓦斯抽放封孔工

表 6-3(续)

监管主体	作用点	作用方向	作用方向上的风险	作用时间或者环境	作用力大小	监管对象
瓦斯检测员及相关安监员	五、管路巡查	瓦斯爆炸	抽放管路存在瓦斯浓度超限导致瓦斯爆炸的风险	矿井做大幅度风量调整时，应当测定密闭墙内的气体成分和空气温度	小	瓦斯抽放封孔工

表 6-4　基于安监力作用的煤矿矿长的监管细则

监管主体	作用点	作用方向	作用方向上的风险	作用时间或者环境	作用力大小	监管对象
监察机构、监管部门、集团公司负责安全的领导	2# 回风立井：瓦斯	瓦斯浓度	瓦斯爆炸	1. 矿井回风立井中甲烷或者二氧化碳浓度超过 0.75%时，必须立即查明原因，进行处理	大	瓦斯检查工
				2. 瓦斯检查工对回风立井瓦斯浓度每天至少检查 1 次	大	瓦斯检查工
	南总回风系统巷：瓦斯	瓦斯浓度	瓦斯爆炸	1. 矿井总回风巷或者一翼回风巷中甲烷浓度超过 0.75%、采区回风巷甲烷超过 1%时，必须立即查明原因，进行处理	大	瓦斯检查工
				2. 瓦斯检查工对回风系统巷瓦斯浓度每天至少检查 1 次	大	瓦斯检查工
	综采工作面：瓦斯	进风隅角	瓦斯爆炸	1. 进风隅角空顶面积不得超过 10 m^2	大	区队
				2. 瓦斯检查工对进风隅角瓦斯浓度每班至少检查 3 次	大	瓦斯检查工
				3. 进风隅角悬挂便携式甲烷检测报警仪	大	瓦斯检查工
		架间	瓦斯爆炸	1. 架间安设风管防止背风角瓦斯积聚	大	瓦斯检查工
				2. 瓦斯检查工对架间瓦斯浓度每班至少检查 1 次	大	瓦斯检查工
		拖缆架下	瓦斯爆炸	1. 拖缆架下安设风管防止底板瓦斯涌出，造成瓦斯浓度异常	大	瓦斯检查工
				2. 瓦斯检查工对拖缆架下瓦斯浓度每班至少检查 1 次	大	瓦斯检查工
		采煤机	瓦斯爆炸	1. 采煤机必须设置甲烷断电仪或者便携式甲烷检测报警仪	大	瓦斯检查工
				2. 采煤机周围 20 m 范围风流中的瓦斯浓度达到 1.5%时，必须停止工作，切断电源，撤出人员，进行处理	大	瓦斯检查工
				3. 瓦斯检查工对采煤机瓦斯浓度每班至少检查 1 次	大	瓦斯检查工

表 6-4(续)

监管主体	作用点	作用方向	作用方向上的风险	作用时间或者环境	作用力大小	监管对象
监察机构、监管部门、集团公司负责安全的领导	综采工作面：瓦斯	回风隅角	瓦斯爆炸	1. 回风隅角空顶面积不得超过 10 m^2	大	区队
				2. 瓦斯检查工对回风隅角瓦斯浓度每班至少检查 3 次	大	瓦斯检查工
				3. 回风隅角悬挂甲烷传感器和便携式甲烷检测报警仪，甲烷传感器要垂直悬挂，距顶板（顶梁）不大于 300 mm，距巷道侧壁不小于 200 mm，报警浓度为 1%	大	瓦斯检查工
		采煤机	煤尘爆炸	采煤机必须安装内、外喷雾装置。割煤时必须喷雾降尘，内喷雾工作压力不得小于 2 MPa，外喷雾工作压力不得小于 4 MPa，喷雾流量应当与机型相匹配。无水或者喷雾装置不能正常使用时必须停机。破碎机必须安装防尘罩和喷雾装置或者除尘器	大	区队
		液压支架	煤尘爆炸	液压支架必须安装喷雾装置，降柱、移架时同步喷雾	大	区队
		煤尘含量	煤尘爆炸	工作面每完成一个循环必须对工作面及隅角进行一次冲洗	大	区队
	综采胶带运输顺槽：煤尘	煤尘含量	煤尘爆炸	1. 必须及时清除巷道中的浮煤，清扫、冲洗沉积煤尘或者定期撒布岩粉	大	矿井防尘工
				2. 检查静压水管、截止阀等无跑冒滴漏现象	大	矿井防尘工
				3. 粉尘中游离 SiO_2 含量<10%，粉尘监测应当采用定点监测、个体监测方法	大	
	综掘工作面：瓦斯	瓦斯浓度	瓦斯爆炸	1. 工作面、回风流甲烷超过 1%时，必须立即查明原因，进行处理	大	瓦斯检查工
				2. 瓦斯检查工对回风流瓦斯浓度每班至少检查 3 次	大	瓦斯检查工
				3. 工作面迎头悬挂甲烷传感器和便携式甲烷检测报警仪，甲烷传感器要垂直悬挂，距顶板（顶梁）不大于 300 mm，距巷道侧壁不小于 200 mm，报警浓度为 1%	大	瓦斯检查工
		综掘机	瓦斯爆炸	1. 综掘机必须设置甲烷断电仪或者便携式甲烷检测报警仪	大	瓦斯检查工
				2. 综掘机周围 20 m 范围风流中的瓦斯浓度达到 1.5%时，必须停止工作，切断电源，撤出人员，进行处理	大	瓦斯检查工
				3. 瓦斯检查工对综掘机瓦斯浓度每班至少检查 1 次	大	瓦斯检查工

表 6-4(续)

监管主体	作用点	作用方向	作用方向上的风险	作用时间或者环境	作用力大小	监管对象
监察机构、监管部门、集团公司负责安全的领导	综掘工作面：煤尘	煤尘含量	煤尘爆炸	1. 必须及时清除巷道中的浮煤，清扫、冲洗沉积煤尘或者定期撒布岩粉	大	矿井防尘工
				2. 除尘风机完好，本体、风筒无损伤，机载喷雾完好	大	区队
				3. 检查静压水管、截止阀等无跑冒滴漏现象	大	矿井防尘工
		综掘机	煤尘爆炸	综掘机必须安装内、外喷雾装置。割煤时必须喷雾降尘，内喷雾工作压力不得小于 2 MPa，外喷雾工作压力不得小于 4 MPa，喷雾流量应当与机型相匹配。无水或者喷雾装置不能正常使用时必须停机	大	区队
	炮掘工作面：瓦斯	瓦斯浓度	瓦斯爆炸	1. 爆破作业地点 20 m 范围内及回风流甲烷超过 1%时，必须立即查明原因，进行处理	大	瓦斯检查工
				2. 瓦斯检查工对回风流瓦斯浓度每班至少检查 3 次	大	瓦斯检查工
				3. 工作面迎头悬挂甲烷传感器和便携式甲烷检测报警仪，甲烷传感器要垂直悬挂，距顶板(顶梁)不大于 300 mm，距巷道侧壁不小于 200 mm，报警浓度为 1%	大	瓦斯检查工
	炮掘工作面：煤尘	煤尘含量	煤尘爆炸	1. 必须及时清除巷道中的浮煤，清扫、冲洗沉积煤尘或者定期撒布岩粉	大	矿井防尘工
				2. 检查静压水管、截止阀等无跑冒滴漏现象	大	矿井防尘工
				3. 粉尘中游离 SiO_2 含量<10%，粉尘监测应当采用定点监测、个体监测方法	大	
	地面抽放泵站：瓦斯抽放系统	瓦斯抽放泵	瓦斯爆炸	1. 地面泵房内电气设备、照明和其他电气仪表都应当采用矿用防爆型；否则必须采取安全措施	大	瓦斯抽采泵站司机
				2. 泵房必须有直通矿调度室的电话和安设检测管道瓦斯浓度、流量、压力等参数的仪表或者自动监测系统	大	瓦斯抽采泵站司机
				3. 抽采瓦斯泵站放空管的高度应当超过泵房房顶 3 m	大	瓦斯抽采泵站司机

表 6-4(续)

监管主体	作用点	作用方向	作用方向上的风险	作用时间或者环境	作用力大小	监管对象
监察机构、监管部门、集团公司负责安全的领导	地面抽放泵站:瓦斯抽放系统	抽放管路	瓦斯爆炸	1. 抽放管路必须装设有防回火、防回流和防爆炸作用的安全装置	大	瓦斯抽采泵站司机
				2. 瓦斯抽采泵站司机每天对管路进行巡查	大	瓦斯抽采泵站司机
				3. 抽采管路应当安设一氧化碳、甲烷、温度传感器,实现实时监测监控。安全仪器监测工对甲烷传感器每 15 天调校一次	大	安全仪器监测工
				4. 井上下敷设的瓦斯管路,不得与带电物体接触并应当有防止砸坏管路的措施	大	瓦斯抽采作业工
	采空区:通防设施	密闭墙	瓦斯爆炸、中毒和窒息	1. 每个密闭墙附近必须设置栅栏、警标,禁止人员入内,并悬挂说明牌	大	瓦斯检查工
				2. 定期测定和分析密闭墙内的气体成分和空气温度	大	瓦斯检查工
				3. 定期检查密闭墙外的空气温度、瓦斯浓度,密闭墙内外空气压差以及密闭墙墙体。发现封闭不严、有其他缺陷或者火区有异常变化时,必须采取措施及时处理	大	瓦斯检查工
				4. 所有测定和检查结果,必须记入防火记录簿	大	瓦斯检查工
				5. 矿井做大幅度风量调整时,应当测定密闭墙内的气体成分和空气温度	大	瓦斯检查工
	采空区:火	自然发火	火灾	1. 每个密闭墙附近必须设置栅栏、警标,禁止人员入内,并悬挂说明牌	大	瓦斯检查工
				2. 定期测定和分析密闭墙内的气体成分和空气温度	大	瓦斯检查工
				3. 定期检查密闭墙外的空气温度、瓦斯浓度,密闭墙内外空气压差以及密闭墙墙体。发现封闭不严、有其他缺陷或者火区有异常变化时,必须采取措施及时处理	大	瓦斯检查工

表 6-4(续)

监管主体	作用点	作用方向	作用方向上的风险	作用时间或者环境	作用力大小	监管对象
监察机构、监管部门、集团公司负责安全的领导	采空区:火	自然发火	火灾	4. 所有测定和检查结果,必须记入防火记录簿	大	瓦斯检查工
				5. 矿井做大幅度风量调整时,应当测定密闭墙内的气体成分和空气温度	大	瓦斯检查工

表 6-5 基于安监力作用的矿总工程师(通风系统)的监管细则

监管主体	作用点	作用方向	作用方向上的风险	作用时间或者环境	作用力大小	监管对象
矿总工程师、相关安检部门及安监员	2# 回风立井,瓦斯	瓦斯浓度	瓦斯爆炸	矿井总回风巷或者一翼回风巷中甲烷或者二氧化碳浓度超过 0.75% 时,必须立即查明原因,进行处理	大	瓦斯检查工
				瓦斯检查工对回风立井瓦斯浓度每天至少检查 1 次	大	瓦斯检查工
	南总回风巷,瓦斯	瓦斯浓度		矿井总回风巷或者一翼回风巷中甲烷浓度超过 0.75%、采区回风巷甲烷超过 1%时,必须立即查明原因,进行处理	大	瓦斯检查工
				瓦斯检查工对回风系统巷瓦斯浓度每天至少检查 1 次	大	瓦斯检查工
	综采工作面,瓦斯	进风隅角		进风隅角空顶面积不得超过 10 m^2	大	区队
				瓦斯检查工对进风隅角瓦斯浓度每班至少检查 3 次	大	瓦斯检查工
				进风隅角悬挂便携式甲烷检测报警仪	大	瓦斯检查工
		架间		架间安设风管防止背风角瓦斯积聚	大	瓦斯检查工
				瓦斯检查工对架间瓦斯浓度每班至少检查 1 次	大	瓦斯检查工
		拖缆架下		拖缆架下安设风管防止底板瓦斯涌出,造成瓦斯浓度异常	大	瓦斯检查工
				瓦斯检查工对拖缆架下瓦斯浓度每班至少检查 1 次	大	瓦斯检查工
		采煤机		采煤机必须设置甲烷断电仪或者便携式甲烷检测报警仪	大	瓦斯检查工
				采煤机周围 20 m 范围风流中的瓦斯浓度达到 1.5%时,必须停止工作,切断电源,撤出人员,进行处理	大	瓦斯检查工
				瓦斯检查工对采煤机瓦斯浓度每班至少检查 1 次	大	瓦斯检查工

表 6-5(续)

监管主体	作用点	作用方向	作用方向上的风险	作用时间或者环境	作用力大小	监管对象
矿总工程师、相关安检部门及安监员	综采工作面,瓦斯	回风隅角	瓦斯爆炸	回风隅角空顶面积不得超过 10 m^2	大	区队
				瓦斯检查工对回风隅角瓦斯浓度每班至少检查 3 次	大	瓦斯检查工
				回风隅角悬挂甲烷传感器和便携式甲烷检测报警仪,甲烷传感器要垂直悬挂,距顶板(顶梁)不大于 300 mm,距巷道侧壁不小于200 mm,报警浓度为 1%	大	瓦斯检查工
	综采工作面,煤尘	采煤机	煤尘爆炸	采煤机必须安装内、外喷雾装置。割煤时必须喷雾降尘,内喷雾工作压力不得小于 2 MPa,外喷雾工作压力不得小于 4 MPa,喷雾流量应当与机型相匹配。无水或者喷雾装置不能正常使用时必须停机。破碎机必须安装防尘罩和喷雾装置或者除尘器	大	区队
		液压支架	煤尘爆炸	液压支架必须安装喷雾装置,降柱、移架时同步喷雾	大	区队
		煤尘含量	煤尘爆炸	工作面每完成一个循环必须对工作面及隅角进行一次冲洗	大	区队
	综采工作面,火	工作面	火灾	1. 建立健全矿井防灭火系统,做好注氮泵日常检查维护,每周进行试验,确保注氮泵时刻处于完好状态	中	区队
				2. 工作面配备喷洒阻化设备,根据自燃发火观测情况采取相应措施	中	区队
				3. 开展采空区自燃发火观测工作,利用采空区布置的束管每天采样进行分析,每周人工进行采样分析,一旦采空区出现 CO 时,及时对采空区进行注氮直至 CO 消失	中	区队
				4. 工作面每 10 架配备 1 台灭火器,并定期检查和更换	中	区队
	综采胶带运输顺槽,煤尘	煤尘含量	煤尘爆炸	1. 必须及时清除巷道中的浮煤,清扫、冲洗沉积煤尘或者定期撒布岩粉	大	矿井防尘工
				2. 检查静压水管、截止阀等无跑冒滴漏现象	大	矿井防尘工
				3. 粉尘中游离 SiO_2 含量<10%,粉尘监测应当采用定点监测、个体监测方法	大	矿井防尘工

表 6-5(续)

监管主体	作用点	作用方向	作用方向上的风险	作用时间或者环境	作用力大小	监管对象
矿总工程师、相关安检部门及安监员	综掘工作面,瓦斯	瓦斯浓度	瓦斯爆炸	1. 工作面、回风流甲烷超过 1%时,必须立即查明原因,进行处理	大	瓦斯检查工
				2. 瓦斯检查工对回风流瓦斯浓度每班至少检查 3 次	大	瓦斯检查工
				3. 工作面迎头悬挂甲烷传感器和便携式甲烷检测报警仪,甲烷传感器要垂直悬挂,距顶板(顶梁)不大于 300 mm,距巷道侧壁不小于 200 mm,报警浓度为 1%	大	瓦斯检查工
		综掘机	瓦斯爆炸	1. 综掘机必须设置甲烷断电仪或者便携式甲烷检测报警仪	大	瓦斯检查工
				2. 综掘机周围 20 m 范围风流中的瓦斯浓度达到 1.5%时,必须停止工作,切断电源,撤出人员,进行处理	大	瓦斯检查工
				3. 瓦斯检查工对综掘机瓦斯浓度每班至少检查 1 次	大	瓦斯检查工
	综掘工作面,煤尘	煤尘含量	煤尘爆炸	1. 必须及时清除巷道中的浮煤,清扫、冲洗沉积煤尘或者定期撒布岩粉	大	矿井防尘工
				2. 除尘风机完好,本体、风筒无损伤,机载喷雾完好	大	区队
				3. 检查静压水管、截止阀等无跑冒滴漏现象	大	矿井防尘工
		综掘机	煤尘爆炸	综掘机必须安装内、外喷雾装置。割煤时必须喷雾降尘,内喷雾工作压力不得小于 2 MPa,外喷雾工作压力不得小于 4 MPa,喷雾流量应当与机型相匹配。无水或者喷雾装置不能正常使用时必须停机	大	区队
	炮掘工作面,瓦斯	瓦斯浓度	瓦斯爆炸	1. 爆破作业地点 20 m 范围内及回风流甲烷超过 1%时,必须立即查明原因,进行处理	大	瓦斯检查工
				2. 瓦斯检查工对回风流瓦斯浓度每班至少检查 3 次	大	瓦斯检查工
				3. 工作面迎头悬挂甲烷传感器和便携式甲烷检测报警仪,甲烷传感器要垂直悬挂,距顶板(顶梁)不大于 300 mm,距巷道侧壁不小于 200 mm,报警浓度为 1%	大	瓦斯检查工

表 6-5(续)

监管主体	作用点	作用方向	作用方向上的风险	作用时间或者环境	作用力大小	监管对象
矿总工程师、相关安检部门及安监员	炮掘工作面，煤尘	煤尘含量	煤尘爆炸	1. 必须及时清除巷道中的浮煤，清扫、冲洗沉积煤尘或者定期撒布岩粉	大	矿井防尘工
				2. 检查静压水管、截止阀等无跑冒滴漏现象	大	矿井防尘工
				3. 粉尘中游离 SiO_2 含量＜10%，粉尘监测应当采用定点监测、个体监测方法	大	矿井防尘工
	井下爆破材料库	火药、雷管	其他爆炸	1. 任何人员不得携带矿灯进入井下爆炸物品库房内。库内照明设备或者线路发生故障时，检修人员可以在库房管理人员的监护下使用带绝缘套的矿灯进入库内工作	中	井下火工品库管
				2. 井下爆炸物品库的最大贮存量，不得超过矿井 3 天的炸药需要量和 10 天的电雷管需要量；井下爆炸物品库的炸药和电雷管必须分开贮存，每个硐室贮存的炸药量不得超过 2 t，电雷管不得超过 10 天的需要量；每个壁槽贮存的炸药量不得超过 400 kg，电雷管不得 2 天的需要量；库房的发放爆炸物品硐室允许存放当班待发的炸药，最大存放量不得超过 3 箱；发放硐室爆炸物品的贮存量不得超过 1 天的需要量，其中炸药量不得超过 400 kg	中	井下火工品库管
				3. 井下爆炸物品库必须采用矿用防爆型（矿用增安型除外）照明设备，照明线必须使用阻燃电缆，电压不得超过 127 V。严禁在贮存爆炸物品的硐室或者壁槽内安设照明设备	中	井下火工品库管
				4. 发放的爆炸物品必须是有效期内的合格产品，并且雷管应当严格按同一厂家和同一品种进行发放	中	井下火工品库管
	地面抽放泵站，瓦斯抽放系统	瓦斯抽放泵	瓦斯爆炸	1. 地面泵房内电气设备、照明和其他电气仪表都应当采用矿用防爆型；否则必须采取安全措施	大	瓦斯抽采泵站司机
				2. 泵房必须有直通矿调度室的电话和安设检测管道瓦斯浓度、流量、压力等参数的仪表或者自动监测系统	大	瓦斯抽采泵站司机
				3. 抽采瓦斯泵站放空管的高度应当超过泵房房顶 3 m	大	瓦斯抽采泵站司机

表 6-5(续)

监管主体	作用点	作用方向	作用方向上的风险	作用时间或者环境	作用力大小	监管对象
矿总工程师、相关安检部门及安监员	地面抽放泵站，瓦斯抽放系统	抽放管路	瓦斯爆炸	1. 抽放管路必须装设有防回火、防回流和防爆炸作用的安全装置	大	瓦斯抽采泵站司机
				2. 瓦斯抽采泵站司机每天对管路进行巡查	大	瓦斯抽采泵站司机
				3. 抽采管路应当安设一氧化碳、甲烷、温度传感器，实现实时监测监控。安全仪器监测工对甲烷传感器每 15 天调校一次	大	安全仪器监测工
				4. 井上下敷设的瓦斯管路，不得与带电物体接触并应当有防止砸坏管路的措施	大	瓦斯抽采作业工
	采空区，通防设施	密闭墙	瓦斯爆炸、中毒和窒息	1. 每个密闭墙附近必须设置栅栏、警标，禁止人员入内，并悬挂说明牌	大	瓦斯检查工
				2. 定期测定和分析密闭墙内的气体成分和空气温度	大	瓦斯检查工
				3. 定期检查密闭墙外的空气温度、瓦斯浓度，密闭墙内外空气压差以及密闭墙墙体。发现封闭不严、有其他缺陷或者火区有异常变化时，必须采取措施及时处理	大	瓦斯检查工
				4. 所有测定和检查结果，必须记入防火记录簿	大	瓦斯检查工
				5. 矿井做大幅度风量调整时，应当测定密闭墙内的气体成分和空气温度	大	瓦斯检查工
	采空区，火	自然发火	火灾	1. 每个密闭墙附近必须设置栅栏、警标，禁止人员入内，并悬挂说明牌	大	瓦斯检查工
				2. 定期测定和分析密闭墙内的气体成分和空气温度	大	瓦斯检查工
				3. 定期检查密闭墙外的空气温度、瓦斯浓度，密闭墙内外空气压差以及密闭墙墙体。发现封闭不严、有其他缺陷或者火区有异常变化时，必须采取措施及时处理	大	瓦斯检查工

表 6-5(续)

监管主体	作用点	作用方向	作用方向上的风险	作用时间或者环境	作用力大小	监管对象
矿总工程师、相关安检部门及安监员	采空区,火	自然发火	火灾	4. 所有测定和检查结果,必须记入防火记录簿	大	瓦斯检查工
				5. 矿井做大幅度风量调整时,应当测定密闭墙内的气体成分和空气温度	大	瓦斯检查工

表 6-6 基于安监力作用的地测部门监管细则

监管主体	作用点	作用方向	作用方向上的风险	作用时间或者环境	作用力大小	监管对象
安监员、安检员	综采工作面,水	涌水量	水灾	1. 如果出现异常情况,必须停止作业并汇报调度室	中	安全检查员
				2. 情况危急时必须立即撤出所有受水威胁区域的人员	中	安全检查员
				3. 在安全区域外继续对巷道的积水情况进行观察并采取相应的排水措施	中	安全检查员
	综采胶带运输顺槽,水	涌水量	水灾	1. 如果出现异常情况,必须停止作业并汇报调度室	中	安全检查员
				2. 情况危急时必须立即撤出所有受水威胁区域的人员	中	安全检查员
				3. 在安全区域外继续对巷道的积水情况进行观察并采取相应的排水措施	中	安全检查员
	综采胶带运输顺槽,排水系统	仓容	水灾	1. 队组安排专人负责水仓实施设备的正常运转	中	水泵司机
				2. 水仓进口处应当设置箅子。对水砂充填和其他涌水中带有大量杂质的矿井,还应当设置沉淀池	中	水泵司机
				3. 各水仓的空仓容量应当经常保持在总容量的 50%以上	中	水泵司机
		水泵	水灾	1. 选用与涌(排)水地点相适应能力的水泵,一用一热备,保证水泵供电系统完好	中	水泵司机
				2. 对主用和备用排水泵定期安全检查,有失爆或破损不能正常使用及时升井检修,专人检查、维修排水泵、管路和供电系统	中	水泵司机
		排水管路	水灾	1. 要对排水管路设立检查维护台账并定期检查	中	水泵司机
				2. 定期处理排水管路逆止阀堵塞,确保排水管路畅通,并对排水管路进行统一编号	中	水泵司机

表 6-6(续)

监管主体	作用点	作用方向	作用方向上的风险	作用时间或者环境	作用力大小	监管对象
安监员、安检员	综掘工作面,水	涌水量	水灾	1. 如果出现异常情况,必须停止作业并汇报调度室	中	安全检查员
				2. 情况危急时必须立即撤出所有受水威胁区域的人员	中	安全检查员
				3. 在安全区域外继续对巷道的积水情况进行观察并采取相应的排水措施	中	安全检查员
	综掘工作面,排水系统	仓容	水灾	1. 队组安排专人负责水仓实施设备的正常运转	中	水泵司机
				2. 水仓进口处应当设置箅子。对水砂充填和其他涌水中带有大量杂质的矿井,还应当设置沉淀池	中	水泵司机
				3. 各水仓的空仓容量应当经常保持在总容量的 50%以上	中	水泵司机
		水泵	水灾	1. 选用与涌(排)水地点相适应能力的水泵,一用一热备,保证水泵供电系统完好	中	水泵司机
				2. 对主用和备用排水泵定期安全检查,有失爆或破损不能正常使用及时升井检修,专人检查、维修排水泵、管路和供电系统	中	水泵司机
		排水管路	水灾	1. 要对排水管路设立检查维护台账并定期检查	中	水泵司机
				2. 定期处理排水管路逆止阀堵塞,确保排水管路畅通,并对排水管路进行统一编号	中	水泵司机
	炮掘工作面,水	涌水量	水灾	1. 如果出现异常情况,必须停止作业并汇报调度室	中	安全检查员
				2. 情况危急时必须立即撤出所有受水威胁区域的人员	中	安全检查员
				3. 在安全区域外继续对巷道的积水情况进行观察并采取相应的排水措施	中	安全检查员
	炮掘工作面,排水系统	仓容	水灾	1. 队组安排专人负责水仓实施设备的正常运转	中	水泵司机
				2. 水仓进口处应当设置箅子。对水砂充填和其他涌水中带有大量杂质的矿井,还应当设置沉淀池	中	水泵司机
				3. 各水仓的空仓容量应当经常保持在总容量的 50%以上	中	水泵司机

表 6-6(续)

监管主体	作用点	作用方向	作用方向上的风险	作用时间或者环境	作用力大小	监管对象
安监员、安检员	炮掘工作面，排水系统	水泵	水灾	1. 选用与涌(排)水地点相适应能力的水泵，一用一热备，保证水泵供电系统完好	中	水泵司机
				2. 对主用和备用排水泵定期安全检查，有失爆或破损不能正常使用及时升井检修，专人检查、维修排水泵、管路和供电系统	中	水泵司机
		排水管路	水灾	1. 要对排水管路设立检查维护台账并定期检查	中	水泵司机
				2. 定期处理排水管路逆止阀堵塞，确保排水管路畅通，并对排水管路进行统一编号	中	水泵司机
	中央水泵房，排水系统	水泵	水灾	1. 排水泵房必须采用双电源、双回路、双排水系统	中	水泵司机
				2. 排水泵能力及备用水泵能力必须满足矿井预计最大涌水量，一用一热备	中	水泵司机
				3. 对主用和备用排水泵定期安全检查，有失爆或破损不能正常使用及时升井检修，专人检查、维修排水泵、管路和供电系统	中	水泵司机
		仓容	水灾	1. 机电维运区安排专人负责水仓实施设备的正常运转	中	水泵司机
				2. 水仓进口处应当设置箅子。对水砂充填和其他涌水中带有大量杂质的矿井，还应当设置沉淀池	中	水泵司机
				3. 每年雨季前必须清理 1 次。检修、清理工作应当做好记录，并存档备查	中	水泵司机
				4. 各水仓的空仓容量应当经常保持在总容量的 50%以上	中	水泵司机
		排水管路	水灾	1. 要对排水管路设立检查维护台账并定期检查	中	水泵司机
				2. 定期处理排水管路逆止阀堵塞，确保排水管路畅通，并对排水管路进行统一编号	中	水泵司机

表 6-6(续)

监管主体	作用点	作用方向	作用方向上的风险	作用时间或者环境	作用力大小	监管对象
安监员、安检员	采区水泵房，排水系统	水泵	水灾	1. 排水泵房必须采用双电源、双回路、双排水系统	中	水泵司机
				2. 排水泵能力及备用水泵能力必须满足矿井预计最大涌水量，一用一热备	中	水泵司机
				3. 对主用和备用排水泵定期安全检查，有失爆或破损不能正常使用及时升井检修，专人检查、维修排水泵、管路和供电系统	中	水泵司机
		仓容	水灾	1. 机电维运区安排专人负责水仓实施设备的正常运转	中	水泵司机
				2. 水仓进口处应当设置箅子。对水砂充填和其他涌水中带有大量杂质的矿井，还应当设置沉淀池	中	水泵司机
				3. 每年雨季前必须清理 1 次。检修、清理工作应当做好记录，并存档备查	中	水泵司机
				4. 各水仓的空仓容量应当经常保持在总容量的 50%以上	中	水泵司机
		排水管路	水灾	1. 要对排水管路设立检查维护台账并定期检查	中	水泵司机
				2. 定期处理排水管路逆止阀堵塞，确保排水管路畅通，并对排水管路进行统一编号	中	水泵司机
		仓容	水灾	1. 水仓进口处应当设置箅子。对水砂充填和其他涌水中带有大量杂质的矿井，还应当设置沉淀池	中	无人值守
				2. 每年雨季前必须清理 1 次。检修、清理工作应当做好记录，并存档备查	中	无人值守
				3. 各水仓的空仓容量应当经常保持在总容量的 50%以上	中	无人值守
		排水管路	水灾	定期处理排水管路逆止阀堵塞，确保排水管路畅通	中	无人值守

表 6-7 基于安监力作用的综采队监管细则

监管主体	作用点	作用方向	作用方向上的风险	作用时间或者环境	作用力大小	监管对象
企业安监部	综采工作面，瓦斯	进风隅角	瓦斯爆炸	进风隅角空顶面积不得超过 10 m^2	大	区队
	综采工作面，煤尘	采煤机	煤尘爆炸	采煤机必须安装内、外喷雾装置。割煤时必须喷雾降尘，内喷雾工作压力不得小于 2 MPa，外喷雾工作压力不得小于 4 MPa，喷雾流量应当与机型相匹配。无水或者喷雾装置不能正常使用时必须停机。破碎机必须安装防尘罩和喷雾装置或者除尘器	大	区队
		液压支架	煤尘爆炸	液压支架必须安装喷雾装置，降柱、移架时同步喷雾	大	区队
		煤尘含量	煤尘爆炸	工作面每完成一个循环必须对工作面及隅角进行一次冲洗	大	区队
	综采工作面，单体液压支柱	本体	物体打击	1. 发现单体柱漏液隐患、卸液时，必须马上更换	小	端头支护工
				2. 检查单体柱卡爪有无缺失，柱体有无变形	中	
		三用阀	物体打击	对三用阀紧固情况进行检查，发现问题及时更换	小	端头支护工
		防倒设施	物体打击	防倒设施齐全完好，连接紧固可靠	小	端头支护工
	综采工作面，矿压在线监测系统	液压支架在线监测压力表	其他	对立柱压力表完好情况进行检查，保证电量充足，工作正常	小	矿压监测组、施工单位负责人
	综采工作面，风动机具	风水管路	物体打击	1. 风水管路必须吊挂整齐，有多台风动机具时，必须使用分风器，绝对避免管路互相缠绕、死弯、打结	小	检修工
				2. 检查风水软管的完好情况，有损伤及破口及时更换	小	检修工
		气管接口过滤网	其他	1. 对风管进行吹管处理，将风管内的杂质、水等物体吹出，防止杂物进入对机体产生磨损	小	检修工
				2. 确保气管接口无杂物，气管接口过滤网不能随意拆除，定期清洗	小	检修工
		风水管路接口	物体打击	1. 严格检查风管完好、接头完整及连接可靠，确保不漏风、不漏水	小	检修工
				2. 管路连接使用 U 型卡，严禁使用铁丝代替	小	检修工
		油葫芦	其他	风动机具油葫芦定期加油，确保油量不低于 1/3	小	检修工

表 6-7(续)

监管主体	作用点	作用方向	作用方向上的风险	作用时间或者环境	作用力大小	监管对象
企业安监部	综采工作面，风动机具	消音器	职业病伤害	定期检查风动机具消音器的完好情况，出现问题及时检修更换	小	检修工
		锚杆钻机气腿	其他	定期检查气腿完好情况，若出现裂纹、变形等情况及时更换	小	检修工
		张拉泵油泵	其他	及时补充液压油、1 个月清洗一次滤油器，2 个月清洗一次油箱，并更换新油	小	检修工
		张拉泵气动马达减速箱	其他	气动马达减速箱中应定期注入适量黄油，严禁无油作业	小	检修工
		张拉泵弹头	物体打击	张拉泵弹头必须安设防掉链，且定期检查防掉链完好情况，存在链环变形或开裂，及时更换	小	检修工
	综采工作面，顶板	煤壁区	冒顶片帮	1. 严格执行敲帮问顶制度，顶帮有活矸危岩必须提前摘除后方可生产作业	小	采煤机司机、液压支架工
				2. 严禁将两台或三台支架同时降下	小	液压支架工
				3. 遇顶板破碎情况时，应加强支护，超前拉架	小	液压支架工
				4. 严格控制控顶距，液压支架前探梁支护到位有效。严禁空顶作业	小	液压支架工
				5. 煤壁伞檐不得超规定（伞檐长度超过 1 m 时，其最大突出部分，薄煤层不超过 150 mm，中厚煤层不超过 200 mm；伞檐长度在 1 m 以下时，伞檐最突出部分薄煤层不超过 200 mm；中厚以上煤层不超过 250 mm）	小	采煤机司机、液压支架工
				6. 采煤机司机与拉架工配合作业，拉架紧跟采煤机后滚筒 3～5 架，不得强行截割	小	采煤机司机、液压支架工
				7. 工作面支架倒架、咬架、相邻侧护板高差超过侧护板高度的 2/3，必须立即要求整改	小	液压支架工

表 6-7(续)

监管主体	作用点	作用方向	作用方向上的风险	作用时间或者环境	作用力大小	监管对象
企业安监部	综采工作面，顶板	煤壁区	冒顶片帮	8. 认真观察立柱的压力显示和煤壁的压力显现情况，检查发现连续 10 架以上支架压力超过 40 MPa，必须采取局部快速推进或降架泄液等措施，快速避开压力	小	液压支架工
				9. 泵站压力必须符合要求不低于 30 MPa；液压支架必须接顶严实，并且初撑力不得低于泵站压力的 80%	小	液压支架工
				10. 液压支架工操作完超前支架后，必须检查超前支架与机尾运输机的距离，发现大于 0.8 m 时，必须立即整改	小	液压支架工
		端头	冒顶片帮	1. 严格执行敲帮问顶制度，顶帮有活矸危岩必须提前摘除后方可生产作业	小	端头支护工
				2. 根据回采工作面端头顶板完好情况进行脱锚作业	小	端头支护工
				3. 严禁超循环回撤支护	小	端头支护工
				4. 检查单体液压支柱和超前支架初撑力，发现初撑力不达标及时补液	小	端头支护工
	综采工作面，顶板	隅角	冒顶片帮	1. 隅角切顶线使用两排单体密集支护，间距不大于 300 mm、排距不大于 600 mm	中	端头支护工
				2. 回撤或者支设封口柱时，人员严禁进入采空区作业	小	端头支护工
	综采胶带运输顺槽，矿压在线监测系统	顶板离层仪	冒顶片帮	对离层仪完好情况进行检查，保证电量充足，工作正常	小	矿压监测组、施工单位负责人
		锚杆(索)测力计	冒顶片帮	对锚杆(索)测力计完好情况进行检查，保证电量充足，工作正常	小	矿压监测组、施工单位负责人
	综采胶带运输顺槽，顶板	巷道	冒顶片帮	1. 检查锚杆、锚索有无失效情况；检查有无破网、落渣情况	中	支护工
				2. 检查巷道围岩有无变形情况	小	支护工
				3. 检查矿压监测系统是否正常上传且数据在安全范围内	小	班组长

本章小结

安全监管力一共有五个维度，分别是安全监管力的作用点、作用方向、作用力大小、作用时间及作用环境。在安全监管实践中，监管方可以从这五个维度入手来监管被监管方。为了方便监管方在实践中对安全监管力进行操作，编写了安全监管力的操作手册，这样可以方便监管方在实践中对于安全监管力的使用。由于在安全监管实践中，监管方并不一定对于被监管方实施直接监管，也就是把安全监管力直接作用于被监管方。因此，安全监管力在实际操作中可以分为直接作用于被监管方和间接作用于被监管方两种类型。进一步研究表明，安全监管力直接作用效果未必优于间接作用效果。但要想让安全监管力发挥出最佳效果则首先必须找对作用对象，然后找准安全监管力的作用点及方向，接着需要对安全监管力的作用强度进行优化。过大和过小的安全监管力作用强度都难以收到预期的效果。过大的安全监管力作用强度不仅会造成过度安全监管，造成安全监管资源的浪费，还会让被监管方觉得受到了不公平监管，反而会降低抓安全生产的积极性。同样，过小的安全监管力作用也难以收到预期的效果，不能够引起被监管方对于安全问题的重视，以至于违规行为还可能再次发生。另外，安全监管力的作用效果还取决于监管方将安全监管力作用于被监管方的时机选择及环境。通常被监管方违规行为刚发生后，安全监管力的作用效果会最为显著，而随着时机的推移，安全监管力的作用效果会逐渐弱化。编制安全监管力操作手册有助于监管方掌握安全监管力操作流程，提升安全监管力在安全监管实践中的效果。

第七章

实现我国煤矿安全监管新时代的行动方案及中国煤矿安全监管的新趋势

长期以来，我国能源结构一直以煤炭为主。但在2004年之前，中国煤矿事故一直频发，媒体对煤矿事故的报道在很大程度上加大了社会公众对于煤炭产业的负面印象，这对我国煤炭产业的可持续性发展造成某种不利影响。本章主要讨论在新的制度环境下，安全监管如何变革及落地问题。

第一节　实现煤矿安全生产“零死亡”行动方案

习近平总书记关于“人民至上、生命至上”的重要讲话为全面提升煤矿安全综合治理效能指引了明确方向，也让我们充分认识到实现煤矿生产“零死亡”目标迫切性。当下,我国煤矿生产技术、管理及监管都已经处于世界前列或者领先地位,我国煤炭行业的践行者已经取得世人瞩目的成就。但不可否认,当下中国煤矿生产仍然有偶发性死亡事故,离“零死亡”目标还有一定距离。那么在下一步,煤矿生产安全的研究者及实践者应该针对“零死亡”目标进行全面筹划,把“人民至上,生命至上”的重要讲话真正落到实地。实际上,从证伪的视角来看,当下的“零死亡”目标还没有实现,或者能否实现,研究者和实践者都还无法给出明确答案,但这并不意味着没有答案。实际上,找到这个问题答案的关键是探索出一条实现煤矿安全生产零死亡的行动方案,并付诸实践,逐步实现煤矿生产“零死亡”的目标。无论是从理论逻辑上,还是从实践逻辑中,实现我国矿山生产“零死亡”目标是要通过科学的生产实践,而不是依靠理论上的逻辑演绎,没有煤矿生产实践,就没有煤矿安全管理和安全监管实践,也就没有所谓的煤矿安全治理实践。矿山安全治理实践嵌入煤矿生产实践,并随着煤矿生产效能的提升而提升。我国煤矿安全治理的成功经验告诉我们,事故预防、安全能力的提升是可以通过煤矿生产实践来实现的,即事故的预防可以通过生产实践(行动)来实现。1949 年之后,我国的煤炭产量逐年大幅度提升,而煤矿事故的死亡人数也在大幅度上升。1978～2004 年,我国的煤矿产量趋于稳定,煤矿事故的死亡人数也趋于稳定。而从 2004 年之后,煤矿事故逐渐减少。可以说,我国煤矿事故死亡人数距离零死亡的目标已经越来越近了。

总体上来看,煤矿安全管理及监管者在实现煤矿生产零死亡目标上探索出了一条高效可行的行动路径,也就是实践先行,技术、管理和监管逐步跟进,并通过全面综合治理,提高中国煤矿安全治理水平。实践表明,实现矿山生产的零死亡这个目标需要一个过程。如果经济发展水平没有跟上,人们的观念没有跟上,技术水平没有跟上,企业的安全生产能力没有跟上,监察监管及政府的治理水平没有跟上,要在短时间内实现“零死亡”目标还是有非常大的难度。

在当下中国国情下,提出矿山生产“零死亡”目标有利于提升矿山安全治理效能。实际上,根据能力反馈模型能否实现“零死亡”的目标在很大程度上依赖于矿山安全治理能力与“零死亡”目标之间的关系。随着,中国煤矿安全治理能力的快速提升,煤矿企业的生产和安全能力、监察机构和监管部门的安全治理都在快速提升中,国家实现生产“零死亡”的决心也越来越大,这些因素相互作用使得煤矿安全治理主体与矿山企业实现“零死亡”的决心也越来越大。根据能力反馈模型，如果实现“零死亡”的目标远超过矿山企业的安全能力、监察机构和监管部门的安全治理能力，那么矿山安全治理主体和客体即使下再大的决心也只能是一种口号，根本就实现不了。如果实现“零死亡”的目标与矿山企业的安全能力、监察机构和监管部门的安全治理能力比较接近，这时矿山安全治理主体和客体只要下定决心，持续努力，就很可能在短时间内实现“零死亡”的目标。当前，煤矿安全治理主体和客体在实现煤矿生产零死亡目标的行动方案上已经达成共识，矿山企业及煤矿安全治理主体正在稳步执行相关行动方案。这些实现煤矿生产“零死亡”目标的行动方案主要包括：

(1) 安全监管膨胀(膨胀来源于 expansion，表示加大范围和力度)。

首先，煤矿安全监管膨胀首先表现在煤矿安全监管主体的监管承诺自上而下的升级上，层层加码。当前中国煤矿生产安全形势运行总体上是平稳的、良好的，并且煤矿生产事故数量大幅度下降，但是我国矿山安全治理主体仍然不满足于已经取得的成果，仍然致力于实现中国矿山生产的“零死亡”的行为方案。这与党和政府“人民至上，生命至上”的治国理念密不可分。那么在现有的煤矿生产条件下，该采用什么样的行动方案来实现矿山生产的“零死亡”？实际上，中国煤矿安全治理的主体当下所要解决的关键问题不是找到这些问题的答案，而是用积极的行动来实现“零死亡”的目标，这就推动了安全形势不断向好，安全监管不断膨胀的行动方案的成形和落实。当下，中国煤矿生产能力和安全能力不断提升，煤矿生产安全形势良好，矿山安全治理主体仍然不断提升监管承诺，推动煤矿安全监管的膨胀，主要监管举措包括专项整治三年行动、重大隐患排查、双重预防、提级调查等。而负责行动方案具体落实的则是多个主体，包括监管机构、监管部门、地方党委政府、矿山企业等。总体上来说，矿山安全治理主体通常是给出政策性目标，并不会给出具体的行动方案，具体的行动路径则要依靠矿山企业在实践中探索，并进行优化。另外，煤矿安全监管膨胀还表现在安全监管行动的冗余性上。煤矿企业在上级部门开展的强化安全监管行动中承受了过于频繁的现场检查，企业的正常生产及安全活动也受到了某种程度的影响，有相当数量的现场检查起不到提升煤矿企业安全能力的作用。

(2) 政策拉动。

在过去 20 年，我国煤矿生产从事故频发到逐步下降与政府出台的各种有关煤炭产业的政策有非常大的关系。1949 年之后，中国经济开始加速发展，对于能源需求急剧上升，这个时期的煤炭产业政策基本上是“生产挂帅”，大干快上，产量逐年快速增加，事故死亡人数也快速增加。1978—2004 年，中国迎来了历史性的改革开放，煤炭产量居高，事故死亡人数也很高。2005 年之后，中国在煤炭行业刮起了监管风暴，开启了中国煤矿安全监管的第一波升级，国家出台了一系列的有关煤矿生产安全和产业发展的政策，如《坚决清理纠正国家机关工作人员和国有企业负责人投资入股煤矿的问题》《关于预防煤矿生产安全事故的特别规定》《关于加强煤矿安全生产工作规范企业劳动定员管理的若干指导意见》《关于加强农民工安全生产培训工作的意见》等。这些政策的主要特征是“措施最多、手段最严、查处最有力”，监管效果明显，煤炭产量逐年大幅度上升，煤矿生产事故数量逐年下降。

(3) 科技进步。

在当前的背景下，煤矿安全监管主体应该对现有治理体系进行完善、改进和创新，探索出有中国特色并与中国煤炭产业发展路径高度契合的安全治理机制。近 20 年来，中国的经济、技术及社会发展日新月异。在安全技术上，煤炭产业的生产安全技术已经有了很好的积累，煤矿开采技术和装备制造都已经处于世界的前列或者领先地位。在这种背景下，研发人员应该再接再厉，依托中国煤炭行业的优势地位，在信息化、智能化方面进行创新投入，开发出适合各种地质条件的智能化开采设备，提升了生产效率和安全效能，同时进一步减少直接参与煤矿井下生产活动的人员。由此可见，科技进步仍然是实现煤矿生产“零死亡”目标的行动路径之一。

(4) 综合治理。

随着煤矿安全治理主体对于煤矿安全运行规律认知的不断提升以及监管实践经验的不断积累，煤矿生产条件下单一治理要素的投入所产生的边际效应已经不是非常明显，要想提升中国煤矿安全水平需要推行全面的综合安全治理，充分理顺煤矿生产安全管理、煤矿安全监管、煤矿安全监察及应急管理之间的关系。目前，中国煤矿的生产能力、技术装备水平、安全管理能力、安全监察及监管能力都已经达到了国际先进或者领先水平，只要治理主体能够下定决心，科学筹划实现煤矿生产“零死亡”目标的行动方案，优选实现煤矿生产“零死亡”目标的行动路径，积极探索，大胆实践，一定可以实现煤矿生产“零死亡”的目标。当下煤矿安全综合治理的行动方案主要包括:煤矿生产及安全能力提升,如煤矿生产工艺的机械化、自动化、信息化及智能化升级;安全监察及监管的制度及运行机制的创新等。

总体上来说,在过去近20年,中国煤矿安全治理主体针对煤矿安全问题提出了一个个目标,并制定了多个重大行动方案,推动中国煤矿生产安全上了一个又一个台阶。当下,中国已经全面进入小康社会,党和国家领导人对于安全问题的重视提升到了前所未有的程度。在这种背景下,要真正实现煤矿生产"零死亡",煤矿生产安全治理主体就需要进一步解放思想,创新煤矿安全治理思路,推动煤矿安全治理一体化建设,充分融合煤矿企业、监管部门、监察机构的生产、安全管理、监管能力,融合一体化、智能化、信息化的行动方案。

第二节 树立煤炭产业正面形象的行动方案

长期以来,煤炭一直在我国的能源需求结构中占据着主导地位。我国煤炭产业的发展为经济发展、社会稳定做出了巨大的贡献。煤矿安全生产及治理主体一直致力于生产和安全的效能提升,把煤炭行业打造成一个健康、绿色有吸引力的产业。在这个过程中,党和国家领导人针对煤矿生产的安全问题发表了一系列重要讲话,煤矿安全的治理主体在落实领导的重要讲话过程中制订了一个个切实可行的行动方案,脚踏实地实现了煤矿生产从事故频发到事故偶发的深刻转变。中国煤矿生产背靠先进的生产技术、高效的监管力量、强大的政府领导,无论是煤矿生产能力、安全能力还是监管能力都进入了国际先进或者领先行列,煤矿事故率已经下降到了非常低的水平。尽管如此,中国煤炭行业在社会公众心目中所塑造的形象却并不怎么正面。在公众的印象里,煤矿生产还是事故频发,矿工从事的是极不安全的工作。每次煤矿事故的发生经过新闻媒体报道后都会对煤炭产业形成一定的污名化,加深公众煤炭行业是不安全行业的印象。长期下去,煤炭产业的发展必然会受到影响。因为煤炭行业的健康发展也离不开人力资本、物质资本及金融资本的持续投入，如果煤炭行业长期受到污名化，那么资本、人才的投入都会受到阻碍，那么其也就很难进行可持续性的发展。另外，我们对比相似的风险产业，如交通业、建筑业、渔业及航运业，这些行业也是事故频发，死亡人数甚至远远高于煤炭产业。例如，重大交通事故并没有能够对交通产业产生污名化，但是煤矿的较大事故就可以对煤炭产业产生污名化。当前及未来相当长一段时间，中国都将处于一个非常复杂的国家经济与政治环境中，能源安全是确保国家经济发展稳定的基石。而长期以来，中国能源结构一直以煤炭和石油为主，当下石油已经严重依赖进口，当国际环境出现巨大变化、石油供给受到较大影响时，煤炭的安全供给就会成为保证中国能源需求的关键。

今天，煤炭产业受到事故污名化的影响仍然在持续，这个过程新闻媒体的报道起到了强化作用。例如，《半月内发生3起矿难12人死亡，国家矿监局要求追查根源严肃问责》。这个标题在很大程度上误导了社会公众，"半个月内发生3起矿难"，突出了矿难的频繁性，而没有突出煤矿生产安全状况的巨变。通篇报道基本上都是在强调"煤矿事故的严重性和频繁性"，以及监管部门的严格防控措施，对于煤矿生产安全形势的巨大改变则几乎没有任何着墨。因此，这样的新闻报道很容易就误导了对中国煤矿生产安全状况不了解的社会大众，对于整个煤炭产业、从业人员、监管部门及监察机构产生污名化效应。因此，为了确保中国煤炭产业的健康发展，确保中国能源供给的绝对安全，监管部门、煤矿企业及新闻媒体应该齐心协力，共同推动煤炭产业社会公众形象的转变，把煤炭产业塑造成一个健康、安全、高效和有突出贡献的产业。

煤炭产业的污名化既与本产业自身因素的因素有关，也与长期的新闻媒体宣传有关。要实现煤炭产业发展的去污名化应该从以上两个方面入手来打造相应的行动方案，具体如下：

第一，要有积极的正面的舆论导向。中国媒体似乎对于煤矿事故的报道有一种偏好。在矿难频繁的年代，媒体热衷于报道，在今天，矿难只是偶发的时代，媒体还是热衷于报道。中国媒体有关煤矿事故报道在很大程度上对于公众造成了一定的误导，它们只是突出了煤矿事故的频繁性、严重性、血腥性，对于中国煤矿安全形势的持续性、根本性的好转则着墨甚少。以至于今天的社会公众，特别是年轻一代的社会公众会认为煤矿生产是非常不安全、落后和不健康的。实际上，今天的煤矿生产与20年前，即使是与10年前相比也出现了根本性的好转。在2000年前后，中国的煤矿事故每年死亡人数在7 000人上下，而到2014年前后，这个数据已经下降到200～300人，而煤炭年产量则从2014年前后的10亿t上升到当下的40亿t上下。即使从死亡人数和煤炭产量的关系，我们也可以看到中国煤矿生产安全形势是在持续性的好转。中国媒体尽管客观地报道了煤矿事故的严重性，但却忽略了中国煤矿生产安全在过去20年中取得的巨大进步，也没有很好地突出中国煤炭产业在促进中国经济发展中所具有的举足轻重的地位。因此，我们建议媒体在客观报道煤矿事故的基础上，也要加大对于我国煤炭产业在生产安全上所取得的巨大进步，以及煤炭产业在保障我国能源安全供给、维护经济发展安全上的重大意义的报道。实际上，煤炭产业被贴上带有污名化的标签对于整个产业的健康发展产生了非常巨大的负面影响。首先，社会公众在长期的负面媒体报道下会认为煤炭产业是一个极端不安全的产业，是一个非常不体面的产业，这必然会影响年轻一代的就业选择。当整个社会都把负面的标签贴到煤炭产业上，年轻一代的从业者会认为“干煤炭”非常不光彩，缺乏职业自豪感。尽管现在煤炭产业总体收入并不低，但年轻人在就业选择上仍然会有意回避与煤炭有关的职业，导致煤矿生产的高科技人才的缺乏，非常不利于当前正在推广的煤矿智能化采煤技术的发展。当前，很多煤矿企业不仅井下工人出现严重的老龄化，连技术人员也出现了非常严重的短缺。可以想象，一个缺乏人才、缺乏人才吸引力的产业能健康发展吗？因此，中国煤炭产业的发展不仅要提升安全水平，更要提升人才吸引力。最终，一个产业能够发展到什么样的高度，人才因素非常关键。随着智能化采煤技术的普及，煤炭产业也会烙上高科技产业的特征，吸引高科技、高素质人才的就业。新闻媒体应该对于煤矿产业的智能化、信息化、高科技化、安全效能明显改善进行全方位的报道，而不应该把报道的焦点放在事故上，以为煤炭产业正名，而非污名化。

第二，要有序降低煤矿产业的密度，提升煤炭产业的集中度。中国煤炭产业经过20年的治理整顿、关停并转，煤炭产业的密度已经非常明显地下降了。但煤炭产业与其他产业相比，诸如电力、石油、化工产业等相比，煤炭产业的密度仍然过大，目前全国的煤矿企业仍然有5 000家左右，而石油产业只有屈指可数的4～5家。

第三，大力推进煤矿安全生产、治理的一体化、信息化和智能化。中国煤矿安全生产及治理主体在改变煤矿生产问题上付出了巨大努力，取得的成就也是举世瞩目的。中国煤炭产量长期高居世界首位，煤矿生产事故死亡人数在短时间内实现了大幅度下降，并在低位水平上继续明显下降。时下，中国煤矿生产还没有彻底实现"零死亡"，为此党和国家领导人对生产安全提出了更高的要求，煤矿安全监管主体也对安全监管提出更高的监管承诺，安全监管快速膨胀，制定了一系列政策，推动了一个个安全行动方案的落实。目前，煤矿安全治理正在向一体化、信息化和智能化发展，实现煤矿生产零死亡的行动方案也越来越清晰，离"零死亡"的目标也越来越近。尽管煤矿生产主体和安全治理主体都取得了巨大成绩，而且中国的煤炭产业已经在整体上进入了比较安全行业之列。但煤炭行业在社会公众中的"不安全"形象仍然根深蒂固。实际上，煤炭行业每年因为安全问题而造成的死亡人数要比交通运输业低许多，也少于建筑业，但社会公众却仍然觉得煤炭行业要比交通运输业、建筑业危险得多。这对于中国煤炭行业的可持续性发展非常不利。长期下去，煤炭产业将越发难以吸纳优秀人才。很显然，如果一个产业长期缺乏优秀人才的输入，这个产业的发展必然会受到很大的阻碍。中国煤矿行业应该对于煤炭产业发展进行综合治理，彻底改变社会公众对于煤炭产业的认知，让社会公众逐步认识到煤矿生产不仅是安全的、健康的、体面的，还是高科技化的和智能化的。

纵观我国的煤炭产业发展历史，煤炭产业为中国的经济发展做出了巨大贡献，但煤炭产业和从事煤炭的职业却受到污名化，没有获得与自身贡献相匹配的社会形象和社会地位。目前，煤矿企业、监察机构及监管部门根据煤矿生产中所存在现实中的问题，提出了针对性特别强的安全目标，并联合高校科研院所研究可以实现相应安全目标的行动方案，诸如矿山安全治理现代化的行动方案（现代化目标），矿山生产"零死亡"的行动方案、煤矿智能化开采行动方案等。随着中国煤矿智能化生产的大力推广，智慧化矿山全面建设及安全治理一体化的全面推进，中国煤矿生产必然会离实现"零死亡"的目标越来越近。在这个过程中，煤炭行业、煤矿企业的形象也会逐步改变，获得与自身价值、贡献相对等的名声。我们有理由相信，只要政府、监管部门、新闻媒体对于煤炭行业的贡献及成就多做宣传，科学、客观地对待事故的负面效应，煤炭行业在新时代中国特色社会主义经济发展浪潮中必然可以做出更大的贡献。

第三节　实现安全管理、安全监管及安全治理一体化的行动方案

在过去20年中，国家矿山局提出了多个引领中国煤炭产业安全发展的重要目标，包括煤矿本质安全、重大隐患排查，以及当下提出的矿山生产“零死亡”等。这些目标与国家安全、经济发展及社会稳定等目标深度契合，在推动煤炭产业健康发展的同时也保证了国家经济发展、能源供给、就业等方面的安全。项目组在调研中发现，这些目标在引领煤炭产业的安全发展，促进地方政府抓好煤矿安全的领导工作（地方监管）及推动煤矿企业积极主动抓生产安全（企业负责）等方面起到了关键拉动作用。当下，尽管煤矿生产安全出现了根本性好转，并且每年的煤矿生产所造成的死亡人数已经维持在非常低的水平，但国家矿山局始终牢记习近平总书记的讲话“人民至上、生命至上”，积极开展“煤矿安全专项整治三年行动”，提出矿山生产“零死亡”目标，并积极设计行动方案，千方百计真正把习近平总书记的讲话落到实地。

在中国的煤矿生产安全持续向好的转变中，国家领导人关于生产安全的重要讲话，以及国家矿山局在学习国家领导人重要讲话精神时所提出的关系整个煤炭产业生产与发展安全的重要目标发挥了非常关键的作用。尽管国家矿山局制定这些重要目标非常重要，但这些目标提出后，如何快速和高效地实现这些目标，则需要监察机构、监管部门、地方政府及矿山企业的相互协同，形成科学的行动方案。

安全目标是制定得越高就越好吗？作者团队在调研煤炭生产一线也不断听到有关国家矿山局制定的安全目标过高，以及在如何实现这些目标缺少明确的行动方案等问题。企业认为过高的安全目标会给企业的生产安全投入—产出效率低下问题，安全与生产是辩证的关系，抓安全是为了促生产，安全是为了保证高效的生产。盲目安全投入不仅不能明显改善安全形势，甚至会造成安全投入

的极大浪费。从我国煤矿生产安全的发展过程来看，煤矿生产安全水平的提升与安全生产水平的提升是同步进行的，当然在一些特殊时期，煤矿生产安全水平的提升可能会滞后或者超前于煤矿生产水平的提升。不可否认，中国煤矿生产在过去相当长一段时间内曾经遭遇过事故频发、大量死人的事情，但整个煤炭产业并没有停止发展，甚至是在加速发展，那些事故为中国后续的煤矿安全高效治理提供了非常宝贵的经验和教训。矿山事故对于煤炭产业的健康发展的影响并不是完全负面的，人们需要从事故中学习，完善和提高安全技术、安全管理及安全治理。

从某种意义上来看，矿山安全治理体系和治理能力的现代化的过程实际上是就是煤矿生产安全水平的不断提升的过程。现代化不仅意味着技术、管理、生产能力的现代化，同时也意味着安全能力的现代化。通俗地说，煤矿生产安全能力的现代化就是煤矿在生产的过程中能够尽可能地达到安全，达到与现代矿山企业生产能力相匹配的安全水平。随着中国煤矿安全形势持续向好发展，党和国家领导人对于生产安全的期望也越来越高，国家矿山局制定的矿山安全目标也越来越高。但是煤矿安全生产“零死亡”需要一个过程，是一项庞大而复杂的系统工程，涉及经济、社会、技术、设备制造、从业人员认知等多个因素，同样服从时间压缩不经济性原则。一旦操之过急，不仅无益于煤矿安全水平的提升，反而会带来一些新的生产风险。当前，国内大多煤矿企业在大力推动矿山智能化生产，用智能化生产尽量减少下井矿工的数量，认为实现了矿山生产智能化，就可以实现矿山生产“零死亡”目标。但是，目前矿山智能化生产还处于初级阶段，智能化开采只局限于工作面的智能化，并且即使是工作面的智能化也面临很大挑战，由于井下环境还无法实现透明化，煤岩识别无法做到精确化，当煤层变化大时，智能化开采就存在很大难度。煤矿生产离完全的智能化仍然有很长一段距离，不能一蹴而就。总体上来看，当前中国的煤矿生产能力的现代化已经达到很高的水平，但是当前煤矿仍然有偶发性死亡事故，这并不意味着中国煤矿安全能力现代化水平低。恰恰相反，当前的煤矿生产伤亡事故的水平表明中国的煤矿安全能力也达到了很高的现代化水平，与中国的煤矿生产现代化水平是基本匹配的。当前的煤矿生产仍有死亡事故发生，但离“零死亡”的距离已经越来越接近，只不过还与党和国家领导人的期望有差距。

中国煤矿生产综合治理能效的提升主要包括生产能效、安全能效及管理能效三个方面。当前，尽管中国煤矿安全治理现代化已经取得很大成就，但煤矿生产还没有实现“零死亡”，这说明中国的煤矿安全治理体系和治理能力的现代化还存在不足，还有提升的空间。在未来一段时间，我们应该不断探索实现煤矿安全治理体系和治理能力现代化的行动方案，把煤矿生产“零死亡”的目标真正落到实处。在过去相当长一段时间，煤矿安全监察机构、监管部门及矿山企业也在不断探索矿山安全治理现代化的行动方案，这些行动方案从根本上推动了我国煤矿生产能力现代化的提升，带动了我国煤矿安全能力现代化的提升，同时也为我们拟定实现煤矿安全治理体系和治理能力现代化的行动方案积累了经验和教训。总体上来看，我国实现矿山安全治理体系和治理能力的现代化有多条行动路径可以选择，国家需要对于矿山安全治理现代化的路径进行优化，选择一条最科学、高效的行动方案，并在实践中大力推行。我国煤矿安全治理体系和治理能力现代化主要可以分为以下几个方向，分别是顶层设计方向、产业政策方向、技术革新方向、监管制度方向及实践主义方向。

（1）顶层设计方向。

国家主要承担企业生产安全行动方案的顶层设计，监察机构、监管部门、地方政府及煤矿企业负责执行煤矿生产中各类安全问题的整治行动。各主管煤矿安全的主体通过对各类煤矿生产中所面临的安全问题进行整治，逐步遏制了重大特大煤矿事故，煤矿安全生产形势逐年好转。顶层设计引导了监察机构、监管部门及地方党委政府抓煤矿生产安全的方向，避免了抓煤矿生产安全的盲目性。在有中国特色的政治体制下，煤矿安全治理体系和治理能力的现代化首先必须是党的领导下的现代化，而顶层设计则是指引煤矿安全治理现代化的方向标。

（2）产业政策方向。

提升产业集中度，降低煤矿产业密度。虽然中国煤炭产业经过近 20 年的治理整顿、关停并转，煤炭企业数量从整顿前的 3 万多家已经下降到目前的 5 000 家左右，煤炭产业的密度已经非常明显地下降了。但煤炭产业与其他能源产业相比，诸如电力、石油、化工产业等相比，仍然存在产业密度过大问题。煤炭产业集中度过低，小煤矿数量众多，安全生产及管理能力都存在不足。因此，在未来较长一段时间内，中国煤炭产业应该进一步减少煤矿企业的数量，提升单井的产量，大力推动智能开采技术的普及应用，大幅度减少井下危险作业环境下的人数。

(3) 技术革新方向。

安全生产技术的不断进步，设备装备水平的不断提升有利于推动矿山安全治理体系和治理能力现代化。1949 年之后，我国煤矿生产技术一直在快速提升。目前，国有大矿基本上实现了生产方式向现代化的转变。井下设备、采煤工艺基本上实现了机械化、自动化、信息化，并正大踏步向智能化迈进。随着煤炭产业的集中度进一步提高，煤炭产业密度进一步下降，井下风险环境作业人员进一步减少，煤矿生产事故的死亡人数还会进一步下降，并逐步实现“零死亡”目标。

(4) 监管制度方向。

煤矿安全监管制度变革是实现煤矿生产安全治理体系和治理能力现代化的行动方案之一，科学规范的监管制度、高效的运行机制是保障煤矿生产安全的基石。从逻辑上讲，现代化的煤矿安全治理体系和治理能力需要有与之相适应的现代化制度。从改革开放始，煤矿企业的生产方式就踏上了现代化的路径，与之同时，煤矿企业的产权制度、管理制度、治理体系也在不断发生变化。为了适应煤矿企业的现代化生产方式，煤矿企业的治理体系、监管制度也在发生变化。总体上来看，中国煤矿监管制度主要经历了以下几个阶段的变革。第一个阶段，煤矿安全监管与安全管理高度融合，安全监管与安全管理不分。第二个阶段是煤矿安全监管从煤矿安全管理中独立出来，成为煤炭部或者地方政府的下设职能部门，既负责煤矿生产安全的执法检查，又负责煤炭产业发展的行业管理，形成了具有这个阶段鲜明特色的“企业负责、国家监察、群众监督”的监管制度。第三个阶段是成立独立的煤矿安全监察局。1999 年 12 月 30 日，国家煤矿安全监察局单独设立，但仍然隶属于国家煤炭工业局管理，在运行机制上并没有完全独立。但是，煤矿安全监察局单独设立体现了政府有意将执法与行政有限分离和推行专业化监管的思路，对于提高煤矿安全监管的效率有积极意义。第四个阶段，成立国务院安全生产委员会办公室，国家煤矿安全监察局成为国务院直属机构，明确煤矿安全生产管理体制为“政府统一领导，部门依法监管，企业全面负责，群众参与监督，全社会广泛支持”，并逐步演变为有中国鲜明特色的“国家监察，地方监管，企业负责”安全工作体制，煤矿安全监管制度逐步从行政管理走向依法治理。

(5) 实践主义方向。

经济要发展，国家的能源供给要有保障，煤矿安全治理也需要从大局出发。

在最大限度保障矿工作业安全的条件下，煤矿生产、煤矿安全管理、安全监管都进行了大胆的实践，为今天的煤矿安全高效治理积累了宝贵的经验和教训。从实践主义的角度来看，我国煤炭产业发展经历安全事故频发的阶段具有必然性，煤矿事故推动了整个产业学习生产安全的经验和教训，并逐步堵住了煤矿生产中的安全漏洞，同时促进了技术、管理及监管能力的提高。在实践中，监察机构、监管部门、地方党委政府、矿山企业及其上级公司相互沟通、相互学习，逐步完善了煤矿安全监管的制度及运行机制，制定了科学的行动方案，逐步探索出适合中国国情、煤炭产业行情的高效行动路径，就是“国家监察、地方监管和企业负责”。监察机构的主要职责是公平执法，并负责向立法机构反馈相关法律所存在的问题，推动相关法律法规的完善。

今天，中国煤矿安全治理能效水平已经位于世界前列。当然取得如此成绩也并非是一朝一夕完成的。1949 年后，中国煤矿安全治理之路已经走过了风风雨雨 70 多年，虽然付出了巨大代价，但取得的成就也是非常辉煌的，探索出了一条适合中国煤炭行业发展特色的高效治理路径。总体上来看，我国煤矿安全治理采取的是实践先行，技术、管理及监管稳步跟进的行动方案，如今我国煤炭生产安全已经进入一个全面综合治理的时代，必须是安全技术、安全管理、安全监管同时进行，并有所侧重。研究者和实践者应该对我国煤矿安全治理一体化进行深入研究和实践，对煤矿企业安全管理、地方安全监管、国家安全监察进行垂直及水平整合，探索出一条具有科学依据并能真正实现煤矿生产“零死亡”目标的行动方案，真正把党和国家领导人的“安全至上、生命至上”的重要讲话落到实地，为中华民族伟大复兴和全面实现小康社会贡献力量。

第四节　中国煤矿安全监管的新趋势

当下，党和国家领导人对于安全生产提出了更高的要求。煤矿监管主体也行动起来，积极探索煤矿生产安全治理的行动路径，试图快速找到一条实现煤矿生产“零死亡”的路径，推动了煤矿安全监管的快速膨胀。提级调查是煤矿安全治理主体为实现煤矿生产“零死亡”目标而新提出的一个行动方案。纵览中国煤矿安全监管的历史，无论是煤矿安全监管的方式方法还是行动方案，其成形都与党和国家领导人的讲话或者党和政府的政策息息相关，充分展现了煤矿安全监管主体想国家所想、为实现生产安全保护人民生命财产而为的高尚觉悟。

回首过去70年，煤炭产业的发展为中国的经济发展做出了巨大贡献，煤矿安全监管主体为确保煤矿生产安全，保障国家能源安全、矿工生命健康安全做出了巨大付出。在中国煤矿安全从事故频发到事故偶发的转变中，党和国家领导人对生产安全高度重视，并发表了一系列重要讲话，政府及监管部门以这些重要讲话的精神为准绳制定了一系列煤矿生产安全的政策、目标，同时设计出一些可行的行动方案，将领导的重要讲话精神落到实地。在这个过程中，中国煤矿生产安全监管方式也从“有治（有效治理）”到“大治”的转变，该转变在实践中主要从以下几个方面体现出来：从出大事故后的整治向重大隐患发现后的整治转变，从运动式整治向常态执法转变，从全覆盖执法向精准执法转变，从只检查不处罚向又检查又处罚转变，从查普通职工向查第一责任人转变，从查一个算一个向查处一个、影响一片转变，从帮企业查隐患的他律阶段向引导企业自律转变，从单一负向激励向正向激励、负向激励并用转变。

目前，中国煤矿生产技术、治理结构发生了巨大变革。伴随着煤矿生产技术、企业治理结构的变化，煤矿安全监管的制度和运行机制也要随之发生变化，否则后者将难以适应前者的变化。实际上，煤矿安全监管的基本逻辑在很大程度上是顶层拉动及实践驱动式的。在过去相当长时间内，煤矿生产实践是驱动煤矿安全监管实践发生变化的关键因素。当煤矿生产实践发生了变化，煤矿安全监管实践也要随之发生变化。中国煤矿生产从手工、炮采、小煤窑作坊式的生产和管理模式，逐步发展为机械化、信息化、智能化、股份制企业或者企业集团的生产和管理模式。煤矿安全监管也从“生产管理、安全管理、监管”职能不分发展成“国家监察、地方监管和企业负责”的运行机制，既强调职能明确，又强调职能一体化。随着中国经济、社会及技术的发展，人民生活水平的快速提升，煤炭行业从业人员对健康、安全和福祉要求的提高，必然会推动煤矿安全监管制度及运行机制的变革。中国未来的煤矿安全监管主要要做到以下几点：

（1）未来的中国煤矿安全监管要充分体现中国政治制度的先进性。

煤炭产业是中国经济构成中的重要组成部分，是确保中国能源安全的基石。煤矿安全监管能否搞好是保障中国发展安全的重要一环。中国煤炭赋存条件复杂，开采难度大，井下作业环境风险高。在这样的条件下，中国煤炭产量仍然长期高居世界产量第一，而且煤矿生产事故的死亡人数逐步减少，都充分体现了煤矿安全监管在实践中发挥了关键作用。中国煤矿安全监管的制度及运行机制嵌入于中国先进的政治体系及运行机制中，其所取得的巨大成就是与中国制度的先进性密不可分的。在未来，我们应该对中国煤矿安全监管的丰富实践经验和巨大成就进行充分提炼，并进行理论化、案例化，并走出国门，推向世界，造福世界人民，同时也彰显出新时代中国制度优越性。

(2) 确保“人民至上、生命至上”讲话精神落到实地。

今天我国的煤矿生产死亡事故逐步减少，充分反映出中国煤矿安全监管主体矢志不渝地将“人民至上、生命至上”讲话精神落到实地。在未来一段时间内，中国煤矿安全监管的一个重要目标就是要消灭煤矿生产伤亡事故，实现“零死亡”目标，真正落实“生命至上”的讲话精神。

(3) 煤矿安全监管的重点将从保障生产安全向塑造一个健康、安全及福祉的煤炭产业转变。

目前，很多煤矿生产技术人才缺乏，而每年新毕业的大学生很少愿意选择煤炭行业，煤矿企业吸收高素质人才面临很大挑战。随着生活水平的不断提升，人民对于健康、安全及福祉的要求也越来越高，又加之中国的“好”行业越来越多，高素质人才的稀缺性，高素质人才供小于求的矛盾将长期存在。在这样的经济和社会环境下，煤炭行业如果不进行产业升级，将更加难以吸引到高素质人才。因此，为了确保煤炭产业的可持续发展、绿色发展，把煤炭产业发展成安全、健康和福祉的产业，煤炭产业的主管部门、地方产煤大省应该制订出科学的行动方案，想方设法实现煤炭产业的产业升级，吸引优秀人才，留住优秀人才，同时还要能够培养出优秀人才。

(4) 煤矿安全监管要逐步消除激励的不对称性，更加强调正面激励的作用。

在现实中，监管者常常用激励来引导或改变被监管者的行为活动来实现监管的目标，从理论上来看，正向激励和负向激励都可以被用来实现上述目标。但在监管领域，正向激励无论在范围还是程度上都要远远大于负向激励，也就是形成所谓的激励的不对称性。研究表明，激励的不对称性（负向激励远远大于正向激励时）会不断推动安全监管承诺的升级，监管主体打向被监管者的板子的次数越来越多，用力也越来越大，受到的惩罚越来越严厉，负面惩罚的边际效果也会越来越不明显。在未来的安全监管方式转变中，监管者应该找到正向激励和负向激励的平衡点，兼顾正向激励和负向激励的平衡，以实现激励在安全监管中的最大化效用。

（5）构建矿山安全监察效果追踪及评价体系。

建议矿山安全监察机构对本机构职责进行聚焦化和精准化，划分核心责任和非核心责任，明确区分监察与监管的责任，营造公平合理的矿山安全监察的制度环境，推动高效的矿山安全监察的执法体系建设。进一步完善矿山安全监察制度，将工作重点放在规则制定和执法能力提升上。

建议明确矿山监察机构享有对于地方政府及职能部门的安全监管质量以及企业的安全生产管理质量的评价权。科学提取评价指标，推动安全监察、监管及生产管理治理评价体系的建设，对监察机构的督促对象，如地方党委政府、矿山企业及上级公司的安全领导及安全管理水平进行定期评价，定期发布评价结果，对于安全不达标的地方党委政府、矿山企业及其上级公司进行通报或者约谈。

建议矿山安全监察机构精准化分配责任，以风险链和事故链为基础设计跨职能部门的分布式责任链，并与矿山运行和矿山监管的责任点和责任链进行适配和同步，将不同职能部门的责任围绕风险链和事故链进行分配和串联，建设矿山安全监察的责任网络，厘清不同部门之间的责任联系，打通阻碍责任跨部门责任传导的环节。

以矿山安全治理一体化为指导原则，以最大化提升矿山安全治理效能为总目标，以实现高效安全监察效果为导向，建议以“国家监察、地方监管和企业负责”安全工作机制为基础建设矿山安全监察责任网络，实现事故风险链和责任链闭合，精准定位和追踪监察责任。具体做法如下：首先，以矿山安全生产流程为基础，明确各项安全工作的责任人及其责任范围。其次，运用滚雪球方法确定每项安全工作的前后工作任务、责任人及责任范围，并确定与之相对应的安全监管及安全监察责任及其责任人。最后，根据责任集合及责任之间的直接关系形成矿山安全监察的责任网络体系，从逆向上追查到每一起事故的监管或者监察责任，从正向上又可以追踪到每位监察或者监管主体所要承担的监察或者监管责任。以责任网络为基础，形成矿山安全治理的一体化，实现矿山安全监察机构的责任清晰化，降低监察与监管责任的重叠区。

总体上来看，中国煤炭产业的发展经历了从"人治到科学治理、行政治理到法治再到综合治理"的阶段。1949 年之后的很长一段时间，中国煤矿是一种工厂管理模式，生产管理与安全管理不分。改革开放后，中国煤矿生产逐步从工厂生产模式向企业经营模式转变，形成相对明确的安全管理职能，并逐步衍生出安全监管，然后安全监管与安全监察又有相互独立。在新时代背景下，中国煤矿安全监管应该与新时代相匹配的模式、制度及运行机制。因此，在未来，中国煤矿安全监管需要进一步深入探索从安全生产、安全管理、安全监管、安全监察到安全治理一体化的煤矿安全监管新模式，形成有新时代鲜明特征的煤矿安全监管中国模式，彰显中国煤矿安全监管的魅力。

第五节　智能化安全治理模式实现路径探索

智能化安全治理模式实现路径探索——构建智能化的安全保障体系。提升煤矿安全治理的效能主要从三个层面展开，即监察层面、监管层面及煤矿责任主体层面，而实现煤矿安全治理效能提升的路径则可能有很多条，但总体上可以划分 3 种不同的路径，并遵循着不同的运行机制，分别是跟着感觉走，跟着制度走，跟着智能化走。下面，我们重点阐释跟着智能化走。煤矿企业是落实安全治理的责任主体。如果煤矿企业能够充分把抓安全的主体责任落实到位，那么煤矿安全治理的效能也就提升了。因此，煤矿企业构建智能化的安全保障体系，也是实现煤矿安全治理效能的路径之一。目前，少数煤矿企业或者矿业集团已经开始探索煤矿安全保障的智能化体系建设，主要思路如下：从基于大数据的智能化的语音识别、员工动作捕获、行为趋势变化特征、机器运行参数抓取等方面入手，监管主体根据员工在现场对话、动作及机器设备的运行参数就可以实时判断煤矿生产体系上的"点—线—面"上的安全态势。基于自然语言处理的煤矿灾害的智能化识别和预警的具体做法如下：

(1) 安全用语关键词词库。

安全用语关键词词库主要包括:标准风险用语词库、风险类型词库、风险表达的动词词库、风险表达的形容词和副词词库。通过分析比较正常场景下和风险场景下的安全用语的差异性来判断安全态势。另外,在风险场景下,员工的行动特征也可能发生变化,如可能说话的声音更大,移动的速度更快,动作更加频繁等。

(2) 语音识别及行为可视化。

实时捕获井下员工的语音及行动视频,并据此分析每个风险点的安全态势。主要设想:根据人的语言和行动来分析安全趋势。例如,在井下根据工人的对话,捕捉其中的关键词来分析员工的行为安全性,进而分析一个区域的安全态势,集成后就可以分析整个矿的安全态势。当某个风险点出现了,员工所用的词汇及行动的表现方式都可以发生变化。这样在每个风险点上,只要某个标准词汇出现的频次过高,超过某个阈值,监管主体就可以进行预判风险了。

(3) 安全思想、安全态度、安全用语、安全行为的标准化、信息化和智能化。

基于安全用语关键词词库,采用机器学习模式将安全思想、安全态度、安全用语及安全行为标准化和智能化。

标准化和简单化是智能化前提。第一步要搞好煤矿安全的标准化,标准化管理实际上就是经验管理,综合考虑了以往的好经验和好做法,从而形成了标准。将常态化风险管理标准化实际上是让智能化管理解决智能化所需要解决的问题,智能化主要解决的是标准化安全管理之外的问题。例如,在一个风险点上,员工无法按照标准化进行操作时,新的风险可能会产生,这时监管人员就需要及时掌握新风险的发展动态,而实时掌握风险的动态则要依靠信息化。因此,智能化安全管理的第二步是信息化。一旦实现对所有员工的语言和行动的实时追踪,辅以智能化的分析处理,就可以提前介入监管措施,避免风险演变为隐患。第三步是智能化。监管人员掌握风险信息不是目的,只是手段。通过对风险信息的分析处理,形成行动方案,并最终把风险消除,不发生事故才是目的。智能化以信息化为基础,通过机器学习来分析风险点上的人的思想、态度、用语及行为,从而掌握某个点或者面上的安全态势,并自动形成干预措施。安全思想、安全态度、安全用语、安全行为的标准化、信息化和智能化也可以作为智能安全管理的一个支点。

本章小结

本部分重点论述了实现我国煤矿安全监管新时代的行动方案及我国煤矿安全监管的新趋势。在新的时代背景下，“人民至上，生命至上”已经成为任何产业持续发展的最高目标。总体上来看，新时代背景下，煤炭产业高质量发展有两个关键目标，分别是“零伤亡”目标和智能化目标，具体而言就是安全和高质量目标。“安全至上”决定了煤炭产业必须要安全发展，要杜绝生产中的一切事故；而高质量发展则意味着煤炭产业的发展必须是高效的，需要不断升级生产技术和工艺，而智能化开采技术已经逐步成为采煤技术和工艺的主流方向。要实现上述两个关键目标，承担煤炭产业发展安全监管的部门必须拿出切实可行的行动方案。实际上，矿山安全监管部门多年来一直在探索实现煤矿安全监管新时代目标的行动方案，包括煤矿安全生产“零死亡”行动方案、实现煤矿安全治理体系及治理能力现代化行动方案、煤炭产业高质量发展行动方案等。

参考文献

[1] LI S,YANG Q F,ZHANG Y H,et al. Multi-agent evolutionary game analysis of the coal mine on-site regulatory mode[J]. Resources policy,2022,77:102723.

[2] 李爽,薛广哲,方新秋,等.煤矿智能化安全保障体系及关键技术[J].煤炭学报,2020,45(6):2320-2330.

[3] LIU Q L,LI X C,HASSALl M. Evolutionary game analysis and stability control scenarios of coal mine safety inspection system in China based on system dynamics[J]. Safety science,2015,80:13-22.

[4] LIU Q L,LI X C,MENG X F. Effectiveness research on the multi-player evolutionary game of coal-mine safety regulation in China based on system dynamics[J]. Safety science,2019,111:224-233.

[5] 王国法,庞义辉,李爽,等.基于煤矿时空多源信息感知的智能安控闭环体系[J].矿业安全与环保,2022,49(4):1-11.

[6] BAER M D,FRANK E L,MATTA F K,et al. Undertrusted,overtrusted,or just right? The fairness of (in) congruence between trust wanted and trust received[J]. Academy of management journal,2021,64(1):180-206.

[7] XIA C,ZHANG H J,DONG Y C. The fusion process with heterogeneous preference structures in group decision making:a survey[J]. Information fusion,2015,24:72-83.

[8] UREÑA R,CHICLANA F,MORENTE-MOLINERA J A,et al. Managing incomplete preference relations in decision making:a review and future trends[J]. Information sciences,2015,302:14-32.

[9] KANE A A, ARGOTE L, LEVINE J M. Knowledge transfer between groups via personnel rotation: effects of social identity and knowledge quality[J]. Organizational behavior and human decision processes, 2005, 96(1): 56-71.

[10] MICHAEL S, LEWIS B, ALFORD J R. Can government regulate safety? The coal mine example[J]. American political science review, 1980, 74(3): 745-756.

[11] XU H T, NAKAJIMA K. Did China's coal mine regulation positively affect economic growth? [J]. Resources policy, 2016, 50: 160-168.

[12] 王国法,庞义辉,任怀伟. 煤矿智能化开采模式与技术路径[J]. 采矿与岩层控制工程学报,2020,2(1):5-19.

[13] 王国法,刘峰,庞义辉,等. 煤矿智能化:煤炭工业高质量发展的核心技术支撑[J]. 煤炭学报,2019,44(2):349-357.

[14] 庞义辉,王国法,任怀伟. 智慧煤矿主体架构设计与系统平台建设关键技术[J]. 煤炭科学技术,2019,47(3):35-42.

[15] 钱学森,许国志,王寿云. 组织管理的技术:系统工程[J]. 上海理工大学学报,2011,33(6):520-525.

[16] GRAY W B, MENDELOFF J M. The declining effects of OSHA inspections on manufacturing injuries: 1979 to 1998[J]. ILR review, 2005, 58(4): 571-587.

[17] WRIGHT T. The political economy of coal mine disasters in China: "Your rice bowl or your life"[J]. China quarterly, 2004, 179: 629-646.

[18] 胡文国,刘凌云. 我国煤矿生产安全监管中的博弈分析[J]. 数量经济技术经济研究,2008,25(8):94-109.

[19] 陈颖,陶可,刘业娇,等. 非煤矿山风险分级管控和隐患排查治理建设方法研究[J]. 工业安全与环保,2021,47(5):55-58.

[20] 李爽,贺超,许锟. 煤矿安全双重预防机制理论、应用与发展研究[J]. 中国煤炭,2021,47(10):23-30.

[21] 卞斌彬,黄玉庆,刘志坚,等. 基于双重预防机制的安全评价指标体系构建[J]. 中国安全科学学报,2022,32(S1):45-50.

[22] 王健,何叶荣,王向前.社会治理共同体视域下煤矿安全监管多方博弈分析[J].安徽理工大学学报(社会科学版),2022,24(3):18-25.

[23] 孙志建.怎样合理配置有限的政府监管资源:基于风险的监管模式的兴起及其潜在运行风险[J].上海行政学院学报,2022,23(2):32-44.

[24] 孙娟娟.政府监管优化的智慧化取向:以食品安全监管为例[J].沈阳工业大学学报(社会科学版),2021,14(2):118-124.

[25] LU C S,SHANG K C. An empirical investigation of safety climate in container terminal operators[J]. Journal of safety research, 2005, 36(3): 297-308.

[26] MENG X F,LIU Q L,LUO X X,et al. Risk assessment of the unsafe behaviours of humans in fatal gas explosion accidents in China's underground coal mines[J]. Journal of cleaner production,2019,210:970-976.

[27] GUO S Y, ZHOU X Y, TANG B, et al. Exploring the behavioral risk chains of accidents using complex network theory in the construction industry[J]. Physica A:Statistical mechanics and its applications,2020,560:125012.

[28] SANDBERG A, NELSON C. Who should we fear more: biohackers, disgruntled postdocs, or bad governments? A simple risk chain model of biorisk[J]. Health security,2020,18(3):155-163.

[29] 杨存良,张飞燕.安全发展理念下企业安全监管创新实践:评《安全监管学》[J].中国安全科学学报,2021,31(8):202.

[30] 董涛,王振龙,金菊良,等.基于风险矩阵和五元减法集对势的区域旱灾风险链式传递诊断评估方法[J].灾害学,2020,35(4):222-227.

[31] 全吉,黄剑眉,张水波,等.基于风险链和模糊影响图的风险定性评估方法:以某海外 EPC 电力工程为例[J].南方能源建设,2016,3(1):63-69.

[32] 曹吉鸣,申良法,彭为,等.风险链视角下建设项目进度风险评估[J].同济大学学报(自然科学版),2015,43(3):468-474.

[33] YANG Y P,YANG W X,CHEN H M,et al. China's energy whistleblowing and energy supervision policy: an evolutionary game perspective[J]. Energy,2020,213:118774.

[34] 丛志明,樊运晓,高远.英国政府安全监管困境分析及借鉴研究[J].中国安全科学学报,2018,28(10):143-148.

[35] 张铮,李政华.中国特色应急管理制度体系构建:现实基础、存在问题与发展策略[J].管理世界,2022,38(1):138-144.

[36] CHEN H,FENG Q,ZHU D D,et al. Impact of rent-seeking on productivity in Chinese coal mine safety supervision:a simulation study[J]. Energy policy,2016,93:315-329.

[37] 陈述,向蕾,任亚萍,等.基于长期合作的建设项目多层次安全监管利益分配研究[J].安全与环境学报,2021,21(3):1151-1157.

[38] 李军鹏.论全面建成社会主义现代化强国新阶段的政府治理体系现代化[J].中共天津市委党校学报,2021,23(5):12-21.

[39] DENG J,WANG H. International experiences in coal mine safety regulation:institution evolution and industry development[J]. Research financial economic issues,2013(10):42-47.

[40] 王林.国家安全治理体系与治理能力现代化探究[C] //西北政法大学国家安全学院;西北政法大学义乌研究院.《上海法学研究》集刊:第1卷:上海市法学会国家安全法治研究小组文集.[S. l. :s. n.] ,2021.

[41] CAPPELLARO G,COMPAGNI A,VAARA E. Maintaining strategic ambiguity for protection:struggles over opacity,equivocality,and absurdity around the Sicilian Mafia[J]. Academy of management journal,2021,64(1):1-37.

[42] STEPHENS J P. How the show goes on:using the aesthetic experience of collective performance to adapt while coordinating[J]. Administrative science quarterly,2021,66(1):1-41.

[43] VELTROP D,BEZEMER P J,NICHOLSON G,et al. Too unsafe to monitor? How board-CEO cognitive conflict and chair leadership shape outside director monitoring[J]. Academy of management journal,2021,64(1):207-234.

[44] 钟开斌,薛澜.以理念现代化引领体系和能力现代化:对党的十八大以来中国应急管理事业发展的一个理论阐释[J].管理世界,2022,38(8):11-25.

[45] FANG Y J,CHEN L J,MEI S W,et al. Coal or electricity? An evolutionary game approach to investigate fuel choices of urban heat supply systems [J]. Energy,2019,181:107-122.

[46] 宋世明. 推进国家治理体系和治理能力现代化的理论框架[J]. 中共中央党校(国家行政学院)学报,2019,23(6):5-13.

[47] 安宇,李建飞,李虹玮,等. 煤矿安全监管人员工作压力与行为作用机制[J]. 中国安全科学学报,2020,30(1):7-13.

[48] 李爽,贺超,薛广哲. 以双重预防机制实现智能矿山愿景用灾害综合防治系统保障智能矿山安全[J]. 智能矿山,2022,3(6):87-92.

[49] DELPLA I,PROULX F,RODRÍGUEZ M J. A methodology to prioritize spatio-temporal monitoring of drinking water quality considering population vulnerability [J]. Journal of environmental management, 2020, 255:109869.

[50] LIU D H,XIAO X Z,LI H Y,et al. Historical evolution and benefit-cost explanation of periodical fluctuation in coal mine safety supervision: an evolutionary game analysis framework[J]. European journal of operational research,2015,243(3):974-984.

[51] CURCURUTO M,CONCHIE S M,MARIANI M G,et al. The role of prosocial and proactive safety behaviors in predicting safety performance [J]. Safety science,2015,80:317-323.

[52] CHOUDHRY R M. Behavior-based safety on construction sites: a case study[J]. Accident analysis and prevention,2014,70:14-23.

[53] LIU L,ZHAO Q H,BI Y L. Why rent-seeking behavior may exist in Chinese mining safety production inspection system and how to alleviate it: a tripartite game analysis[J]. Resources policy,2020,69:101841.

[54] 崔瑜. 论企业合规管理的政府监管[J]. 行政法学研究,2021,(4):32-40.

[55] 朱宁宁,厘清政府安全监管责任边界[N]. 法制日报,2014-12-25(3).

[56] 焦萍,张帅,赵小曼. 基于第三方的政府与道路运输企业安全监管演化博弈[J]. 长安大学学报(自然科学版),2021,41(3):106-115.

[57] 李奋飞. 涉案企业合规改革中的疑难争议问题[J]. 华东政法大学学报,

2022,25(6):23-37.

[58] 陈瑞华.合规监管人的角色定位:以有效刑事合规整改为视角的分析[J].比较法研究,2022 (3):28-43.

[59] ZHAO J H,SUN N. Government subsidies-based profits distribution pattern analysis in closed-loop supply chain using game theory[J]. Neural computing and applications,2020,32(6):1715-1724.

[60] ZHANG Y Y,SHAO W,ZHANG M J,et al. Analysis 320 coal mine accidents using structural equation modeling with unsafe conditions of the rules and regulations as exogenous variables[J]. Accident analysis and prevention,2016,92:189-201.

[61] 宋世明.坚持在法治轨道上推进国家治理体系和治理能力现代化[J].中国政法大学学报,2021 (3):19-31.

[62] 李媛媛.国家治理现代化视阈下的文化制度体系建设与创新[J].行政管理改革,2020,(11):55-60.

[63] 马雪松.论国家治理体系与治理能力现代化制度体系的功能建构[J].南京师大学报(社会科学版),2014 (4):35-41.

[64] HALBESLEBEN J,NEVEU J,PAUSTIAN-UNDERDAHL S,et al. Getting to the "COR":understanding the role of resources in conservation of resources theory[J]. Journal of management,2014,40(5):1334-1364.

[65] 张荣臣.建设什么样的党、怎样建设党:以国家治理体系和治理能力现代化为视角[J].中共中央党校学报,2014,18(4):37-41.

[66] MA L,LIU Q L,QIU Z X,et al. Evolutionary game analysis of state inspection behaviour for coal enterprise safety based on system dynamics [J]. Sustainable computing:informatics and systems,2020,28:100430.

[67] GOLDSTONE R L,GURECKIS M. Collective Behavior[J]. Topics in cognitive science,2009,1(3):412-438.

[68] 栗继祖,陈新国.煤矿员工心理特点与安全行为管理对策研究[J].管理世界,2014 (2):174-175.

[69] TAN H X,WANG H T,CHEN L,et al. Dummy variable model analysis with law factors on safety production in Chinese coal mine industry[J].

Procedia engineering,2011,26:2383-2390.

[70] BAI G X,XU T L,DING B Y. Coal mine safety evaluation based on machine learning:a BP neural network model[J]. Computational intelligence and neuroscience,2022,2022(523):38-45.

[71] CARLO S,RERUP C. Routine regulation:balancing conflicting goals in organizational routines[J]. Administrative science quarterly,2017,63(1):170-209.

[72] VALENTINE M A. Renegotiating spheres of obligation:the role of hierarchy in organizational learning [J]. Administrative science quarterly,2017,63(3):570-606.

[73] GLASFORD D E . Composition of place,minority vs. majority group-status, & contextualized experience: The role of level of group representation,perceiving place in group-based terms,and sense of belonging in shaping collective behavior[J]. PLoS one,2021,16(9):0253571.

[74] SHIN J,GRANT A M. When putting work off pays off:the curvilinear relationship between procrastination and creativity[J]. Academy of management journal,2020,64(3):772-798.

[75] ZHANG X A,LIAO H Y,LI N,et al. Playing it safe for my family:exploring the dual effects of family motivation on employee productivity and creativity[J]. Academy of management journal,2019,63(6):1923-1950.

[76] GEIGER D,DANNER-SCHRÖDER A,KREMSER W. Getting ahead of time:performing temporal boundaries to coordinate routines under temporal uncertainty[J]. Administrative science quarterly,2021,66(1):220-264.

[77] TSOUKAS H,CHIA R. JOURNAL ARTICLE. Organizational becoming:organizational change[J]. Organization science,2002,13(5):567-582.

[78] ABRAMS H K. A short history of occupational safety and health in the United States [J]. American journal of public health, 2020, 110 (5): 622-628.

[79] CHEN C C,CHEN XP,MEINDL J R. How can cooperation be fostered? The cultural effects of individualism-collectivism[J]. The academy of man-

agement review,1998,23(2):285-304.

[80] WELLMAN N,APPLEGATE J M,HARLOW J,et al. Beyond the pyramid:alternative formal hierarchical structures and team performance[J]. Academy of management journal,2019,63(4):997-1027.

[81] CHRISTIANSON M K. More and less effective updating:the role of trajectory management in making sense again[J]. Administrative science quarterly,2017,64(1):45-86.

[82] 赵哲耘,LIU Y M. 药品质量安全监管与行业协会参与的演化仿真分析[C]//中国管理现代化研究会,复旦管理学奖励基金会. 第十五届(2020)中国管理学年会论文集. [S. l. :s. n.] ,2020.

[83] STAW B M,SANDELANDS L E,DUTTON J. Threat rigidity effects in organizational behavior: a multilevel analysis[J]. Administrative science quarterly,1981,26(4):501-524.

[84] BAUM J A C,DAHLIN K B. Aspiration performance and railroads' patterns of learning from train wrecks and crashes[J]. Organization science, 2007,18(3):368-385.

[85] HARRISON J S,THURGOOD G R,BOIVIE S,et al. Perception is reality:how CEOs' observed personality influences market perceptions of firm risk and shareholder returns[J]. Academy of management journal,2019,63(4):1166-1195.

[86] SUNTAE K. Frame restructuration:the making of an alternative business incubator amid detroit crisis[J]. Administrative science quarterly,2021,66(3):753-805.

[87] 赵哲耘,刘玉敏,刘莉. 基于前景理论的药品质量安全监管演化博弈分析[J]. 运筹与管理,2022,31(10):75-81.

[88] 闫志华,唐锡晋. 基于演化博弈的药品质量安全监管"人理"分析[J]. 管理评论,2021,33(5):64-75.

[89] 马艳红,赵秋红,吴成锋. 资源有限及利益相关影响下的安全监管演化博弈分析[J]. 管理评论,2020,32(12):273-282.

[90] LINDA-JAKOB S,ZILBER T B. Bringing "together":emotions and power

in organizational responses to institutional complexity[J]. Academy of management journal,2018,62(5):1413-1443.

[91] CASCIOW F,CHATRATH A,CHRISTIE-DAVID R A. Antecedents and consequences of employee and asset restructuring[J]. Academy of management journal,2020,64(2):587-613.

[92] SNIHUR Y,ZOTT C. The genesis and metamorphosis of novelty imprints:how business model innovation emerges in young ventures[J]. Academy of management journal,2019,63(2):554-583.

[93] NORTH D C,THOMAS R P. The rise of the Western World:a new economic history[M]. [S. l.] :Cambridge University Press,1973.

[94] DIBENIGNO J. Rapid relationality:how peripheral experts build a foundation for influence with line managers[J]. Administrative science quarterly,2019,65(1):20-60.

[95] LAM W,TAYLOR S M,LEE C,et al. Does proactive personality matter in leadership transitions? Effects of proactive personality on new leader identification and responses to new leaders and their change agendas[J]. Academy of management journal,2016,61(1):245-263.

[96] LEARY M R,KELLY K M,COTTRELL C A,et al. Construct validity of the need to belong scale:mapping the nomological network[J]. Journal of personality assessment,2013,95(6):610-624.

[97] ANSARI S M,FISS P C,ZAJAC E J. Made to fit:how practices vary as they diffuse[J]. Academy of management review,2010,35(1):67-92.

[98] BAUGH S G,LANKAU M J,SCANDURA T A. An investigation of the effects of protg gender on responses to mentoring[J]. Journal of vocational behavior,1996,49(3):309-323.

[99] GUTEK B A,SEARLE S,KLEPA L. Rational versus gender role explanations for work-family conflict[J]. Journal of applied psychology,1991,76(4):560-568.

[100] 姜华. 现代企业制度的内涵与国有企业改革方向分析[J]. 现代商业,2019(1):146-147.

[101] FORNELL C,LARCKER D. Evaluating structural equation models with unobservable variables and measurement error[J]. Journal of marketing research,1981,24:337-346.

[102] HU L T,BENTLER P M. Cutoff criteria for fit indexes in covariance structure analysis: conventional criteria versus new alternatives [J]. Structural equation modeling: a multidisciplinary journal, 1999, 6 (1): 1-55.

[103] HAYES A F. Introduction to mediation, moderation, and conditional process analysis:a regression-based approach[M]. [S. l. :s. n.] ,2013.

[104] SHERER P D,LEE K. Institutional change in large law firms:a resource dependency and institutional perspective[J]. Academy of management journal,2002,45(1):102-119.

[105] SONG X Q,MU X Y. The safety regulation of small-scale coal mines in China:analysing the interests and influences of stakeholders[J]. Energy policy,2013,52:472-481.

附　录

附录一　事故统计资料

	时间	省份	地点	事故类型	死亡人数	事故等级
			2017			
1	2017年12月30日10时15分	江西省	江西新洛煤电有限责任公司流舍煤矿	顶板事故	1	一般事故
2	2017年12月17日18时30分	江西省	赣州市信丰县小江镇平顺煤矿	顶板事故	2	一般事故
3	2017年12月17日	湖南省	湖南省娄底市娄星区茶元煤矿	顶板事故	2	一般事故
4	2017年12月13日18时38分	贵州省	威宁自治县炉山镇孔家沟煤矿	瓦斯事故	5	较大事故
5	2017年12月11日14时19分	内蒙古自治区	神华集团神东煤炭公司布尔台煤矿	机电事故	1	一般事故
6	2017年12月9日17时30分	福建省	龙岩市金辉煤矿有限公司新罗区山丘煤矿	顶板事故	1	一般事故
7	2017年12月8日	湖南省	湖南省永兴县恒昌工贸有限公司株山冲煤矿	瓦斯事故	4	较大事故
8	2017年12月2日8时15分	陕西省	陕西桑树坪煤矿	瓦斯事故	3	较大事故

续表

	时间	省份	地点	事故类型	死亡人数	事故等级
9	2017年11月23日11时36分	黑龙江省	黑河市东方红煤矿东岭井	放炮事故	1	一般事故
10	2017年11月22日11时左右	江西省	袁州区水江镇神山坑煤矿	顶板事故	1	一般事故
11	2017年11月20日9时20分左右	江西省	铅山县五都煤矿六井	透水涉险事故	1	一般事故
12	2017年11月18日14时22分	黑龙江省	鸡西市富阳煤矿	运输事故	1	一般事故
13	2017年11月17日18时23分	甘肃省	窑街煤电集团有限公司金河煤矿	运输事故	1	一般事故
14	2017年11月12日22时左右	河南省	济源煤业有限责任公司一矿	水灾事故	2	一般事故
15	2017年11月11日3时12分	辽宁省	辽宁沈阳焦煤股份有限公司红阳三矿	冲击地压	10	重大事故
16	2017年11月10日14时30分	山西省	中煤华晋韩咀煤业有限责任公司	机电事故	1	一般事故
17	2017年11月6日15时	河北省	中国五矿集团的邯邢矿业有限公司西石门铁矿	中毒事故	8	较大事故
18	2017年11月6日8时27分	陕西省	陕西陕煤韩城矿业有限公司桑树坪矿	其他事故	1	一般事故
19	2017年11月4日22时26分	安徽省	淮南矿业集团潘三煤矿	其他事故	1	一般事故
20	2017年10月28日7时45分	山西省	山西灵石天聚鑫辉源煤业有限公司	顶板事故	1	一般事故
21	2017年10月26日1时左右	安徽省	淮北矿业集团公司袁店二井煤矿	运输事故	1	一般事故
22	2017年10月26日12时52分左右	山西省	山西省大同煤矿集团轩岗煤电同生同基煤业有限公司	瓦斯事故	3	较大事故
23	2017年10月26日0时35分	安徽省	淮北矿业(集团)有限责任公司袁店二井煤矿	运输事故	1	一般事故
24	2017年10月26日0时34分	安徽省	淮南矿业集团有限责任公司潘二煤矿	坍塌事故	1	一般事故
25	2017年10月24日7时47分	甘肃省	甘肃靖远煤电股份有限公司宝积山煤矿	顶板事故	1	一般事故

续表

	时间	省份	地点	事故类型	死亡人数	事故等级
26	2017年10月15日20时57分	甘肃省	窑街煤电集团有限公司海石湾煤矿	运输事故	1	一般事故
27	2017年10月18日14时许	辽宁省	阜新市清河门区阜新万达矿业有限公司	水灾事故	0	一般事故
28	2017年10月15日9时	湖北省	湖北省远安县铁炉湾煤矿	瓦斯事故	5	较大事故
29	2017年10月3日11时30分	四川省	开江星源煤矿	运输事故	1	一般事故
30	2017年10月2日18时25分	四川省	开江天师煤业有限公司	瓦斯事故	4	较大事故
31	2017年10月2日13时30分	四川省	大竹县神州煤业有限公司	其他事故	1	一般事故
32	2017年10月1日2时20分	山西省	山西古县兰花宝欣煤业有限公司井下3107综采面	其他事故	1	一般事故
33	2017年9月29日	河北省	开滦集团唐山矿1号井绞车房地下配电室	机电事故	1	一般事故
34	2017年9月25日18时50分	江西省	江西花鼓山煤业有限公司山南井	顶板事故	1	一般事故
35	2017年9月25日19时30分	四川省	大竹县堡子矿业有限公司	其他事故	1	一般事故
36	2017年9月16日21时10分	黑龙江省	集贤县双福煤炭有限公司煤矿	顶板事故	1	一般事故
37	2017年9月16日15时05分左右	河南省	河南能源化工集团所属的鹤煤公司三矿	瓦斯燃烧事故	0	一般事故
38	2017年9月14日11时	江西省	于都县马岭煤矿＋255m水平南2号上山	窒息事故	1	一般事故
39	2017年9月13日14时40分	黑龙江省	黑龙江省鸡东县裕晨煤矿	瓦斯事故	9	较大事故
40	2017年09月12日22点06分	湖南省	冷水江市石巷里煤矿	顶板事故	1	一般事故
41	2017年9月10日17时03分	山西省	山西铺龙湾煤业有限公司	其他事故	1	一般事故
42	2017年9月6日15时10分	湖北省	湖北宝源广得资源有限公司马河五号井八采区	顶板事故	1	一般事故

续表

	时间	省份	地点	事故类型	死亡人数	事故等级
43	2017 年 8 月 26 日 18 时	山西省	晋煤集团王台铺矿	窒息事故	4	较大事故
44	2017 年 8 月 24 日 6 时 48 分	安徽省	淮南矿业集团潘三矿 1632(3)综采工作面	运输事故	1	一般
45	2017 年 8 月 24 日 8 时 11 分	安徽省	淮南矿业集团谢桥煤矿 21216 顶抽巷(东段)及运输联巷	运输事故	1	一般
46	2017 年 8 月 21 日 21 时	黑龙江省	鸡东县裕晨煤矿	顶板事故	1	一般事故
47	2017 年 8 月 20 日 3 时 30 分	山西省	分阳煤集团寺家庄公司	顶板事故	0	一般事故
48	2017 年 8 月 16 日 12 时 15 分	安徽省	皖北煤电集团卧龙湖煤矿	顶板事故	1	一般
49	2017 年 8 月 14 日 13 时	山西省	晋中灵石煤矿有限公司井下三采区回风下山巷掘进工作面	顶板事故	1	一般事故
50	2017 年 8 月 13 日 14 时 30 分	福建省	福建省清流县秋口煤矿有限公司秋口煤矿	机械事故	1	一般事故
51	2017 年 8 月 5 日 10 时 30 分许	青海省	木里煤业开发集团有限公司聚乎更一露天煤矿	生产安全事故	1	一般事故
52	2017 年 8 月 2 日 12 时	湖南省	郴州市嘉禾县渣林煤矿	火灾事故	1	一般事故
53	2017 年 8 月 1 日 20 时 20 分	江西省	江西显亮煤业有限公司崇义县煤矿	顶板事故	1	一般事故
54	2017 年 8 月 1 日 11 时 25 分	山西省	山西焦煤集团汾西矿业宜兴煤业	坍塌事故	3	较大事故
55	2017 年 7 月 31 日 11 时 20 分	江西省	丰城曲江煤炭开发有限责任公司	顶板事故	1	一般事故
56	2017 年 7 月 29 日	河北省	开滦集团蔚州公司崔家寨矿东三一煤西部集中回风巷掘进工作面	透水事故	1	一般事故
57	2017 年 7 月 29 日 14 时 40 分	云南省	楚雄州禄丰县张武庄煤矿	顶板事故	2	一般事故
58	2017 年 7 月 19 日 10 时 30 分	辽宁省	阜矿集团恒大公司	运输事故	1	一般事故
59	2017 年 7 月 18 日 11 时 33 分	河南省	郑州煤炭工业(集团)杨河煤业有限公司裴沟煤矿	顶板事故	1	一般事故

续表

	时间	省份	地点	事故类型	死亡人数	事故等级
60	2017年7月15日16时45分	辽宁省	沈焦公司林盛矿	其他事故	1	一般事故
61	2017年7月12日1时35分	宁夏回族自治区	神华宁煤集团红柳煤矿	机电事故	1	一般事故
62	2017年7月8日	湖南省	湖南省株洲市茶陵县人民煤矿	其他事故	1	一般事故
63	2017年7月1日19时01分	甘肃省	窑街煤电集团有限公司海石湾煤矿	运输事故	1	一般事故
64	2017年6月12日20时25分	辽宁省	抚矿集团老虎台矿	运输事故	1	一般事故
65	2017年6月12日10时45分	黑龙江省	黑龙江龙煤七台河矿业有限责任公司龙湖煤矿	放炮事故	1	一般事故
66	2017年6月8日22时左右	黑龙江省	鸡西市鑫库煤炭仓储有限公司宏达煤矿梨树井	顶板事故	4	一般事故
67	2017年6月8日	湖南省	湖南黑金时代长沙矿业有限公司湘东公司	顶板事故	1	一般事故
68	2017年5月30日9时38分	甘肃省	2017年5月30日9时38分	顶板事故	1	一般事故
69	2017年5月29日6时	四川省	兴文县五星煤业	煤与瓦斯突出事故	2	一般事故
70	2017年5月25日22时46分	安徽省	淮南矿业(集团)有限责任公司潘二煤矿	突水事故	0	一般事故
71	2017年5月24日8时56分	安徽省	淮南矿业集团潘二煤矿	水灾事故	0	一般事故
72	2017年5月22日23时40分	山西省	山西省太原市清徐县美锦集团东于煤矿	水灾事故	6	较大事故
73	2017年5月20日17时30分左右	福建省	岩市永定区竹子山煤矿有限公司山子尾严德芳煤矿	瓦斯燃烧事故	5	较大事故
74	2017年5月15日7时43分	河南省	河南神火集团薛湖煤矿	煤与瓦斯突出事故	3	较大事故
75	2017年5月13日9时10分	吉林省	珲春市英明矿业有限公司英华煤矿	运输事故	1	一般事故
76	2017年5月10日8时17分左右	辽宁省	抚顺泰和煤矿井下西部区第十二采煤工作面	顶板事故	1	一般事故

续表

	时间	省份	地点	事故类型	死亡人数	事故等级
77	2017年5月7日	湖南省	湖南省株洲市攸县吉林桥矿业公司	中毒事故	18	重大事故
78	2017年5月1日21时许	青海省	青海海泰煤业有限责任公司铁迈煤矿	安全生产事故	1	一般事故
79	2017年4月28日19时15分	甘肃省	甘肃靖远煤电股份有限公司红会第一煤矿	水灾事故	3	较大事故
80	2017年4月23日12时	湖北省	利川市水井湾煤矿地面煤库	维修降尘洒水设施时发生一起坠落事故	1	一般事故
81	2017年4月23日17时40分	宁夏回族自治区	宁夏羊四煤业有限公司	顶板事故	1	一般事故
82	2017年4月19日4时40分左右	陕西省	神木市大柳塔镇板定梁塔煤矿	水灾事故	6	较大事故
83	2017年4月8日	湖南省	株洲市桃水煤矿泉塘冲井	顶板事故	1	一般事故
84	2017年3月28日13时15分	湖南省	湖南省宜章县荣福煤矿	顶板事故	1	一般事故
85	2017年3月28日凌晨	新疆维吾尔自治区	乌鲁木齐市水磨沟区的煤矿	坍塌事故	4	较大事故
86	2017年3月17日6时50分	辽宁省	辽宁南票煤电有限公司小凌河煤矿	顶板事故	1	一般事故
87	2017年3月10日21时38分	河南省	郑煤集团白坪煤业	顶板事故	1	一般事故
88	2017年3月9日14时35分	黑龙江省	龙煤集团双鸭山矿业公司东荣二矿	火灾事故	17	重大事故
89	2017年3月9日4时20分	山西省	联盛长虹煤业有限公司	顶板事故	3	较大事故
90	2017年3月5日10时30分	湖南省	湖南华润煤业有限公司良相煤矿	运输事故	1	一般事故
91	2017年2月27日7时32分	贵州省	贵州水城矿业股份有限公司大河边煤矿	瓦斯事故	7	较大事故
92	2017年2月27日7时10分	湖南省	华润煤业唐洞煤矿有限公司八一井	放炮事故	1	一般事故
93	2017年2月26日17时30分	山西省	大同市吴官屯煤业有限责任公司7#层东盘区南翼84202备用综采工作面	其他事故	1	一般事故

续表

	时间	省份	地点	事故类型	死亡人数	事故等级
94	2017 年 2 月 24 日 17 时 05 分	江西省	江西煤业集团有限责任公司安源煤矿	运输事故	1	一般事故
95	2017 年 2 月 24 日 12 时 26 分	山东省	山东金桥煤矿	顶板事故	2	一般事故
96	2017 年 2 月 23 日 4 时 30 分左右	辽宁省	辽宁省义县九道岭煤业有限公司	顶板事故	2	一般事故
97	2017 年 2 月 21 日	四川省	泸县鑫福煤业有限公司堆金湾煤矿	意外事故	2	一般事故
98	2017 年 2 月 14 日 5 时 20 分	山西省	山西陆合集团万安煤业有限公司	顶板事故	1	一般事故
99	2017 年 2 月 14 日	湖南省	湖南省娄底市祖保煤矿	瓦斯事故	10	重大事故
100	2017 年 2 月 9 日 18 时 10 分	山西省	西山煤电股份有限公司西铭矿 48502 工作面	机电事故	1	一般事故
101	2017 年 2 月 5 日 20 时 25 分	辽宁省	南煤公司小凌河矿	架线接地保护线作业时触电事故	1	一般事故
102	2017 年 2 月 5 日 9 时 40 分	吉林省	延边凉水煤业有限责任公司	跑车事故	1	一般事故
103	2017 年 2 月 3 日 2 时 55 分	黑龙江省	龙煤集团鸡西矿业公司东海煤矿	火灾事故	0	一般事故
104	2017 年 1 月 29 日 11 时 50 分	吉林省	辽源市西安区山兴煤业有限责任公司	窒息事故	2	一般事故
105	2017 年 1 月 19 日 10 时 50 分	江西省	江西煤业集团有限责任公司白源煤矿	顶板事故	1	一般事故
106	2017 年 1 月 17 日 10 时 45 分	山西省	山西朔州煤矿	顶板事故	9	较大事故
107	2017 年 1 月 10 日 15 时 30 分	山西省	山西凌志达煤业有限公司	运输事故	1	一般事故
108	2017 年 1 月 6 日	湖南省	攸县香炉山矿业有限公司香炉山煤矿	顶板事故	1	一般事故
109	2017 年 1 月 4 日 17 时 35 分	河南省	登封市兴峪煤矿	煤与瓦斯突出事故	12	重大事故
110	2017 年 1 月 4 日 13 时 55 分	青海省	青海省能源发展(集团)有限责任公司大通煤矿	安全生产事故	1	一般事故

续表

	时间	省份	地点	事故类型	死亡人数	事故等级
2018						
1	2018年12月28日10时30分左右	福建省	福建永定抚市鲤坑煤矿	其他事故	5	较大事故
2	2018年12月26日18时50分许	青海省	青海省西海煤炭开发有限责任公司柴达尔矿	顶板事故	1	一般事故
3	2018年12月26日23时25分	黑龙江省	双鸭山北方升平矿业有限责任公司	放炮事故	1	一般事故
4	2018年12月24日12时40分	山西省	山西曙光船窝煤业有限公司	机电事故	1	一般事故
5	2018年12月24日	陕西省	陕西省延安市华龙煤业公司贯屯煤矿	瓦斯事故	5	较大事故
6	2018年12月18日11时	甘肃省	甘肃华星煤业有限公司	运输事故	1	一般事故
7	2018年12月17日21时20分左右	山西省	山西平定汇能煤业有限公司	顶板事故	1	一般事故
8	2018年12月15日	四川省	重庆能投集团渝新能源公司逢春煤矿	运输事故	7人死亡、1人重伤、2人轻伤	较大事故
9	2018年12月15日18时7分	重庆市	重庆能投集团渝新能源公司下属逢春煤矿	运输事故	7	较大事故
10	2018年12月14日1时10分	云南省	云南省临沧市沧源县莲花塘煤矿	火灾事故	1	一般事故
11	2018年12月11日4时10分	云南省	云南省大理州祥云县正锦煤矿	顶板事故	2	一般事故
12	2018年12月7日20时24分	山东省	山东裕隆矿业集团有限公司唐阳煤矿	其他事故	3	较大事故
13	2018年12月6日22时30分	山西省	山西临县华润联盛黄家沟煤业有限公司	其他事故	1	一般事故
14	2018年11月27日6时01分	黑龙江省	龙煤七台河矿业有限责任公司新立煤矿	煤与瓦斯突出事故	1	一般事故
15	2018年11月19日13时27分	江西省	江西煤业集团有限责任公司尚庄煤矿	机电事故	1	一般事故
16	2018年11月17日14时20分许	山西省	山西柳林鑫飞毛家庄煤业有限公司	其他事故	1	一般事故

续表

	时间	省份	地点	事故类型	死亡人数	事故等级
17	2018年11月14日16时	江西省	萍乡市莲花县坊楼镇龙山煤矿	顶板事故	1	一般事故
18	2018年11月7日19时40分左右	安徽省	淮北矿业股份有限公司芦岭煤矿Ⅱ1084风巷掘进工作面	冒顶事故	1	一般事故
19	2018年11月7日12时10分许	山西省	太原东山李家楼煤业有限公司	煤泥溃泄事故	1	一般事故
20	2018年11月2日	山东省	兖煤万福能源有限公司	水灾事故	1	一般事故
21	2018年11月3日0时46分	安徽省	淮南矿业集团潘集第三煤矿	机电事故	1	一般事故
22	2018年10月31日9时40分	吉林省	吉林省长春羊草煤业股份有限公司	顶板事故	1	一般事故
23	2018年10月29日15时30分	山东省	山东龙郓煤业	冲击地压	21	重大事故
24	2018年10月25日9时30分	四川省	四川内江双鹰煤炭	瓦斯事故	4	较大事故
25	2018年10月24日	湖北省	恩施州利川市大树坡煤矿	窒息事故	1	一般事故
26	2018年10月20日22时37分	山东省	山东能源龙矿集团山东龙郓煤业有限公司	冲击地压事故	21	重大事故
27	2018年10月18日	四川省	兴文县石海镇环远煤业有限责任公司	煤与瓦斯突出事故	2	一般事故
28	2018年10月16日3时10分左右	山西省	阳泉市上社煤炭有限责任公司	顶板事故	1	一般事故
29	2018年10月15日11时45分	重庆市	重庆市綦江区石壕镇梨园坝煤矿	瓦斯事故	5	较大事故
30	2018年10月13日20时左右	福建省	福建煤电股份有限公司龙潭煤矿	顶板事故	1	一般事故
31	2018年10月12日4时左右	江西省	新余市分宜县麻竹坑煤矿	水灾事故	3	较大事故
32	2018年10月10日14时10分左右	山西省	山西乡宁焦煤集团申南焦煤有限公司	机电事故	1	一般事故

续表

	时间	省份	地点	事故类型	死亡人数	事故等级
33	2018年10月10日22时30分	吉林省	吉林省桦甸市兴桦煤	瓦斯事故	3	较大事故
34	2018年10月1日12时18分许	山西省	山西坤龙煤业有限公司	运输事故	1	一般事故
35	2018年10月1日10时30分	河北省	冀中能源张矿集团宣东煤矿	瓦斯事故	0	一般事故
36	2018年9月29日12时许	吉林省	吉林省龙家堡矿业有限责任公司	其他事故	1	一般事故
37	2018年9月24日12时25分	安徽省	淮北青东煤业有限公司掘进三区	机电事故	1	一般事故
38	2018年9月21日11时40分	内蒙古自治区	神华集团宝日希勒能源股份有限公司露天煤矿	运输事故	4	较大事故
39	2018年9月19日2时30分	江西省	江西煤业集团有限责任公司安源煤矿	顶板事故	2	一般事故
40	2018年9月17日11时	山西省	中煤能源晋中能化公司黄岩汇煤矿	其他事故	1	一般事故
41	2018年9月17日7时	宁夏回族自治区	神华宁夏煤业集团有限责任公司金家渠煤矿	运输事故	1	一般事故
42	2018年9月14日16时30分	吉林省	吉林省延边州龙井市文正煤业有限公司文正煤矿	运输事故	1	一般事故
43	2018年9月11日22时左右	云南省	云南省大理白族自治州跃金煤矿	水灾事故	4	较大事故
44	2018年9月11日9时30分	宁夏回族自治区	宁夏王洼煤业有限公司王洼二矿	运输事故	1	一般事故
45	2018年9月5日20时48分	山西省	山西东辉集团邓家庄煤业有限公司	运输事故	1	一般事故
46	2018年9月1日	湖北省	恩施州鹤峰县朝阳煤矿	顶板事故	1	一般事故
47	2018年8月20日23时37分	云南省	云南东源镇雄煤业有限公司朱家湾煤矿	顶板事故	1	一般事故
48	2018年8月21日3时20分	甘肃省	窑街煤电集团有限公司天祝煤业有限责任公司	运输事故	1	一般事故
49	2018年8月17日21时许	宁夏回族自治区	神华宁夏煤业集团有限责任公司清水营煤矿	顶板事故	1	一般事故

续表

	时间	省份	地点	事故类型	死亡人数	事故等级
50	2018年8月16日8时04分	河南省	河南省平煤集团天安煤业公司十三矿	煤与瓦斯突出事故	1	一般事故
51	2018年8月16日23时30分	辽宁省	铁法煤业(集团)有限公司大平煤矿	运输事故	1	一般事故
52	2018年8月10日	湖北省	恩施州利川市石家湾煤矿	顶板事故	1	一般事故
53	2018年8月5日14时35分	辽宁省	辽宁南票煤电有限公司大窑沟煤矿	顶板事故	1	一般事故
54	2018年8月8日23时	贵州省	贵州省盘州市石桥镇梓木戛煤矿	煤与瓦斯突出事故	13	重大事故
55	2018年8月6日	贵州省	贵州省六盘水市盘州市梓木戛煤矿	煤与瓦斯突出事故	13人死亡、7人受伤	重大事故
56	2018年7月30日14时08分	吉林省	吉林江源煤业有限责任公司	顶板事故	1	一般事故
57	2018年7月25日	陕西省	陕西省彬长矿区大佛寺煤矿	运输事故	1	一般事故
58	2018年7月6日9时24分	安徽省	淮北矿业集团朱庄煤矿	水灾事故	2	一般事故
59	2018年7月22日15时	宁夏回族自治区	宁夏王洼煤业有限公司王洼煤矿	运输事故	1	一般事故
60	2018年7月18日19时45分	辽宁省	铁煤集团大兴矿	掩埋事故	1	一般事故
61	2018年7月15日	新疆维吾尔自治区	新疆阿克苏地区库车市榆树泉煤矿	中毒事故	1	一般事故
62	2018年7月14日	湖北省	宜昌市长阳土家族自治县杨家湾煤矿	顶板事故	1	一般事故
63	2018年7月8日	陕西省	陕西省崔家沟煤矿	其他事故	1	一般事故
64	2018年7月9日12时10分	重庆市	重庆市南川区水江煤业(集团)有限责任公司水江煤矿	运输事故	1	一般事故
65	2018年7月9日9时48分	重庆市	重庆能投渝新能源有限公司红岩煤矿	运输事故	1	一般事故
66	2018年7月2日16时05分	云南省	云南省昭通市绥江县中坝煤矿	运输事故	1	一般事故

续表

	时间	省份	地点	事故类型	死亡人数	事故等级
67	2018年6月15日2时30分	云南省	云南省大理州祥云县鹏辉矿业有限责任公司万全煤矿	顶板事故	1	一般事故
68	2018年6月7日23时45分	云南省	云南省临沧市沧源县芒回煤矿	顶板事故	1	一般事故
69	2018年6月29日3时10分许	青海省	青海大头羊煤业有限公司大头羊一矿	生产安全事故	1	一般事故
70	2018年6月24日15时07分	安徽省	淮北矿业股份有限公司临涣煤矿	运输事故	1	一般事故
71	2018年6月24日19时20分	山西省	山西兰花集团东峰煤矿有限公司	其他事故	1	一般事故
72	2018年6月16日20时07分	内蒙古自治区	内蒙古鄂尔多斯昊华精煤有限责任公司铜匠川矿区	机电事故	1	一般事故
73	2018年6月15日2时30分	云南省	云南省大理州祥云县鹏辉矿业有限责任公司万全煤矿	顶板事故	1	一般事故
74	2018年6月7日23时45分	云南省	云南省临沧市沧源县芒回煤矿	顶板事故	1	一般事故
75	2018年5月31日12时42分	江西省	景德镇乐矿煤业有限责任公司沿沟煤矿	顶板事故	1	一般事故
76	2018年5月30日2时16分	安徽省	淮南矿业集团张集煤矿东一11-2(5)采区回风大巷掘进工作面	瓦斯高值超限事故	0	一般事故
77	2018年5月26日2时30分	黑龙江省	黑龙江鸡西河区东旭煤矿	水灾事故	3	较大事故
78	2018年5月26日0时16分	黑龙江省	鸡西市东源煤炭经销有限责任公司东旭煤矿	水害事故	3	较大事故
79	2018年5月22日11时05分	河南省	河南能源集团义煤公司新义矿业	瓦斯突出事故	2	一般事故
80	2018年5月22日	陕西省	陕煤韩城矿业公司桑树坪煤矿	顶板事故	1	一般事故
81	2018年5月20日11时30分左右	黑龙江省	黑龙江双鸭山煤矿	运输事故	3	较大事故
82	2018年5月19日0时53分	黑龙江省	鸡西矿业(集团)有限责任公司城山煤矿立井	运输事故	1	一般事故
83	2018年5月19日16时29分	宁夏回族自治区	神华宁夏煤业集团有限责任公司梅花井煤矿	其他事故	1	一般事故

续表

	时间	省份	地点	事故类型	死亡人数	事故等级
84	2018 年 5 月 18 时 10 分	四川省	四川甘洛县鸿照矿业	中毒事故	3	较大事故
85	5 月 14 日 0 时 30 分	安徽省	安徽神源煤化工有限公司邹庄煤矿	运输事故	1	一般事故
86	2018 年 5 月 14 日	河南省	河南能源集团焦煤公司中马村矿	煤与瓦斯突出事故	4	较大事故
87	2018 年 5 月 11 日 19 时 16 分	安徽省	中煤新集能源股份有限公司新集一矿	其他事故	1	一般事故
88	2018 年 5 月 11 日 21 时 26 分	安徽省	淮南矿业(集团)有限责任公司谢桥煤矿	顶板事故	1	一般事故
89	2018 年 5 月 9 日凌晨 3 时 10 分	湖南省	湖南宝电群力煤矿	瓦斯事故	5	较大事故
90	2018 年 5 月 7 日 15 时 30 左右	河北省	唐山开滦建设(集团)有限责任公司唐山矿六号井井	其他事故	1	一般事故
91	2018 年 5 月 6 日 7 时	辽宁省	九道岭煤业有限公司	其他事故	1	一般事故
92	2018 年 5 月 6 日 7 时	辽宁省	辽宁九道岭煤业有限公司	其他事故	1	一般事故
93	2018 年 5 月 5 日 18 时 50 分	贵州省	毕节市纳雍县贵州鲁中矿业有限公司王家寨煤矿	顶板事故	2	一般事故
94	2018 年 5 月 5 日 11 时左右	贵州省	六盘水市钟山区贵州水城矿业有限公司大河编煤矿	顶板事故	1	一般事故
95	2018 年 5 月 4 日 22 时 08 分	甘肃省	甘肃靖远煤电股份有限公司红会第一煤矿	运输事故	1	一般事故
96	2018 年 5 月 2 日 16 时 32 分	安徽省	淮南矿业集团顾桥煤矿	运输事故	1	一般事故
97	2018 年 5 月 1 日 21 时 55 分左右	贵州省	六盘水市盘州市贵州松河煤业发展有限公司松河煤矿	煤与瓦斯突出事故	2	一般事故
98	2018 年 4 月 30 日 13 时 27 分	安徽省	安徽恒源煤电股份有限公司任楼煤矿	顶板事故	1	一般事故
99	2018 年 4 月 28 日 10 时左右	福建省	永安市安砂镇小伙村白马山煤矿	顶板事故	1	一般事故
100	2018 年 4 月 26 日 21 时 05 分	宁夏回族自治区	神华宁夏煤业集团有限责任公司麦垛山煤矿	顶板事故	1	一般事故

续表

	时间	省份	地点	事故类型	死亡人数	事故等级
101	2018年4月25日6时35分	新疆维吾尔自治区	库车市永新煤矿	水灾事故	2	一般事故
102	2018年4月22日4时55分	山西省	山西中强福山煤业有限公司井下南翼轨道巷	运输事故	1	一般事故
103	2018年4月21日8时40分左右	山东省	枣庄大兴矿业有限责任公司	顶板事故	1	一般事故
104	2018年4月16日11时24分	安徽省	淮南矿业集团谢桥煤矿	顶板事故	1	一般事故
105	2018年4月15日18时30分	青海省	青海五彩通正荣煤炭有限公司大柴旦行委鱼卡煤矿	生产安全事故	1	一般事故
106	2018年4月12日14时28分	河南省	河南神火集团有限公司薛湖煤矿	顶板事故	2	一般事故
107	2018年4月10日	湖北省	咸丰青林湾煤矿	瓦斯事故	4	较大事故
108	2018年4月9日16时10分	重庆市	重庆市荣昌区九井煤业集团有限责任公司	运输事故	1	一般事故
109	2018年4月7日18时28分左右	内蒙古自治区	内蒙古昊盛煤业有限公司石拉乌素煤矿	其他事故	1	一般事故
110	2018年4月6日16时05分	内蒙古自治区	伊金霍洛旗呼氏煤炭有限责任公司淖尔壕煤矿	机电事故	1	一般事故
111	2018年4月4日10时51分	黑龙江省	黑龙江省龙煤集团鸡西矿业有限责任公司	煤与瓦斯突出事故	5	较大事故
112	2018年4月3日	黑龙江省	东宁市东胜煤矿	顶板事故	1	一般事故
113	2018年3月30日19时40分	江西省	新余市渝水区下村吴小平煤矿102掘进工作面	顶板事故	1	一般事故
114	2018年3月29日20时	江西省	九江市武宁县鲁溪镇小泉煤矿	顶板事故	2	一般事故
115	2018年3月28日20时10分	黑龙江省	黑龙江天源煤炭股份有限公司鸡西兴华煤矿	运输事故	2	一般事故
116	2018年03月27日21时55分	云南省	云南东源镇雄煤业有限公司朱家湾煤矿	顶板事故	1	一般事故
117	2018年3月27日19时30分	山西省	山西平定古州伟峰煤业有限公司	机电事故	1	一般事故

续表

	时间	省份	地点	事故类型	死亡人数	事故等级
118	2018年3月26日1时14分	重庆市	重庆天弘矿业有限责任公司盐井一矿	其他事故	1	一般事故
119	2018年3月22日20时23分	云南省	云南省红河州弥勒市吉田煤矿	运输事故	1	一般事故
120	2018年3月22日17时55分	安徽省	安徽恒源煤电股份有限公司祁东煤矿	其他事故	1	一般事故
121	2018年3月21日	山西省	榆林常家梁胜利煤矿	其他事故	1	一般事故
122	2018年3月16日14时30分	云南省	楚雄市石鼓煤业公司石鼓煤矿	其他事故	1	一般事故
123	2018年3月7日8时10分左右	重庆市	重庆能投渝新能源有限公司韦家沟煤矿	顶板事故	1	一般事故
124	2018年3月5日21时许	山西省	山西煤炭运销集团四明山煤业有限公司	运输事故	2	一般事故
125	2018年3月5日22时许	山西省	山西柳林兴无煤矿有限责任公司	机电事故	1	一般事故
126	2018年3月4日2时22分	河北省	邢东矿2228工作面机尾	透水事故	0	一般事故
127	2018年3月3日15时30分	黑龙江省	黑龙江龙煤七台河矿业有限责任公司龙湖煤矿	顶板事故	3	较大事故
128	2018年3月3日晚8时	陕西省	府谷县三道沟煤矿	机电事故	1	一般事故
129	2018年2月16日14时27分	河南省	河南省平顶山天安煤业股份有限公司十矿	运输事故	2	一般事故
130	2018年2月11日14时01分	甘肃省	甘肃靖远煤电股份有限公司魏家地煤矿	其他事故	1	一般事故
131	2018年2月8日3时33分	山西省	山西大同李家窑煤业有限责任公司	机电事故	1	一般事故
132	2018年2月3日	陕西省	陕西煤业化工集团黄陵矿业公司一号煤矿	生产安全事故	1	一般事故
133	2018年1月30日9时	山西省	宁武县同煤集团阳方口矿业石湖煤矿	其他事故	1	一般事故
134	2018年01月26日14点30分	湖南省	攸县来炭里矿业有限公司柏树屋煤矿	顶板事故	1	一般事故

续表

	时间	省份	地点	事故类型	死亡人数	事故等级
135	2018年1月24日16时20分	辽宁省	抚顺中汇矿业有限责任公司	顶板事故	1	一般事故
136	2018年1月23日13时30分	云南省	云南省圭山煤矿红旗井	顶板事故	1	一般事故
137	2018年1月23日8时10分	黑龙江省	黑龙江省双鸭山市宝山区七星一采区矿井	火灾事故	2	一般事故
138	2018年1月20日22时	山西省	山西蒲县蛤蟆沟煤业有限公司	顶板事故	1	一般事故
139	2018年1月20日18时	山西省	山西双鹤乡马村一废弃小煤矿点	窒息死亡	5	较大事故
140	2018年1月18日15时20分	四川省	四川川煤华荣能源股份有限公司太平煤矿	顶板事故	2	一般事故
141	2018年1月13日16时30分	内蒙古自治区	乌海老石旦煤矿	机电事故	1	一般事故
142	2018年1月10日7时左右	宁夏回族自治区	宁夏灵武市白头岗乡高闸煤矿	顶板事故	3	较大事故
143	2018年1月9日8时	山西省	阳泉煤业集团和顺新大地煤业有限公司	运输事故	1	一般事故
144	2018年1月8日22时05分	山西省	晋煤集团寺河煤矿	运输事故	1	一般事故
145	2018年1月7日02时55分	吉林省	长春市双阳区姜家沟煤矿	顶板事故	3人死亡、1人轻伤	较大事故
146	2018年1月6日17时52分	甘肃省	窑街煤电集团有限公司海石湾煤矿	运输事故	1	一般事故
2019						
1	2019年1月1日22时30分	甘肃省	甘肃易阳煤炭	运输事故	1	一般事故
2	2019年1月2日	陕西省	陕西永陇能源开发建设有限责任公司	其他事故	1	一般事故
3	2019年1月5日14时50分	甘肃省	平凉市崇信县周寨煤业有限责任公司	运输事故	1	一般事故
4	2019年1月5日20时10分	山西省	山西临汾玉和泰煤业	顶板事故	1	一般事故
5	2019年1月6日20时40分	云南省	云南省曲靖市师宗县恒泰矿业有限公司大普安煤矿	顶板事故	4	较大事故

续表

	时间	省份	地点	事故类型	死亡人数	事故等级
6	2019年1月6日9时19分分	山西省	晋中市灵石县的山西晋阳碳素有限公司	中毒事故	3	较大事故
7	2019年1月8日18时50分	四川省	攀枝花煤业(集团)有限责任公司花山煤矿	瓦斯事故	1	一般事故
8	2019年1月12日18时45分	四川省	雅安市荥经县凤凰煤业有限	冒顶事故	1	一般事故
9	2019年1月12日16时30分	陕西省	神木市百吉矿业李家沟煤矿	冒顶事故	21	重大事故
10	2019年1月17日14时左右	山西省	山西岗县昌恒煤焦有限公司	窒息死亡	2	一般事故
11	2019年1月18日	山东省	滕州郭庄矿业有限责任公司锦丘煤矿	支架坠落	1	一般事故
12	2019年1月19日	内蒙古自治区	青春塔煤矿	运输事故	1	一般事故
13	2019年1月19日13时	湖南省	湖南省资江煤业集团有限公司施茶亭井	顶板事故	1	一般事故
14	2019年1月20日15时32分	辽宁省	大隆矿	胶带事故	1	一般事故
15	2019年2月7日9时40分	黑龙江省	大兴安岭古莲河露天煤矿	机电事故	1	一般事故
16	2019年2月16日	云南省	云南能投威信煤炭有限公司观音山煤矿	其他事故	1	一般事故
17	2019年2月20日	内蒙古自治区	内蒙古蒙东畅彤矿业有限责任公司	运输事故	1	一般事故
18	2019年2月21日18时48分	四川省	内江市资中县内江南光有限责任公司楠木寺煤矿	顶板事故	1	一般事故
19	2019年2月21日	云南省	云南煤化工集团有限公司恩洪煤矿	其他事故	1	一般事故
20	2019年2月23日8时20分	内蒙古自治区	内蒙古锡林郭勒盟西乌旗银漫矿业公司	运输事故	22	重大事故
21	2019年3月7日15时53分	四川省	攀枝花市盐边县永生炭业有限责任公司马草湾煤矿	其他事故	1	一般事故
22	2019年3月10日	河南省	河南省龙田煤业有限公司程村矿	机械事故	1	一般事故

续表

	时间	省份	地点	事故类型	死亡人数	事故等级
23	2019年3月11日12时30分	河北省	开滦能源化工股份有限公司范各庄矿业分公司	冒顶片帮事故	1	一般事故
24	2019年3月13日19时19分	四川省	四川省川南煤业有限责任公司鲁班山北矿	顶板事故	2	一般事故
25	2019年3月13日	云南省	富源县老厂镇丰盈煤矿	透水事故	0	一般事故
26	2019年3月14日17时左右	山西省	义棠煤业主体煤矿	放炮事故	3	较大事故
27	2019年3月15日5时	山西省	山西平定古州东升阳胜煤业有限公司	瓦斯爆炸事故	3	较大事故
28	2019年3月15日	山西省	平定古州东升阳胜煤业	火灾事故	3	较大事故
29	2019年3月18日	四川省	犍为县新店儿煤业有限公司	顶板事故	1	一般事故
30	2019年3月26日5时07分	四川省	四川芙蓉集团实业有限责任公司新维煤矿	窒息死亡	1	一般事故
31	2019年4月1日5时	甘肃省	华亭煤业集团有限公司大柳煤矿	其他事故	1	一般事故
32	2019年4月1日16时左右	山西省	山西阳城阳泰集团义城煤业有限公司	其他事故	1	一般事故
33	2019年4月2日8时56分	安徽省	淮南矿业集团张集煤矿	安全事故	1	一般事故
34	2019年4月10日18时50分	四川省	四川省川煤集团广能公司	瓦斯事故	3	较大事故
35	2019年4月18日5时	四川省	珙县流水岩煤炭生产有限公司流水岩煤矿	运输事故	1	一般事故
36	2019年4月22日2时30分	四川省	筠连县分水岭煤业有限公司	顶板事故	1	一般事故
37	2019年4月23日12时50分左右	山西省	山西兰花百盛煤业有限公司	运输事故	1	一般事故
38	2019年4月24日2时10分	河南省	河南能源化工集团焦煤公司赵固一矿	水灾事故	1	一般事故
39	2019年4月25日	云南省	云南省红河州泸西县三金煤矿	瓦斯事故	4	较大事故

续表

	时间	省份	地点	事故类型	死亡人数	事故等级
40	2019年5月1日	山西省	山西临汾市古县蔺润煤业	运输事故	1	一般事故
41	2019年5月7日	陕西省	陕西奥维乾元化工有限公司府谷县海则庙煤矿	其他事故	1	一般事故
42	2019年5月8日22时07分	甘肃省	华亭煤业集团有限责任公司山寨煤矿	其他事故	1	一般事故
43	2019年5月12日18时55分	安徽省	淮北矿业集团青东煤矿	顶板事故	1	一般事故
44	2019年5月15日	山东省	枣庄市金庄生建煤矿	运输事故	1	一般事故
45	2019年5月27日8时	陕西省	陕煤集团彬长矿业小庄矿业公司	运输事故	1	一般事故
46	2019年5月28日17时50分	湖南省	嘉禾县龙潭镇兴隆煤矿	瓦斯事故	5	较大事故
47	2019年5月29日13时30分左右	江西省	萍乡市莲花县打鼓岭煤矿	顶板事故	2	一般事故
48	2019年6月3日8时10分	山西省	山西保利平山煤业股份有限公司	火灾事故	0	一般事故
49	2019年6月3日0点42分	山西省	山西平定古州东升阳胜煤业有限公司	瓦斯爆炸事故	2	一般事故
50	2019年6月5日	陕西省	陕西蒲白南桥煤业有限公司	顶板事故	5	较大事故
51	2019年6月5日	重庆市	重庆天弘矿业有限责任公司盐井一矿	煤与瓦斯突出事故	1	一般事故
52	2019年6月7日	山西省	在山西昔阳安顺北坪煤业有限公司与北南沟村相衔接的便道	其他事故	1	一般事故
53	2019年6月9日20时01分	吉林省	龙家堡矿业公司	地震事故	9	较大事故
54	2019年6月13日	贵州省	贵州省谢家寨	其他事故	4	较大事故
55	2019年6月17日	山东省	山东明兴矿业集团有限公司小港煤矿	机电事故	1	一般事故
56	2019年6月19日15时15分	山西省	宁武县钜盛能源集团庄旺煤业	冒顶事故	6	较大事故

续表

	时间	省份	地点	事故类型	死亡人数	事故等级
57	2019年6月20日19时42分	云南省	祥云县云南驿镇马鞍山箐	关闭矿井	5	较大事故
58	2019年6月23日	湖北省	恩施州利川市文斗乡青山煤矿	其他事故	1	一般事故
59	2019年6月24日4时01分	黑龙江省	双鸭山市利鑫矿业有限公司	顶板事故	1	一般事故
60	2019年6月28日3时50分	河北省	唐山开滦建设(集团)有限责任公司	机电事故	1	一般事故
61	2019年7月2日	内蒙古自治区	内蒙古汇能煤电集团羊市塔煤炭有限责任公司一矿	顶板事故	1	一般事故
62	2019年7月7日12时02分	四川省	古蔺煤矿(东段)有限公司	运输事故	1	一般事故
63	2019年7月10日1时05分	甘肃省	窑街煤电集团有限公司三矿	机电事故	1	一般事故
64	2019年7月11日3时52分	河北省	开滦集团蔚州矿业公司	片帮事故	1	一般事故
65	2019年7月12日8时16分	四川省	四川省川南煤业有限责任公司鲁班山北矿	顶板事故	1	一般事故
66	2019年7月12日4时33分	四川省	盐边县金隆煤业有限责任公司金隆煤矿	顶板事故	1	一般事故
67	2019年7月15日6时55分	辽宁省	南煤公司大窑沟煤矿	地面运输线两机车相撞	1	一般事故
68	2019年7月18日23时05分左右	黑龙江省	七台河市隆运煤矿	运输事故	1	一般事故
69	2019年7月19日21时08分	江西省	江西煤业集团有限责任公司尚庄煤矿	爆破事故	1	一般事故
70	2019年7月21日21时30分左右	贵州省	遵义市播州区马蹄煤矿	瓦斯事故	2	一般事故
71	2019年7月22日23时40分	安徽省	中煤新集公司新集二矿	瓦斯超限	0	一般事故
72	2019年7月23日	广西壮族自治区	罗城县伟隆煤业有限公司北崖煤矿	运输事故	1	一般事故
73	2019年7月24日1时21分	安徽省	皖北煤电集团祁东煤矿二采区	瓦斯超限	0	一般事故

续表

	时间	省份	地点	事故类型	死亡人数	事故等级
74	2019 年 7 月 24 日 13 时 30 分	云南省	曲靖市师宗县星林矿业有限公司长青煤矿	其他事故	1	一般事故
75	2019 年 7 月 26 日 3 时 03 分	安徽省	淮北矿业集团芦岭煤矿Ⅱ888 集中巷	瓦斯超限	0	一般事故
76	2019 年 7 月 27 日 1 时 24 分	安徽省	淮南矿业集团朱集东煤矿	瓦斯超限	0	一般事故
77	2019 年 7 月 27 日 3 时 20 分左右	山西省	山西高平科兴龙马煤业有限公司	运输事故	1	一般事故
78	2019 年 7 月 27 日 16 时 32 分	甘肃省	华亭煤业集团有限责任公司山寨煤矿	砸伤事故	1	一般事故
79	2019 年 7 月 27 日 23 时	重庆市	兴文县资中煤业有限责任公司	顶板事故	1	一般事故
80	2019 年 7 月 28 日 13 时 20 分左右	贵州省	贵州省黔南州瓮安县永和镇兴成煤矿	顶板事故	2	一般事故
81	2019 年 7 月 28 日 14 时	四川省	四川省广元市旺苍县厚信煤业	瓦斯事故	3	较大事故
82	2019 年 7 月 29 日	贵州省	贵州浙商矿业集团龙窝煤矿	煤与瓦斯突出事故	4	较大事故
83	2019 年 7 月 29 日 16 时 05 分左右	江西省	萍乡市芦溪县利发煤矿	机电事故	1	一般事故
84	2019 年 7 月 31 日 16 时	贵州省	贵州毕节市七星关区亮岩镇大树煤矿	瓦斯爆炸事故	7	较大事故
85	2019 年 8 月 2 日 10 时 35 分	辽宁省	神华集团海勃湾矿业有限责任公司公乌素	其他事故	2	一般事故
86	2019 年 8 月 2 日 12 时 30 分左右	河北省	开滦集团唐山矿业公司	冲击地压事故	7	较大事故
87	2019 年 8 月 3 日 2 时 20 分左右	河南省	郑煤集团桧树亭煤矿	顶板事故	1	一般事故
88	2019 年 8 月 4 日	陕西省	陕西华彬煤业股份有限公司下沟矿	顶板事故	1	一般事故
89	2019 年 8 月 4 日 14 时 50 分许	青海省	青海海泰煤业有限责任公司铁迈煤矿	顶板事故	1	一般事故
90	2019 年 8 月 13 日	陕西省	陕煤韩城矿业有限公司桑树坪煤矿	运输事故	1	一般事故

续表

	时间	省份	地点	事故类型	死亡人数	事故等级
91	2019年8月17日13时50分左右	新疆维吾尔自治区	新疆华安矿业	机电事故	1	一般事故
92	2019年8月19日10时56分	重庆市	重庆能投渝新能源公司南桐煤矿	其他事故	1	一般事故
93	2019年8月21日3时40分左右	贵州省	贵州林东煤业发展有限责任公司龙凤煤矿	机电事故	2	一般事故
94	2019年8月31日12时48分	广西壮族自治区	广西环江红山朝阳煤业有限公司朝阳煤矿	运输事故	1	一般事故
95	2019年9月1日	陕西省	陕西银河煤业开发有限公司薛庙滩煤矿	机电事故	1	一般事故
96	2019年9月1日5时30分	甘肃省	窑街煤电集团有限公司海石湾煤矿	其他事故	1	一般事故
97	2019年9月14日22时25分	山西省	霍州煤电集团干河煤矿	机电事故	1	一般事故
98	2019年9月15日16时07分	河南省	神火集团华伟煤矿	顶板事故	2	一般事故
99	2019年9月22日17时50分	山西省	山西阳泉盂县东坪煤业有限公司	运输事故	1	一般事故
100	2019年9月23日0时08分	江西省	丰城市董家镇平安煤矿	安全生产事故	4	较大事故
101	2019年9月28日	新疆维吾尔自治区	徐矿集团新疆赛尔能源有限责任公司三矿	瓦斯爆炸事故	4	较大事故
102	2019年10月15日1时30分	山西省	山西乡宁焦煤集团台头煤焦有限责任公司	运输事故	1	一般事故
103	2019年10月16日11时40分左右	河南省	河南申家窑金矿有限公司	运输事故	5	较大事故
104	2019年10月19日1时40分左右	云南省	云南能投威信煤炭有限公司观音山煤矿	煤与瓦斯突出事故	2	一般事故
105	2019年10月19日	甘肃省	甘肃新周煤业有限责任公司	其他事故	1	一般事故
106	2019年10月19日	山西省	中条山有色金属集团南河沟矿	运输事故	1	一般事故
107	2019年10月21日14时30分	山西省	山西介休大佛寺旺源煤业有限公司	运输事故	1	一般事故

续表

	时间	省份	地点	事故类型	死亡人数	事故等级
108	2019 年 10 月 22 日 7 时 42 分	四川省	泸州锦运煤业有限公司	其他事故	1	一般事故
109	2019 年 10 月 22 日	陕西省	陕西彬长大佛寺矿业有限公司	瓦斯事故	4	较大事故
110	2019 年 10 月 25 日	山西省	山西省长治市襄垣县襄矿集团西故县煤业有限公司	水灾事故	4	较大事故
111	2019 年 10 月 26 日 10 时 37 分	四川省	川南煤业古叙煤电有限公司石屏一矿	顶板事故	6	较大事故
112	2019 年 10 月 27 日	四川省	广元市凉水泉煤矿	顶板事故	1	一般事故
113	2019 年 10 月 31 日 17 时 30 分	贵州省	水矿集团汪家寨煤矿	顶板事故	1	一般事故
114	2019 年 11 月 1 日 23 时左右	重庆市	南川区南平煤矿	运输事故	1	一般事故
115	2019 年 11 月 4 日 4 时 47 分左右	黑龙江省	黑龙江省龙煤集团双鸭山矿业公司东荣二矿	顶板事故	0	一般事故
116	2019 年 11 月 9 日 13 时	内蒙古自治区	新能矿业有限公司王家塔煤矿	运输事故	1	一般事故
117	2019 年 11 月 15 日	山东省	枣庄市留庄煤业有限公司	运输事故	1	一般事故
118	2019 年 11 月 18 日 13 时 50 分	山西省	平遥县峰岩集团二亩沟煤矿	瓦斯事故	15	重大事故
119	2019 年 11 月 19 日 20 时 46 分	山东省	山东能源集团梁宝寺煤矿	3306 胶带顺槽过断层高冒区采用高分子材料充填后引发自燃-火灾事故	0	一般事故
120	2019 年 11 月 19 日 22 时 48 分	辽宁省	沈焦公司红阳三矿	运输事故	1	一般事故
121	2019 年 11 月 20 日 5 时 50 分	山东省	山东能源肥城矿业集团位于嘉祥县境内的梁宝寺煤矿	安全事故	0	一般事故
122	2019 年 11 月 22 日	云南省	云南华盖山煤矿	火灾事故	0	一般事故
123	2019 年 11 月 22 日	山西省	山西九成焦化公司	机电事故	1	一般事故

续表

	时间	省份	地点	事故类型	死亡人数	事故等级
124	2019年11月25日3时30分左右	江西省	丰城市洛市镇腾达煤矿	运输事故	1	一般事故
125	2019年11月25日16时10分	重庆市	重庆市荣昌区双河煤业有限责任公司	顶板事故	1	一般事故
126	2019年11月25日	贵州省	贵州三甲煤矿	煤与瓦斯突出事故	7	较大事故
127	2019年11月25日	云南省	宣威市来宾顺发煤业有限公司徐屯井	顶板事故	1	一般事故
128	2019年11月26日21时左右	贵州省	贵州毕节康金煤矿	机电事故	1	一般事故
129	2019年11月27日17时16分	重庆市	重庆市南川区宏能煤业	顶板事故	1	一般事故
130	2019年12月8日20时05分	甘肃省	窑街煤电集团有限公司金河煤矿	运输事故	1	一般事故
131	2019年12月12日	云南省	云南省恩洪煤矿	火灾事故	0	一般事故
132	2019年12月13日	云南省	昭通金寰矿业有限公司昭阳区石垭口煤矿	顶板事故	1	一般事故
133	2019年12月14日15时26分	四川省	四川宜宾珙县川煤集团芙蓉公司杉木树煤矿	水灾事故	5	较大事故
134	2019年12月17日1时	贵州省	贵州安龙县煤矿	煤与瓦斯突出事故	16	重大事故
135	2019年12月17日20时10分	黑龙江省	黑龙江龙煤七台河矿业有限责任公司新立煤矿	顶板事故	2	一般事故
136	2019年12月29日0时	山西省	同煤集团地煤公司焦煤矿	运输事故	5	较大事故
137	2019年12月31日	宁夏回族自治区	宁夏宝丰集团红四煤业有限公司	运输事故	1	一般事故
2020						
1	2020年1月2日19时10分	吉林省	长春羊草煤业股份有限公司羊草沟煤矿	其他事故	1	一般事故
2	2020年1月11日9时20分左右	甘肃省	华亭煤业大柳煤矿	其他事故	1	一般事故
3	2020年1月11日17时左右	重庆市	重庆市南川区水江煤业(集团)有限责任公司水江煤矿	煤与瓦斯突出	1	一般事故

续表

	时间	省份	地点	事故类型	死亡人数	事故等级
4	2020 年 1 月 12 日 1 时 29 分	重庆市	重庆能投渝新能源公司东林煤矿井	运输事故	1	一般事故
5	2020 年 1 月 12 日 10 时 20 分左右	内蒙古自治区鄂尔多斯市	中煤中天合创能源有限责任公司门克庆煤矿	机电事故	1	一般事故
6	2020 年 1 月 15 日 20 时 40 分左右	甘肃省	平凉市崇信县周寨煤业有限责任公司	片帮事故	1	一般事故
7	2020 年 2 月 6 日 9 时 15 分	山东省	山东华恒矿业有限公司	卸载煤仓发生溃仓事故	2	一般事故
8	2020 年 2 月 17 日	云南省	云南红河州弥勒市吉田煤矿	顶板事故	1	一般事故
9	2020 年 2 月 22 日	山东省	山东菏泽龙堌矿井	冲击地压	4	较大事故
10	2020 年 2 月 23 日	山西省	山西煤炭运销公司晋中紫金煤业	顶板事故	3	较大事故
11	2020 年 2 月 29 日 21 时 10 分	云南省	云南曲靖树根田煤矿	顶板事故	5	较大事故
12	2020 年 3 月 16 日 1 时 40 分	重庆市	重庆市草堂煤矿资源开发有限公司	机电事故	1	一般事故
13	2020 年 3 月 16 日 11 时 50 分	青海省	青海省柴达尔先锋煤矿	掩埋事故	1	一般事故
14	2020 年 3 月 17 日 20 时 15 分	云南省	云南金家湾煤矿	爆炸事故	4	较大事故
15	2020 年 4 月 4 日	新疆维吾尔自治区	新疆兵团铁厂沟煤矿有限责任公司	运输事故	2	一般事故
16	2020 年 4 月 10 日 10 时 00 分	安徽省	安徽恒源煤电钱营孜煤矿	运输事故	1	一般事故
17	2020 年 4 月 11 日 6 时 20 分	甘肃省	甘肃靖远煤电魏家地煤矿	其他事故	1	一般事故
18	2020 年 4 月 12 日 20 时 40 分左右	江西省	萍乡市五陂煤矿	顶板事故	1	一般事故
19	2020 年 4 月 14 日	山西省	同煤大唐塔山煤矿有限公司	冒顶事故	0	一般事故
20	2020 年 4 月 15 日 7 时 30 分	宁夏回族自治区	国家能源宁夏煤业集团灵新煤矿	运输事故	1	一般事故

续表

	时间	省份	地点	事故类型	死亡人数	事故等级
21	2020年4月21日10时27分	四川省	四川芙蓉集团叙永一矿煤业	运输事故	1	一般事故
22	2020年4月21日2时40分左右	内蒙古自治区	内蒙古锡林郭勒白音华煤电有限责任公司露天矿	运输事故	1	一般事故
23	2020年4月25日23时57分	四川省	四川红岩煤矿	其他事故	1	一般事故
24	2020年4月27日17时10分	贵州省	贵州盘江精煤月亮田煤矿	冒顶事故	2	一般事故
25	2020年4月28日12时	山西省	山西介休鑫峪沟煤业	透水事故	0	一般事故
26	2020年4月29日	山西省	山西毛则渠煤矿井	运输事故	1	一般事故
27	2020年4月30日5时10分	重庆市	繁荣煤矿	顶板事故	1	一般事故
28	2020年5月1日	内蒙古自治区	内蒙古自治区鄂尔多斯市神通煤业公司	机电事故	2	一般事故
29	2020年5月4日1时40分左右	广西壮族自治区	广西鑫秀投资有限责任公司河里洛山井	顶板事故	2	一般事故
30	2020年5月8日	内蒙古自治区	鄂尔多斯高头窑煤矿	煤矿行业物体打击事故	1	一般事故
31	2020年5月9日	内蒙古自治区	华准格尔能源有限责任公司黑岱沟露天矿	其他事故	1	一般事故
32	2020年5月16日	河南省	郑煤集团超化煤矿	交通事故	1	一般事故
33	2020年5月16日6时10分左右	四川省	泸州锦运煤业有限公司	顶板事故	1	一般事故
34	2020年5月20日	陕西省	陕西西韩兴隆煤矿有限公司	其他事故	1	一般事故
35	2020年5月24日	陕西省	陕西彬长孟村矿业有限公司	冲击地压	0	一般事故
36	2020年5月29日	山西省	山西金地煤焦有限公司赤峪煤矿	安全事故	2	一般事故
37	2020年5月31日	黑龙江省	黑龙江龙煤鹤岗矿业有限责任公司兴安煤矿	其他事故	1	一般事故

续表

	时间	省份	地点	事故类型	死亡人数	事故等级
38	2020年6月3日	陕西省	黄陵县南川二号煤炭实业有限责任公司	运输事故	1	一般事故
39	2020年6月4日5时40分	山东省	山东省莱芜辛庄煤矿	顶板事故	2	一般事故
40	2020年6月4日	河南省	郑煤集团超化煤矿	机电事故	1	一般事故
41	2020年6月6日	宁夏回族自治区	国家能源集团宁夏煤业	机电事故	1	一般事故
42	2020年6月9日22时	内蒙古自治区	鄂尔多斯碾盘梁煤矿	顶板事故	1	一般事故
43	2020年6月10日12时29分	陕西省	陕西燎原煤业	煤与瓦斯突出	7	较大事故
44	2020年6月11日22时	山西省	山西省晋城晋普山煤矿井下西大巷车场	运输事故	1	一般事故
45	2020年6月12日5时30分	山西省	大同市吴官屯煤业有限责任公司	顶板事故	1	一般事故
46	2020年6月13日17时10分	江西省	江西煤业集团尚庄煤矿	顶板事故	1	一般事故
47	2020年6月18日1时29分	内蒙古自治区	呼伦贝尔市内蒙古大雁矿业集团有限责任公司第三煤矿	车辆伤害事故	1	一般事故
48	2020年6月20日13时	四川省	乐山市新店儿煤业	其他事故	1	一般事故
49	2020年6月21日12时45分	宁夏回族自治区	国能宁煤集团汝箕沟无烟煤分公司白芨沟煤矿	顶板事故	1	一般事故
50	2020年6月22日22时31分	江西省	江西省花鼓山煤业山南井	运输事故	1	一般事故
51	2020年6月23日9时30分	河北省	兴隆县平安矿业	冒顶事故	1	一般事故
52	2020年6月24日14时32分	江西省	萍乡市西云山煤矿	顶板事故	1	一般事故
53	2020年6月25日10时50分	内蒙古自治区	锡林郭勒盟乌兰图嘎煤炭公司	车辆伤害一般事故	1	一般事故
54	2020年6月26日	陕西省	陕西彬长小庄矿业有限公司	机电事故	1	一般事故

续表

	时间	省份	地点	事故类型	死亡人数	事故等级
55	2020年6月26日6时	安徽省	淮南矿业(集团)有限责任公司潘集第三煤矿	顶板事故	2	一般事故
56	2020年6月28日	重庆市	重庆市两江能源芦塘煤矿井	异常涌水	3	较大事故
57	2020年7月4日2时左右	内蒙古自治区	兴安盟突泉县庆业煤炭四区龙腾洗煤厂	车辆伤害事故	1	一般事故
58	2020年7月5日13时40分	湖南省	湖南省株洲市茶陵县人民煤矿	顶板事故	1	一般事故
59	2020年7月7日14时30分	山西省	山西曙光船窝煤业有限公司	机电事故	1	一般事故
60	2020年7月8日19时	宁夏回族自治区	宁夏庆华韦二矿业有限公司	其他事故	1	一般事故
61	2020年7月10日7时30分	山西省	山西中阳暖泉煤业有限公司	其他事故	1	一般事故
62	2020年7月11日22时43分左右	宁夏回族自治区	国能宁煤集团灵新煤矿	机电事故	1	一般事故
63	2020年7月12日16时左右	福建省	龙岩市新罗区岩山乡芹元村双叉坑煤矿	顶板事故	1	一般事故
64	2020年7月15日15时20分左右	内蒙古自治区	内蒙古扎赉诺尔煤业灵露煤矿	移动变电站发生倾倒	1	一般事故
65	2020年7月20日	湖南省	湖南省张家界市桑植县高峰煤业有限公司	瓦斯燃烧事故	1	一般事故
66	2020年7月23日	湖北省	恩施州利川市马鹿池煤矿	窒息事件	1	一般事故
67	2020年7月24日9时50分	内蒙古自治区	通辽市霍林郭勒市源源958露天煤矿	坍塌事故	1	一般事故
68	2020年7月25日	陕西省	神木市红岩煤矿	生产安全事故	1	一般事故
69	2020年8月5日4时23分	山西省	山西晋煤集团晋圣坡底煤矿	山体滑坡	3	较大事故
70	2020年8月9日1时40分	内蒙古自治区	内蒙古牙克石五九煤炭(集团)有限责任公司胜利选煤厂	浮煤掩埋事故	1	一般事故
71	2020年8月12日8时10分	内蒙古自治区	鄂尔多斯市内蒙古神东煤炭集团寸草塔	机电事故	1	一般事故

续表

	时间	省份	地点	事故类型	死亡人数	事故等级
72	2020年8月15日2时20分	四川省	内江南光有限责任公司	放炮事故	1	一般事故
73	2020年8月15日14时50分	云南省	普洱市澜沧县童浪煤矿	顶板事故	1	一般事故
74	2020年8月16日12时10分	甘肃省	华亭市东华镇殿沟煤矿井	水灾事故	1	一般事故
75	2020年8月18日10时30分左右	甘肃省	张掖市山丹县金湾煤矿	顶板事故	1	一般事故
76	2020年8月20日6时55分	山东省	山东能源梁宝寺煤矿	燃爆事故	7	一般事故
77	2020年8月20日	甘肃省	平凉新安煤业有限责任公司新安煤矿发生	机电事故	1	一般事故
78	2020年8月21日	河南省	河南省济源煤业有限责任公司二矿	顶板事故	1	一般事故
79	2020年8月26日7时	辽宁省	沈阳焦煤集团公司西马煤矿洗煤	突然死亡	1	一般事故
80	2020年8月31日14时32分	四川省	四川大业矿业集团有限公司	运输事故	1	一般事故
81	2020年9月4日1时30分左右	山西省	山西晋煤集团泽州天安海天煤业有限公司	运输事故	1	一般事故
82	2020年9月9日5时	广西壮族自治区	广西环江下金煤业有限责任公司下金矿	水事故	1	一般事故
83	2020年9月15日21时15分	江西省	江西新洛煤电有限责任公司山西煤矿	其他事故	1	一般事故
84	2020年9月15日21时15分左右	江西省	安源煤业集团股份有限公司所属山西煤矿	工作面损坏	1	一般事故
85	2020年9月15日0时21分	内蒙古自治区	内蒙古牙克石五九煤炭(集团)有限责任公司胜利煤矿	顶板事故	1	一般事故
86	2020年9月16日6时50分	黑龙江省	黑河市振兴煤矿	回采工作面事故	1	一般事故
87	2020年9月17日22时55分	辽宁省	辽宁鸿运八道壕煤矿	其他事故	1	一般事故
88	2020年9月18日	陕西省	韩城矿业公司下峪口煤矿选煤厂	其他事故	1	一般事故

续表

	时间	省份	地点	事故类型	死亡人数	事故等级
89	2020年9月21日22时10分	辽宁省	沈阳焦煤公司红阳三矿	冒顶事故	2	一般事故
90	2020年9月22日4时35分	甘肃省	甘肃兰阿煤业有限责任公司阿井矿	运输事故	1	一般事故
91	2020年9月27日0时30分	重庆市	重庆能投渝新能源公司下属松藻煤矿	火灾事故	16	重大事故
92	2020年9月28日22时48分	山西省	太原东山王封煤业公司	顶板事故	1	一般事故
93	2020年10月4日19时37分	内蒙古自治区	乌海市新星煤炭有限责任公司	车辆伤害事故	1	一般事故
94	2020年10月10日7时03分	山西省	山西阳城阳泰集团晶鑫煤业股份有限公司武甲分公司	坠人事故	3	较大事故
95	2020年10月10日12时50分左右	甘肃省	甘肃华信煤业有限责任公司	掩埋事故	1	一般事故
96	2020年10月10日12时50分左右	河北省	冀中能源股份有限公司东庞矿东庞井	巷道事故	1	一般事故
97	2020年10月12日	陕西省	富县矿业开发有限公司芦村一号煤矿	顶板事故	1	一般事故
98	2020年10月14日16时40分	内蒙古自治区	乌海市万企景华有限责任公司煤矿	一般事故	1	一般事故
99	2020年10月20日10时50分左右	宁夏回族自治区	中铝宁夏能源集团银星煤业有限公司	运输事故	1	一般事故
100	2020年10月20日2时	山西省	潞安集团左权阜生煤业	瓦斯爆炸事故	4	较大事故
101	2020年10月23日	湖南省	湖南省耒阳市开元煤业有限公司	运输事故	2	一般事故
102	2020年10月27日12时30分	安徽省	淮北矿业股份有限公司许疃煤矿	高温中暑	2	一般事故
103	2020年11月2日	陕西省	阳县兴安石煤矿	其他事故	2	一般事故
104	2020年11月4日13时15分	陕西省	陕西省铜川市印台区铜川乔子梁煤业	瓦斯突出	8	较大事故
105	2020年11月8日	河南省	中煤河南教学三矿	运输事故	1	一般事故

续表

	时间	省份	地点	事故类型	死亡人数	事故等级
106	2020年11月10日19时16分	山西省	山西柳林汇丰兴业同德焦煤有限公司	运输事故	1	一般事故
107	2020年11月10日7时左右	内蒙古自治区	阿拉善盟阿左旗福泉煤炭有限责任公司	坍塌事故	1	一般事故
108	2020年11月11日	山西省	山西朔州万通源煤业	透水事故	5	较大事故
109	2020年11月12日22时	宁夏回族自治区	国能宁煤集团金凤煤矿	其他事故	1	一般事故
110	2020年11月15日20时35分	内蒙古自治区	呼伦贝尔市内蒙古牙克石五九煤炭(集团)有限责任公司	其他事故	2	一般事故
111	2020年11月22日14时57分	内蒙古自治区	阿拉善盟内蒙古太西煤集团公司兴泰煤化有限责任公司	车辆伤害	1	一般事故
112	2020年11月22日0时10分	河北省	冀中能源股份有限公司东庞矿东庞井	冒顶事故	1	一般事故
113	2020年11月22日1时05分	宁夏回族自治区	王洼煤业有限公司王洼二矿	运输事故	1	一般事故
114	2020年11月26日	陕西省	陕西火石咀煤矿	机电事故	1	一般事故
115	2020年11月29日	湖南省	湖南省耒阳市源江山煤矿	透水事故	13	重大事故
116	2020年11月29日	山东省	滕州郭庄矿业有限责任公司锦丘煤矿	回撤液压支架时,发生1起因回撤钢丝绳连接装置断裂伤人事故-其他事故	1	一般事故
117	2020年12月3日4时23分	内蒙古自治区	李家塔煤矿	运输事故	1	一般事故
118	2020年12月4日17时17分	四川省	重庆市永川区吊水洞煤业有限公司	火灾事故	23	重大事故
119	2020年12月23日	广西壮族自治区	广西罗城伟隆煤业有限责任公司北陵山煤矿	运输事故	1	一般事故
120	2020年12月27日	河南省	巩义瑶岭煤业有限公司	顶板事故	3	较大事故
2021						
1	2021年1月9日17时19分	云南省	陆东煤矿东采区轨道运输巷内绞车硐室	机电事故	1人死亡	一般

续表

	时间	省份	地点	事故类型	死亡人数	事故等级
2	2021年1月9日17时30分	四川省	犍为三众吉达煤业有限公司吉达煤矿	顶板事故	1人死亡	一般
3	2021年1月9日21时40分	内蒙古自治区	新能矿业有限公司王家塔煤矿	顶板事故	1人死亡	一般
4	2021年1月10日14时	山东省	栖霞市西城镇正在建设的五彩龙金矿	爆炸事故	10人死亡、1人失踪	重大
5	2021年1月18日	陕西省	神木市店塔镇石岩沟煤矿	顶板事故	1人死亡	一般
6	2021年1月19日	贵州省	毕节市大方县星宿乡的瑞丰煤矿	一氧化碳中毒事故	3人死亡、1人受伤	较大
7	2021年1月24日11时27分许	内蒙古自治区	鄂尔多斯市神华包头能源有限责任公司李家壕煤矿	其他伤害事故	1人死亡	一般
8	2021年2月6日11时30分左右	重庆市	渝阳煤矿	外墙坍塌事故	5人受伤	较大
9	2021年2月14日21时30分许	山西省	霍宝干河煤矿	井下挤压事故	1人死亡	一般
10	2021年2月22日21时46分	内蒙古自治区	西蒙悦达能源有限公司电力满都拉煤矿	顶板事故	1人死亡	一般
11	2021年2月24日	陕西省	彬长孟村矿业有限公司	顶板事故	1人死亡	一般
12	2021年2月26日10时49分	吉林省	能源投资集团有限责任公司珲春矿业板石煤矿	机电事故	1人死亡	一般
13	2021年2月27日10时20分	吉林省	长春羊草煤业股份有限公司羊草沟煤矿一矿	其他事故	1人死亡	一般
14	2021年2月28日20时10分	江西省	煤业集团有限责任公司山西煤矿	爆破事故	1人死亡	一般
15	2021年3月2日22时40分	吉林省	辽源市大水缸煤矿有限责任公司	运输事故	1人死亡	一般
16	2021年3月3日15时40分	山西省	大同煤矿集团临汾宏大锦程煤业有限公司	顶板事故	1人死亡	一般
17	2021年3月4日16时左右	山西省	霍州煤电集团吕梁山煤电有限公司方山店坪煤矿	冒顶事故	1人死亡	一般
18	2021年3月16日12时40分	江西省	萍乡市芦溪县升华煤矿	顶板事故	1人死亡	一般

续表

	时间	省份	地点	事故类型	死亡人数	事故等级
19	2021年3月25日3时51分	山西省	华阳新材料科技集团有限公司(原阳煤集团)山西石港煤业有限责任公司15210进风掘进工作面	煤与瓦斯突出事故	4人死亡	较大
20	2021年3月27日15时35分许	内蒙古自治区	呼伦贝尔呼盛矿业有限责任公司呼盛煤矿	运输事故	1人死亡、1人受伤	一般
21	2021年3月31日12时28分	山西省	楼俊集团泰业煤业有限公司井下8102切眼工作面回风侧	机电事故	1人死亡	一般
22	2021年3月31日0时20分左右	河南省	郑州煤炭工业(集团)杨河煤业有限公司裴沟煤矿	物体打击事故	1人死亡	一般
23	2021年4月3日	福建省	武平县龙发煤炭开发有限公司剪寮坑煤矿	顶板事故	2人死亡	一般
24	2021年4月6日13时	山西省	金地煤焦赤峪煤矿	其他事故	1人死亡	一般
25	2021年4月9日8时50分左右	贵州省	金沙县东风煤矿	煤与瓦斯突出事故	8人死亡、1人受伤	较大
26	2021年4月10日18时10分许	新疆维吾尔自治区	昌吉州呼图壁县雀尔沟镇丰源煤矿矿井	透水事故		
27	2021年4月19日13时30分左右	甘肃省	靖远煤电下属魏家地煤矿	胶带事故	1人死亡	一般
28	2021年4月22日11时35分	辽宁省	沈阳西马煤矿北二区1302运顺掘进工作面	胶带事故	1人死亡	一般
29	2021年4月26日0时10分左右	贵州省	黔西南州晴隆县三宝煤矿1025瓦斯治理南巷掘进工作面	煤与瓦斯突出事故	2人死亡	一般
30	2021年5月2日16时20分左右	山西省	榆次官窑煤业有限公司井下15#下0110运输顺槽	机电事故	1人死亡	一般
31	2021年5月11日10时10分	内蒙古自治区	赤峰巨森矿业有限责任公司煤矿	机电事故	1人死亡	一般

附录二 《煤矿安全监管调查问卷》结果分析

一、调查说明

自陕西省榆林市“1·12”煤矿安全事故发生以后，陕西省制定了更加完善的煤矿安全监管制度体系。榆林市的煤矿安全监管方式方法不断完善，煤矿安全状况不断改善。

研究榆林市煤矿安全监管的有效方式方法，并将之推广，对煤矿安全监管的相关研究和相关实际工作都具有极大的指导意义。

二、调查方式及对象

本次调查采取了网上问卷调查的方式，借助“问卷星”调查平台，向榆林市与煤矿安全监管工作有关的机构主体发放问卷，具体包括：国家煤监安全监察机构、地方政府煤矿安全监管部门、煤矿上级集团公司、煤矿和其他机构等。

三、调查结果及分析

本次调查问卷共设置 24 道题目，包括单选题、多选题和填空题，采用客观题和主观题相结合的方式，能充分收集调查对象对调查题目的意见和想法。

从调查对象的来源部门来看，有 65.25%的调查对象来自煤矿企业，有 29.66%的调查对象来自地方政府煤矿安全监管部门；在 118 个调查对象中，仅有 2 人对榆林市近几年的煤矿安全重大事故没有印象，另有 70.34%的调查对象对事故印象很深，由此可见，煤矿安全事故对煤矿安全相关主体的影响非常大。

在调查对象对榆林市煤矿事故发生原因的分析中，排名前三的原因分别是灾害治理不到位、矿领导违规指挥和员工违章操作。在实地调研过程中，在对神木市能源局进行调查时，其有关领导明确提出，现阶段榆林市尤其是神木市的主要问题之一是“火”，榆林市的煤矿地质条件相对较好，但地面火灾的发生却对煤矿安全生产起到极大威胁，以火灾为代表的自然灾害治理不到位是榆林煤矿安全事故的主要原因之一。另外，被调研的众多机构主体都提到榆林市“1·12”事故发生前煤矿企业的违法违规承包和煤矿企业主体责任落实的缺失等现象，这些做法均容易导致矿领导的违法违规指挥。再者，在调研过程中，调研对象还指出，事故发生前，企业的员工素质相对较低，对员工的培训也极容易流于形式，这些方面容易导致企业员工的违章操作。此外，分别有22.88%和17.8%的调查对象认为榆林市煤矿安全事故的主要原因是监管缺失和其他原因。

在地方政府煤矿安全监管部门、国家煤监安全监察机构、煤矿上级集团公司和煤矿自主监管四个监管单位中，调查对象认为更为有效的监管单位排序依次是：地方政府煤矿安全监管部门、国家煤监安全监察机构、煤矿自主监管、煤矿上级集团公司。之所以产生这样的结果原因可能有二：其一，地方政府煤矿安全监管部门是煤矿安全监管最直接的煤矿企业外部的监管部门，其监管的方式方法和监管力度等导致其对煤矿企业安全监管的效果相对更有效；其二，在118份有效问卷中，有35份问卷来自地方政府煤矿安全监管部门，有77份问卷来自煤矿企业，部门对于自身价值的认同感导致该结果的出现。

当让调查对象从地方政府煤矿安全监管部门、国家煤监安全监察机构、煤矿上级集团公司和煤矿自主监管四个监管单位中选出监管作用最大的主体时，有38.14%的调查对象选择了煤矿自主监管，出现这一结果的原因可能是：一方面，在对事故原因的分析中，分别有56.78%和53.39%的调查对象认为矿领导违规指挥和员工违章操作是导致煤矿事故的主要原因，分析来看，这两种原因均来自煤矿企业内部，而煤矿自主监管是针对煤矿企业内部不安全操作的有效方法；另一方面，在实地调研过程中，诸多机构主体的相关领导都提到了“落实煤矿企业主体责任”，煤矿自主监管行为是煤矿企业落实主体责任的重要表现。另外，有33.9%的调查对象选择了地方政府煤矿安全监管部门，这一结果的出现，与前面的结果具有一致性。

在“您认为哪类煤矿最难监管”的回答中，有近一半的调查对象选择了乡镇煤矿，出现这一结果的原因可能有二：一是榆林市的乡镇煤矿企业数量众多，在对该类型企业进行监管的过程中需要耗费大量的人力物力财力，故而对于地方政府煤矿安全监管部门来说，该类型的企业难管；二是乡镇煤矿企业的规模相对较小，企业的生产能力和生产规模比不上大型企业，企业的规模优势不明显，为了更大的利润，企业往往会采取减少成本投入的措施，这为企业的煤矿安全埋下隐患。另外，有 23.73％的调查对象认为国有重点煤矿最难监管，产生这一结果的原因可能是该类型煤矿规模较大，产生的小问题也相对较多，故而对地方政府煤矿安全监管部门来说比较难管。

承接该题目，在对所选类型的煤矿企业难以监管到位的原因进行分析时，选项占比由高到低依次是：员工素质不足，煤矿领导层对监管不重视甚至隐瞒，矿主“背后力量”强大，监管部门执法水平、专业知识不足，人情影响，监管部门权威不够，集团、主管单位等的任务重，其他。其中，有高达 54.24％的调查对象选择了“员工素质不足”，说明煤矿企业员工素质问题是企业煤矿监管的主要问题之一，这与实地调研过程中，调研对象所说的“人的不安全行为是影响煤矿安全的重要因素，管理煤矿最主要的方面就是管好人”这一论断相一致，同时，现阶段榆林市加大对煤矿企业员工的培训也是对这一问题的有力印证。另外，“煤矿领导层对监管不重视，甚至隐瞒”这一选项的占比高达 49.15％，可见，在煤矿企业监管中，煤矿企业的主观因素是导致煤矿企业难以监管到位的最主要因素。再者，在 118 份有效问卷中，仅有 9 个调查对象选择了“其他”选项，但是在后续回答“您认为该类煤矿难以监管到位还有哪些原因？”这一问题时，却并没有回答实质有效的答案，因此该答案可以忽略。

在“您认为提高煤矿安全保障能力最有效的方法是什么？”这一问题的回答中，分别有 45.76％和 29.66％的调查对象认为提高煤矿自身安全管理水平和落实企业安全生产主体责任对于提高煤矿安全保障能力最有效，这两个选项均是从企业自身的角度进行考虑，由此说明，在提高煤矿安全保障能力方面，应当充分发挥煤矿企业的主观能动性。另外，有 1 个调查对象的答案是“其他”，该调查对象在承接此题的答案中明确指出“要提高安全意识”。

在煤矿事故隐患的选择中，占比较大的隐患是“重大危害因素，如水害、火灾、瓦斯、煤尘、冲击地压等”“对职工的安全教育与培训不够或未培训就上岗”“安全管理制度不完善，甚至矛盾”。在实地调研中，神木市能源局领导指出，现在煤矿安全最大的问题是火灾的问题，他指出榆林市煤矿开采的地质条件是非常有利的，但地面火灾的问题非常严重。另外，有调研对象指出，煤矿生产是一个动态的过程，问题的产生也是动态的、不断变化的，而煤矿安全管理制度在一定程度上不能紧跟煤矿企业的发展，同时也有部分制度不够完善，最终带来煤矿安全事故隐患。再者，煤矿企业员工的素质、煤矿的硬件设施等也会不同程度导致煤矿安全事故隐患。

从监管效果来看，现有监管方式对煤矿安全的监管效果相对较好，能够灵活执法，方法针对性也不错，但也有 4.24%的调查对象认为安全管理执法效果不高，执法不被重视。

在对国家煤矿安全监察机构和地方政府煤矿安全监管部门的职责划分的调查中，有 33.89%的调查对象认为二者职责划分不太清晰，存在重复监管的现象。这与实地调研中所得到的结论具有一定程度的一致性。

从问卷调查结果来看，调查对象认为在煤矿安全监管工作中的压力大，并且已经影响正常生活甚至无法睡眠。118 份问卷中，有 35 份来自地方政府煤矿安全监管部门，有 77 份来自煤矿企业。因此，可以推论地方政府煤矿安全监管部门和煤矿企业的工作人员的工作压力是较大的。其中原因可能是：首先，地方政府煤矿安全监管部门的工作人员数量有限，而榆林市煤矿企业数量众多，有限的人员却要监管众多的煤矿，工作压力自然大；其次，地方政府煤矿安全监管部门的工作人员的工作任务中，实地调研过程中，工作人员反映，现场检查和下矿检查是其工作常态，高强度的工作必然带来巨大压力；再者，地方政府煤矿安全监管部门的工作人员实行异地管理，家庭生活的缺失会放大工作人员的工作压力；最后，地方政府煤矿安全监管部门的工作人员还承担了煤矿事故发生之后被处罚的压力。调研发现，一方面调研煤矿企业在生产过程中频繁地受到多层次多角度煤矿安全的监督，给煤矿企业工作人员带来了压力；另一方面，煤矿企业工作人员还要兼顾企业的经济效益，在安全生产和经济效益之间取得平衡，也是其压力的来源之一。

在后续对煤矿安全监管工作的压力来源进行深入调查分析时发现，“下属或煤矿整体能力、素质不行”占比较高，高达 38.98%，产生这一现象的原因可能是调查对象中煤矿企业的占比较高所致。“领导口头支持，但实际中经常要安全向效益让路”“安全责任太大、追责问责难以承受”也是产生其压力的重要原因，而“上级考核指标混乱，自相矛盾”“上级定的指标太高，对安全有负面影响”“工作忙忙碌碌，却感觉没有好方法”“煤矿事故具有偶然性，不知道什么时候就会发生”“下属或煤矿整体能力、素质不行”“煤矿井下灾害严重”“各方利益、人情太多,不好执法”“涉及知识太多,自己对煤矿安全感觉需要学习的比较多”“权力不足以完成工作”等均不同程度地造成调查对象的工作压力。承接该题目,在后续深入询问调查对象在煤矿安全监管工作中的其他压力来源时,答案有“安全投入不足”“煤矿技术人员少”“随着煤矿开采周期加长,各种灾害增多,部分职工文化素质低,接受能力弱”等。

在对当前煤矿监管监察体系的调查中发现的较大的问题如下:“监、管部门之间职责不清,重复监管”“监管人员配备不足,许多矿区存在监管真空”“监管人员业务素质不高,工作效率低,影响监管质量”。在实地调研过程中,调研对象明确提到现阶段监管人员有限,监、管部门之间职责不清重复监管的现象,但对于监管人员业务素质不高这一问题并没有提及。此外,有 17 个调查对象在该问题中选择了“其他”选项,在承接此题的作答中,这部分调查对象认为在当前煤矿监管监察体系中的问题还有:“一矿一策机制执行不到位”“对煤矿各类规定的执行理解不一致”“政策法规及行业规定与现场环境死搬硬套,有时不能具体问题具体分析”“检查不到位,有盲区”。

在对煤矿安全监管执法面临的问题进行调查时发现,有 62.71%的调查对象认为当前仍有部分煤矿企业安全管理水平太差,给安全监管执法带来问题。另外有 55.08%的调查对象从自身的角度进行考虑,认为煤矿企业涉及的专业太多,监管人员能力不及。再者,有 28.81%的调查对象指出,在煤矿安全监管执法过程中,存在检查出的问题整改不到位的现象。最后,有调查对象指出,在煤矿安全监管执法过程中还面临“监管法律法规不健全,政府对监管部门业务人员配备不重视”“检查太频繁,煤矿应接不暇”“多头管理,企业负担重”等问题。

在对安监部门和其他行业管理部门的关系调查中,有近半数的调查对象认为安监部门和其他行业管理部门之间配合效果一般,协调配合得不够好;另外,有 11.02%的调查对象认为两者之间的关系没理顺,协调配合得太少。这与实地调研过程中调研对象所提到的煤监局和能源局之间存在业务重叠相一致。

调查结果显示,目前,榆林市政府安全监管部门的监管工作相比前几年最大的不同之处在于监管密度增加,监管更加频繁,此外,执法人员素质提升大,责任心增强,监管方法更加多样化等特征也更加明显。还有部分调查对象指出,监管工作过程中,监管水平不断提升,监管更加严格,罚款更加多。

在对当前安全生产主体责任履行不到位的原因进行分析时发现,“煤矿员工意识不足，安全文化没有形成”“矿上领导意识不足”“资金、物资、人员等不到位”“安全和生产冲突，无奈造假”等原因分别占比 63.56%、48.31%、39.83%、28.81%。由此可见，煤矿企业的领导和员工的意识不到位严重影响安全生产主体责任的履行。

最后，为了推动煤矿履行安全生产主体责任，在对煤矿安全监管工作建议的征集过程中，提出的相对较多的建议有：一是加大对煤矿实际控制人的监管，落实企业主体责任，加强煤矿自主管理的力度，杜绝保姆式监管；二是加强对煤矿员工的培训；三是划清监管部门的职责，避免重复监管；四是完善煤矿安全监管的相关法律法规，加强监管部门监管执法的权威性；五是要做好分类监管，灵活监管，精准管理。

四、煤矿安全监管调查问卷

第 1 题　您所属的部门是：[单选题]

选项	小计	比例
国家煤监安全监察机构	2	1.69%
地方政府煤矿安全监管部门	35	29.66%
煤矿上级集团公司	2	1.69%
煤矿	77	65.25%
其他	2	1.69%
本题有效填写人次	118	

第 2 题　您对近几年榆林煤矿几起重大事故有印象吗？[单选题]

选项	小计	比例
印象很深	83	70.34%
有比较深印象	18	15.25%
有印象	15	12.71%
过去一段时间了无印象	2	1.69%
本题有效填写人次	118	

第 3 题　您认为近几年榆林煤矿发生事故的最主要原因是什么？[多选题]

选项	小计	比例
灾害治理不到位	76	64.41%
矿领导违规指挥	67	56.78%
员工违章操作	63	53.39%
监管缺失	27	22.88%
其他	21	17.8%
本题有效填写人次	118	

第 4 题　您认为对煤矿进行安全监管工作中，下面哪些单位监管比较有效？[多选题]

选项	小计	比例
地方政府煤矿安全监管部门	82	69.49%
国家煤监安全监察机构	71	60.17%
煤矿上级集团公司	36	30.51%
煤矿自主监管	68	57.63%
本题有效填写人次	118	

第 5 题　您认为哪个煤矿安全监管主体作用最大？[单选题]

选项	小计	比例
地方政府煤矿安全监管部门	40	33.9%
国家煤监安全监察机构	28	23.73%
煤矿上级集团公司	5	4.24%
煤矿自主监管	45	38.14%
本题有效填写人次	118	

第 6 题　您认为哪类煤矿最难监管？[单选题]

选项	小计	比例
国有重点	28	23.73%
地方国有	9	7.63%
乡镇煤矿	49	41.53%
其他	7	5.93%
与所有制无关	25	21.19%
本题有效填写人次	118	

第 7 题 您认为该类煤矿难以监管到位的主要原因是什么？［多选题］

选项	小计	比例
监管部门权威不够	24	20.34%
监管部门执法水平、专业知识不足	31	26.27%
矿主“背后力量”强大	46	38.98%
集团、主管单位等的任务重	17	14.41%
煤矿领导层对监管不重视，甚至隐瞒	58	49.15%
人情影响	28	23.73%
员工素质不足	64	54.24%
其他	9	7.63%
本题有效填写人次	118	

第 8 题 您认为该类煤矿难以监管到位还有哪些原因？［填空题］

无人作答。（填空题数据请通过下载详细数据获取）

第 9 题 您认为提高煤矿安全保障能力最有效的方法是什么？［单选题］

选项	小计	比例
加大监管执法力度	10	8.47%
对煤矿进行分级监管	7	5.93%
通过技术升级改造降低事故风险	3	2.54%
提高煤矿自身安全管理水平	54	45.76%
直接关闭淘汰落后产能	8	6.78%
落实企业安全生产主体责任	35	29.66%
其他	1	0.85%
本题有效填写人次	118	

第 10 题 您认为提高煤矿安全保障能力还有哪些有效方法？［填空题］

无人作答。（填空题数据请通过下载详细数据获取）

第 11 题 您觉得煤矿的事故隐患中，哪种比例最大？［单选题］

选项	小计	比例
设计上的缺欠	3	2.54%
安全管理制度不完善，甚至矛盾	17	14.41%
劳动组织不合理	7	5.93%
对职工的安全教育与培训不够或未培训就上岗	24	20.34%
重大危害因素，如水害、火灾、瓦斯、煤尘、冲击地压等	37	31.36%
机电	5	4.24%
提升运输	4	3.39%
员工三违等	17	14.41%
其他方面的一些小问题	0	0%
其他	4	3.39%
本题有效填写人次	118	

第12题　从效果来看，您所在的部门工作对煤矿安全的提升程度如何？[单选题]

选项	小计	比例
灵活执法（安全管理），效果非常好	47	39.83%
方法针对性不错，效果比较好	37	31.36%
方法单一，以罚款为主，倒逼煤矿进步	13	11.02%
执法（安全管理）效果不高，不被重视	16	13.56%
执法（安全管理）就是走过场，没什么效果	5	4.24%
本题有效填写人次	118	

第13题　您认为国家煤矿安全监察机构和地方政府煤矿安全监管部门的职责划分清晰吗？[单选题]

选项	小计	比例
非常清晰	27	22.88%
比较清晰	41	34.75%
一般清晰	10	8.47%
不太清晰、重复监管	30	25.42%
不清晰，交叉空白都很常见	6	5.08%
不知道	4	3.39%
本题有效填写人次	118	

第 14 题　您在煤矿安全监管工作中的压力大吗？［单选题］

选项	小计	比例
非常大，难以睡眠	30	25.42%
比较大，影响正常生活	53	44.92%
一般，感觉和其他岗位差不多	17	14.41%
比较小，自己还有余力应对	6	5.08%
没感到什么压力	2	1.69%
说不清	10	8.47%
本题有效填写人次	118	

第 15 题　您在煤矿安全监管工作的压力来源有哪些？［多选题］

选项	小计	比例
上级考核指标混乱，自相矛盾	29	24.58%
上级定的指标太高，对安全有负面影响	19	16.1%
工作忙忙碌碌，却感觉没有好方法	24	20.34%
煤矿事故具有偶然性，不知道什么时候就会发生	35	29.66%
下属或煤矿整体能力、素质不行	46	38.98%
煤矿井下灾害严重	9	7.63%
领导口头支持，但实际中经常要安全向效益让路	41	34.75%
各方利益、人情太多，不好执法	17	14.41%
涉及知识太多，自己对煤矿安全感觉需要学习的比较多	25	21.19%
权力不足以完成工作	24	20.34%
安全责任太大，追责问责难以承受	41	34.75%
其他	9	7.63%
本题有效填写人次	118	

第 16 题　您在煤矿安全监管工作中的压力来源还有哪些？［填空题］

实际控制人及其代表对法律法规和生命无敬畏之心，矿长只有责任，无实权。(填空题数据请通过下载详细数据获取)

第 17 题　您认为当前煤矿监管监察体系中存在哪些问题？［多选题］

选项	小计	比例
监管人员业务素质不高，工作效率低，影响监管质量	36	30.51%
监管人员配备不足，许多矿区存在监管真空	48	40.68%
监管工作方法不合理，事倍功半，疲于奔命	31	26.27%
监、管部门之间职责不清，重复监管	49	41.53%
说不清楚	16	13.56%
其他	17	14.41%
本题有效填写人次	118	

第 18 题　您认为当前煤矿安全监管监察体系中还存在哪些问题？[填空题]

推责。(填空题数据请通过下载详细数据获取)

第 19 题　您认为在安全监管执法中，面临的问题有哪些？[多选题]

选项	小计	比例
煤矿涉及的专业太多，无法面面俱到	65	55.08%
检查出的问题整改不到位	34	28.81%
有些煤矿安全管理水平太差	74	62.71%
煤矿"幕后人"的打击报复	11	9.32%
其他	12	10.17%
本题有效填写人次	118	

第 20 题　您认为在煤矿安全监管执法中，面临的问题还有哪些？[填空题]

关键是监管只为监管、处罚，很少有真心替煤矿排忧解难的。(填空题数据请通过下载详细数据获取)

第 21 题　煤矿安全监管是一项综合性工程，涉及多个行业，须多个部门协调、配合，形成监管合力，您认为安监部门和其他行业管理部门的关系是否理顺？[单选题]

选项	小计	比例
理顺了协调、配合得很好	44	37.29%
一般，协调、配合得不够	57	48.31%
没理顺，协调、配合得太少	13	11.02%
不知道	4	3.39%
本题有效填写人次	118	

第 22 题　您感觉近年的榆林市政府安全监管部门的监管工作和前几年有什么不同？［多选题］

选项	小计	比例
监管密度增加，更加频繁	88	74.58%
水平增长很快，能发现问题	44	37.29%
执法人员素质提升大，责任心增强	61	51.69%
罚款更加多	41	34.75%
标准更加严格，不好说话	35	29.66%
监管方法更加多样化	56	47.46%
对信息化技术等依赖性更强	22	18.64%
感觉没啥变化	1	0.85%
说不清	6	5.08%
本题有效填写人次	118	

第 23 题　煤矿安全监管的目的是为了确保企业履行安全生产主体责任，您认为当前安全生产主体责任履行不到位的原因是什么？［多选题］

选项	小计	比例
煤矿不愿意履行，造假	20	16.95%
安全和生产冲突，无奈造假	34	28.81%
迫于上级公司压力，不得不放弃	11	9.32%
煤矿灾害严重，虽然努力了，但没法有效履行	14	11.86%
矿上领导意识不足	57	48.31%
煤矿员工意识不足，安全文化没有形成	75	63.56%
资金、物资、人员等不到位	47	39.83%
我们矿做得挺好，没有不到位的情况	18	15.25%
其他	7	5.93%
本题有效填写人次	118	

第 24 题　为了推动煤矿履行安全生产主体责任，您对煤矿安全监管工作有什么好的建议？［填空题］

(1) 机械化程度再提高，加强管理人员及职工的素质培训。（填空题数据请通过下载详细数据获取）

后　记

——用安全监管力推动煤矿安全综合治理效能的提升

党的二十大提出了大安全大应急框架，为研究和筹划中国未来相当长一段时间内的煤矿安全监管工作确立了基本思路，指明了方向，即推动煤矿生产安全治理体系和治理能力现代化，促进全国煤矿安全生产形势的“持续稳定向好”，全面遏制煤矿生产中的重特大事故。在该方向指引下，安全监管部门及科研院所开始积极探索实现煤矿安全生产治理体系及治理能力现代化的方式及路径。中国矿业大学安全与应急管理研究院在探索有中国特色的矿山安全治理效能提升上投入了大量人力和物力，构建了矿山安全监管的安全监管力理论，并提出了关于提升新时代有中国特色的煤矿生产安全综合治理效能的解决方案。中国矿业大学安全与应急管理研究院为新时代下的中国煤矿安全监管学的成形及完善做了大量的基础性工作，构建了安全监管力理论架构，论述了安全监管力在推动中国煤矿安全治理效能提升过程中的重要作用。

一、“力”的现代化进程推动了煤矿安全生产治理能力的现代化进程

（一）人类的“力”的现代化进程

煤矿安全生产的发展是力的现代化过程，煤矿安全监管和治理效能的提升也是如此。从力的视角来看，人类文明史从某种意义上来说就是人类关于“力”的革命历史，而人类关于力的革命总体经历了从无力到有力再到省力的过程。

因此，人类文明的发展历程从某种意义上来说就是“力”的现代化发展过程，而人类通过力的现代化不仅创造和积累了大量财富，也提升了自身适应和改造自然的能力。总体上来看，人类的发展走了一条从“无心无力”到“有心有力却要更加省力”的路径。在这条路径上，人类遭遇了无数问题和挑战，但最终都通过“力”的发展或者革命而得到了圆满解决。中国的煤矿安全监管方式方法的现代化演进同样反映了安全监管力的现代化过程。因此，可以说人类的文明演进主要是靠“力”的作用来推动的，煤矿安全的现代化在一定意义上也是通过安全监管力的作用来实现的，这些力主要包括思想力、科技力、信息力和智慧力等。

在中世纪的欧洲之前，人类无论是面对自然还是自身的生存和发展都显得“无心无力”。瘟疫肆虐，战乱纷争。人类在整个中世纪阶段并没有创造和积累下多少财富。在人类文明的历史长河中，人类社会创造和积累下的财富主要是近 300 年的时间内，特别是近 100 年内实现的。

进入 13 世纪，人类社会迎来一次思想力的解放，也就是人类历史上著名的文艺复兴。在这个阶段里，思想力得到了飞速发展，科学逐步萌芽，科技力开始逐步孕育。虽然文艺复兴促进了人类思想力的解放，但是当时的科技力无法赶上思想力的发展，使得这个时代人类在面对自然和生存的挑战时仍然表现出“有心无力”，科技力的发展赶不上思想力的大发展。在大航海的时代，人类仍然采用人力和风力驱动的帆船，在应对自然的挑战时仍然显得无能为力，一次环球寻找新大陆的航行不仅要耗费两三年的时间，而且旅途充满了风险，大多数水手在踏上环球之旅之时，就意味着踏上了人生不归路。1522 年 9 月 6 日，当麦哲伦船队完成了人类历史上的第一次环球航行回到西班牙时，出发时的近百人已经只剩下 18 人，而且麦哲伦本人也死于环球航行的旅程中。这个阶段的人类先知先觉在思想力上已经认识到地球可能是圆的，但要去证明地球是圆形的却仍然得力不从心。

到了 18 世纪，英国迎来了工业革命，人类开始真正踏上了动力革命之旅。工业革命首次让人类在面对自然的挑战时开始变得“有力”。以蒸汽机和内燃机的发明、普及应用使得人类在面对自然和生存时真正有了力量。工业革命使得人类开始拥有应对自然和人类自身发展的“力”，可以真正做到“有心有力”。当人类“有力”之后，环球航行开始变得容易多了，尽管仍然充满风险，环球航行的时间大大缩短。

进入信息时代，人类继续对科技力和思想力进行革命，变得越来越强大，征服自然和应对经济社会发展的力也越来越大。但在这个时代让力越来越大已经不是人类会面对的主要问题，相反，如何省力则成为人类所要深思熟虑的问题。在信息时代，人类一方面不断对“力”进行革命，让人类的“力”变得越来越强大；另一方面，人类也开始思考在应对自然的挑战和经济社会发展的问题时如何“省力”。在电报和电话发明之前，洲际之间的信息传播要耗费几个月时间，而当电报和电话发明之后，人类在几秒内或者几分钟内就可以实现信息的传播。进入20世纪90年代，随着互联网技术的发展，处于地球上任何角落的人类已经可以进行实时的沟通和交流，这使得人类在解决自身的发展问题和应对自然挑战时变得更加“省力”和游刃有余，至此，人类已经发展出信息力。

进入人工智能时代，人类在发展经济和应对自然及社会问题时，不仅变得“更加省力”，而且还在努力实现“持续性省力”。人工智能技术、互联网技术的发展和普及使得人类已经可以足不出户就可以解决过去要耗费大量人力和物力的事情，人类在应对自然挑战和自身发展问题时又进一步形成了智慧力。如在线金融、在线交易，人们可以足不出户就可以转账、购买东西。今天，随着智慧地球逐步发展，人类只需要点点鼠标或者动动手指，很多需求就可以得到满足。

回顾我国的煤矿生产和监管，两者同样也经历了从无力到有力再到省力的过程。近100年来，我国煤矿生产经历了从人力开采、炮采、机采、综采及智能化开采的过程。当前，煤矿生产和监管都变得越来越省力，但越来越智力。因此，我们有理由相信随着信息技术和人工智能在矿山开采上的应用，智慧矿山必将在未来的某个时间点上得以建成。一旦智慧矿山建成，矿山开采将可能进入真正的无人时代，到那时当前矿山开采中所遇到的一切问题也将迎刃而解。

（二）煤矿安全生产治理能力的现代化历程

党的十九届四中全会对我国的煤矿安全生产治理体系及治理能力的现代化给予了前所未有的关注和重视。这为我们今天探索一条实现新时代有中国特色的煤矿安全生产治理体系及治理能力现代化提出了一个重要的新研究命题。当前，中国煤矿安全生产治理体系和治理能力现代化已经取得了非常显著的成绩，但在成绩背后仍然存在诸多问题。在煤矿安全生产治理的实践中，领导和员工仍然时有抱怨煤矿安全监管责任大、任务重、人手不足，安全监管理论方法不够先进、有效等问题。每到煤矿安全事故进入多发期，从事安全监管的领导和员工就会忙得焦头烂额，心力交瘁。因此中国煤矿生产安全治理体系和治理能力的现代化进程还远没有结束，还面临着诸多问题，这些问题主要包括：中国应该如何走一条适合于中国国情的煤矿安全生产治理体系及治理能力的现代化的路径？如何形成支撑中国煤矿安全生产治理体系及治理能力现代化的理论和方法体系，让中国的解决方案具有在全世界范围内的可推广性和可复制性？中国煤矿安全生产治理体系及治理能力现代化进程在什么时候结束？中国煤矿安全生产治理体系及治理能力现代化的标志是什么？

为了回答上述诸多问题，我们仍然要从推动中国煤矿生产治理体系和治理能力现代化的各种力量入手，通过对力量组合的优化配置来探索实现中国煤矿安全生产治理体系及治理能力现代化的中国路径。

从逻辑上看，中国的煤矿安全生产治理体系及治理能力的现代化过程嵌套于中国国家治理体系和治理能力现代化的过程中，其现代化的路径在很大程度上必然类似于或者同步于中国国家治理体系和治理能力现代化路径。国家治理体系和治理能力的现代化需要力的推动，而中国煤矿生产安全治理体系和治理能力现代化同样需要力的推动，而这个力其中就包含安全监管力。安全监管力是推动煤矿安全生产能力现代化的核心力量之一。这个力嵌套于国家治理体系及治理能力现代化的大架构下，以国家治理力为基础。

总体来看，中国的煤矿安全生产治理也经历了从无心无力治理到有心有力的治理再到省心省力的治理过程。

在1949年之前，中国连年战乱，煤矿安全生产安全治理也处于无心无力的状态。而1949年之后，中国的煤矿安全生产治理在党和政府的重视下，逐步实现了从无心无力向有心有力的过渡。党和政府带领人民实现现代化的决心矢志不渝，而煤矿安全生产治理体系及治理能力的现代化则是中国现代化进程的一个重要组成部分。进入21世纪，中国煤炭产业迎来了一个高速高质量发展的黄金十年。不仅年产量大幅度提升，煤矿重大事故数量也大幅度下降。中国煤矿生产事故的死亡人数也逐步从每年的几千人下降到当前的几百人。在这个过程中科技力、政治政策力、制度力都发挥了重要作用。

当前，中国煤矿安全生产治理已经开始迈入发展智慧力的阶段，最终治理主体在未来要用智慧力来推动煤矿安全生产的治理。随着物联网、互联网、人工智能技术及大数据分析处理技术的日臻完善，智慧矿山已经在隐约呈现。煤矿安全监管力也会从强调思想力、科技力、政策及政治力而逐步过渡到以智慧力为主导。因此，从社会构建主义的视角来看，中国的煤矿安全生产治理能力现代化的进程也是一种“力”的现代化过程。

二、推动煤矿生产安全治理能力现代化的机制

（一）煤矿安全监管力的作用

力是物体对物体的作用，力的作用可以使被作用的对象变形或者运动。借鉴此定义，我们将安全监管力定义为安全监管主体对于监管对象的作用，具体表现为监管主体的行为活动对监管对象所能产生的影响作用。从嵌入理论的视角来看，安全监管力不能独立于监管主体和监管对象而存在，它必须嵌入安全监管主体与监管对象之间客观存在的关系上才能发挥作用。

安全监管力大体上有五个维度，分别是安全监管力的大小、方向、作用点、作用时间及环境。因此，影响安全监管力的作用效果也有五个要素，当改变安全监管力的五个维度时，安全监管力的作用效果也随之发生改变。由于安全监管力的不同维度的取值范围或连续或离散，安全监管力的作用效果也千变万化。

（二）煤矿安全监管力的类型

总体来看，推动中国煤矿安全生产治理体系及治理能力现代化的安全监管力主要有以下几种类型。分别是煤矿生产安全治理的思想力、科技力、政治及政策力、制度力、智慧力及其他各种力或者力的组合。

（1）思想力。

思想力主要产生于监管主体中的领导者，由他们的认知力、感知力及判断力等构成。思想力是安全监管力组合中最具有统领性的一个构成部分，也是煤矿安全中国维度和特色的重要体现。思想力在推动中国煤矿安全生产治理体系及治理能力现代化进程中发挥了非常关键的作用。在安全监管的决策和实践中，思想力将最先发挥作用，并对其他类型的安全监管力产生决定性的影响作用。当安全监管主体在面对监管对象时，前者首先要运用自身的认知力和感知力来判断煤矿安全生产治理实践究竟存在什么样的问题？这些问题的严重程度如何？监管对象和监管主体之间是不是一条心？只有明确了这些问题后，监管主体才能够决定自己的施力机制、该用什么样的力，并最终决定了安全监管力作用于监管对象时能否形成凝聚力。

（2）科技力。

科技力是推动中国煤矿生产安全治理能力现代化的有形力，是安全监管力组合中的最活跃的成分。中国煤矿生产安全状况的好转在很大程度上是科技力现代化的结果。在2003年之前，中国煤矿事故一年要死亡5 000人以上。随后，中国煤矿开始在设备、安全技术上加大投入，煤矿企业开始大力引进先进采煤设备，推行机械综采技术，减少工作面作业的人数，随后恶性伤人和死人的煤矿事故数量明显下降。煤矿生产设备的现代化直接导致了煤矿生产安全事故的下降。科技是第一生产力，中国煤矿安全生产治理能力现代化过程中，科技力先走了一步，促进了中国煤矿技术及装备的现代化，当前，中国煤矿生产过程中的重特大事故明显少了，这在很大程度上是科技力大发展的结果。

（3）政治和政策力。

在煤矿生产的科技力现代化的同时，政治和政策也在持续发力，从而形成了构成煤矿安全监管力现代化的第三股力量。国家不断出台和优化煤炭行业产业化发展政策，关闭小煤矿，推动地方煤矿的关停并转及整合，将2000年前后中国的三万多家煤矿在短时间内降低到只有几千家，目前稳定在3 000家左右。煤矿企业不仅装备和生产技术升级了，煤矿的数量也大幅度减少，煤炭行业从业人数也显著降低。因此，政策和政治的发力则是推动煤矿事故死亡人数下降的第三股力量。

（4）制度力。

与此同时，中国煤矿企业生产、管理及治理的制度也在不断进行现代化，逐步建立了现代化的管理和监管制度。中国煤炭行业逐步建立了适应现代化煤矿生产模式的现代化的管理和监管制度。匹配现代化企业生产模式的相关法律法规逐步制定并不断完善，行业标准也逐步制定并在实践中得到了很好的执行。煤矿企业的产权制度、治理结构也逐步明晰。以上这些又形成了推动煤矿安全监管力现代化的第四种力，即现代化的制度力。制度力的现代化也是推动煤矿重大事故死亡人数下降的关键力量之一。

（5）智慧力。

智慧力是安全监管力的现代化的典型标志之一。随着科学技术和人类的认知能力的不断提升，人类已经发展到“智慧力”阶段。随着以物联网及大数据为平台的数字化的智慧矿山发展，在煤矿安全生产治理问题上，人们已经逐步形成了安全监管智慧力。在未来，随着无人矿井的建成，安全监管智慧力将会发挥主导作用，在煤矿安全生产治理上将会更加省心省力。

此外，安全监管力组合中还包括文化力、领导力、情感力和认知力。这些力虽然在安全监管力组合中所占的权重不是很大，但对于发挥安全监管力的作用却也非常重要。因为，随着任何一种力的持续增长，最终都可能导致这种力的边际作用效果的下降。因此，安全监管力的现代化过程中，需要对既有的安全监管力组合不断优化，提升每一种力的边际作用效果。例如，当前国有煤矿企业的生产设备现代化程度已经非常高了，该有的先进设备都有了，不可能在短时间内更新淘汰，以至于科技力的边际作用效果会逐渐下降。在这种背景下，安全监管主体在实践中要充分挖掘制度力、文化力、领导力、情感力和认知力的边际作用效果，进一步完善现有的生产安全标准，构建和完善安全监管制度体系，对监管对象动之以情（情感力），晓之以理（认知力），充分挖掘每一种安全监管力的边际效应，从而达到优化安全监管力组合的作用效果。

（三）推动了煤矿安全生产治理体系及治理能力的现代化

人类文明的进步主要是靠力的现代化的推动作用而实现的。按照同样的逻辑，安全监管力现代化推动了煤矿安全生产治理体系及治理能力的现代化。人类文明发展中的力的现代化的最终目的不仅是要让人类在解决问题时有力，更是要做到省力，能够科学和智慧地用力，而不是使用蛮力。同样，中国煤矿生产安全治理能力的现代化不仅仅是要让治理的主体拥有强大的治理力，而是要在治理的实践中做到省心省力，能够智慧和科学地使用煤矿安全监管力。总体上来说，中国煤矿生产安全治理现代化也经历了从无心无力到省心省力的发展阶段。因此，我们认为推动煤矿生产安全治理体系及治理能力的现代化应该首先从力的作用机制的现代化上入手。

在中国，安全监管力的现代化是推动中国煤矿安全生产治理能力的现代化的主力。总体上来说，中国煤矿安全监管力的现代化主要表现在以下几个方面：科技力的现代化、政治政策力的现代化、制度力的现代化、安全管理力的现代化。也就是说中国的煤矿安全监管力的现代化是思想力的现代化、科技力的现代化、政治政策力的现代化、制度力的现代化、智慧力的现代化等多种力的现代化的不同组合的结果。

当前，在中国煤矿生产安全治理能力的现代化进程中，科技力的现代化已经基本实现，其边际作用效果已经开始下降。制度力和管理力的发展有些滞后，还有很大的潜力等待发掘。思想力、政治政策力、制度力的现代化仍然在持续跟进，并且政治政策力的边际作用效果开始明显放大，而智慧力的现代化正在积极推进中。目前，国内从事安全监管研究的学者在积极尝试建立本土化的安全监管理论。安全监管力理论就是在此背景下提出的针对中国煤矿安全监管实践的问题的新安全监管知识体系，并吸收了安全监管主体在实践中形成的最先进的安全监管思想。因此，安全监管力的思想来源于中国监管主体的监管实践，针对的是中国安全监管实践中存在的问题，安全监管力的理论体系以中国的安全问题以及其所嵌入的中国背景为支撑，在效力上力争做到本土化、理论化和实用化。在未来，中国煤矿生产安全治理体系及治理能力的实现现代化的一大标志就是智慧力的现代化。而全面实现中国煤矿生产安全治理体系及治理能力的实现现代化则首先要全面实现安全监管力的现代化。

三、提升煤矿安全监管力的举措

（一）优化安全监管力组合，聚焦煤矿安全监管力

中国特色的社会主义制度决定了煤矿安全监管的多元主体性，这是中国的政治制度优势，我们要把这种制度优势通过安全监管力的作用机制充分体现出来。但在安全监管实践中，安全监管的多元主体性则意味着多元主体的安全监管力存在多种多样的组合，又加之安全监管力的多维性，常常会导致安全监管力不聚焦问题，不同的监管主体都在发力，但用力的方向发散了或者相互抵消了，不仅不起作用，甚至可能起到反作用，造成监管主体之间的矛盾。因此，安全监管力在思想和理论逻辑上非常简单直观，但在科学用力问题上则需要一定技巧，需要以一定的安全监管实践经验积累作为支持，即安全监管力理论同样离不开实践，是一种基于构建主义视角的理论体系，需要在实践中进行验证和完善。

另外，安全监管力还具有时间维度。在煤矿安全问题集中爆发阶段，安全监管主体需要在同一时间进行发力，这就涉及安全监管力的同步和协调问题。在同一个时间点，将几种不同的安全监管力同步和协调起来，从而产生正向叠加效应，才能发挥出安全监管力的作用。在过去很长一段时间内，几种安全监管力的作用没有齐头并进，在大多数时间内只是推动了科技力和政治政策力的现代化发展。而制度力的现代化发展则有些滞后。当前，中央政府再提推进国家治理

体系和治理能力现代化，从某种意义上来看就是要推动制度力的现代化，要把中国治理模式的优势充分发挥出来，并随着“一带一路”推向世界，充分展现中国治理模式的制度力。

在煤矿生产安全治理的现代化实践中，中国制度力的优势主要体现在能够集中力量办大事，能把中央的指示、政府政策快速高效地执行到实践中去，通过关停并转，减少煤矿的数量，减少煤矿井下工作的人数，这是当前中国煤矿重特大事故持续下降的关键力量。另外，中国治理模式能够充分发挥思想力的统领作用、政治政策力的引导作用。虽然煤矿安全监管力有很多种，监管主体多元，安全监管力又具有多维属性，但在思想力的统领下、政治政策力的引导下，实现煤矿安全监管力高效聚焦，充分彰显了中国煤矿安全生产的治理模式优势。随着煤矿安全生产治理能力现代化进程的不断推进，研究者需要不断研究不同类型安全监管力在推动安全监管力组合的聚集作用中扮演的不同角色，充分挖掘每一种力在推动安全监管力组合聚焦过程中边际效应。随着人工智能、大数据处理技术的不断发展，智慧力在推动安全监管力组合聚焦过程中的作用越来越大。当前在推动煤矿生产安全治理能力现代化进程中，要充分发挥智慧力的作用。学会在安全监管实践中运用智慧力是新时代有中国特色的煤矿生产安全治理能力现代化的一个重要的标志。

因此，在中国的安全治理体系及治理能力的现代化过程中，我们应该进一步加大对安全监管力理论的研究，运用大数据分析和处理技术，对安全监管力组合进行优化，找到煤矿安全监管力的最优发力区间，从而显著提升新时代背景下的煤矿安全治理效能。

（二）研究安全监管力的作用机制，提升煤矿安全监管力的作用效果

科学理论是科学技术的基础，英国在进行工业革命之前，基础科学理论已经经历了近 100 年的发展。理论体系的现代化是建立有中国特色的煤矿生产安全治理能力现代化的基础。要不断提升中国煤矿安全生产治理理论产出，并不断提升相关理论的效度，彰显出推动煤矿安全生产治理能力现代化的中国制度优势。中国煤矿安全监管力的现代化同样离不开对安全监管力理论的现代化研究。煤矿安全生产治理能力现代化的一个关键点就是要不断提升安全监管力的作用效果。而要提升煤矿安全监管力的作用效果，则需要掌握安全监管力的作用机制。

按照复杂性匹配理论，煤矿安全监管问题的复杂性和多样性也需要煤矿安全监管方法具有相应的复杂性和多样性。丰富的安全监管力组合及复杂的安全监管力作用机制为监管主体设计安全监管举措提供了便利，可以恰到好处地适应煤矿安全监管问题的复杂性和多样性。例如，如果我们在安全监管力的组合中只考虑领导的情感力和领导力这两个维度的话，那么安全监管力在作用于监管对象的时候就可能出现以下四种作用效果。

（1）当情感力和领导力都是高水平时，这种安全监管力组合作用于监管对象时，后者会对前者产生崇拜感，因为监管主体不仅有很高领导力而且对待监管对象还非常的热诚、关怀，监管对象就会不折不扣地执行监管主体提出的监管措施，这会使得安全监管力的作用产生非常好的效果。

（2）当情感力和领导力都是低水平时，这种安全监管力组合作用于监管对象时，后者会对前者产生蔑视感。因为监管主体既没有什么领导力而且对待监管对象还非常粗鲁、严厉、颐指气使，监管对象对监管主体提出的监管措施会阳奉阴违。在这种情形下，安全监管力的作用就不会产生什么效果。

（3）当情感力低但领导力很高时，这种安全监管力组合作用于监管对象时，后者会前者产生惧怕感，因为监管主体具有很强的领导力但对待监管对象很粗鲁、严厉、颐指气使，监管对象对监管主体提出的监管措施因为惧怕监管主体的领导力而不得不被动执行。在这种情形下，安全监管力的作用效果非常明显，但会让监管对象怨声载道，以至于监管对象总是会寻找机会来躲避监管。

（4）当情感力高但领导力很低时，这种安全监管力组合作用于监管对象时，后者会对前者产生亲切感。因为监管主体虽然没有什么领导力但对待监管对象很和善，监管对象对是否执行监管主体提出的监管措施没有任何心理负担，想执行就执行，不想执行也不会遭到什么惩罚。在这种情形下，安全监管力可能会产生一些效果，这完全取决于监管对象的自觉。

由此可见，研究力的作用机制是提升煤矿安全监管力作用效果的理论基础。在未来的研究中，我们要不断推动对不同安全监管力维度下的不同类型的安全监管力组合的作用机制研究，发现推动中国煤矿生产安全治理能力现代化的最佳路径。

（三）加强煤矿安全监管力的实践，掌握煤矿安全监管力的规律

（1）在实践中注重观察安全监管力维度变化影响安全监管力作用效果的规

律，为研究安全监管力的作用机制提供实践依据。安全监管力存在于煤矿安全生产治理体系，是推动煤矿安全生产治理体系及治理能力现代化的一股重要力量。如果监管主体之间、监管主体与监管对象不同心协力，大家的思想力和认知力不一致，安全监管力的作用效果就很难发挥出来。从构建主义的视角来看，我们只有通过对煤矿安全监管力进行不断实践，才可以掌握其作用规律。

（2）在实践中不断尝试提升安全监管力的举措，验证安全监管力的作用效果，为研究安全监管力理论提供实践依据。从安全监管力组合的属性来看，提升煤矿安全监管力主要包含两个方面：一是优化安全监管力的组合，提升监管力的强度，让监管主体真正具有了安全监管力；二是要提升安全监管力的作用效果，让安全监管主体掌握如何使用安全监管力。提升安全监管力的作用效果主要目的就是让监管主体不要有力无处使、白费力或者无力可使。在主观上和客观上，监管主体和监管对象的认知力本身就存在差异，他们对于国家的政策、法规的理解力和认知力也不一样，常常会出现上有政策，下有对策。监管对象追求生产效益、职位晋升而瞒报煤矿生产中的问题，而这些问题的共存则会导致力不同向或同向不聚焦，以至于监管方和被监管方的力不往一处使，最终影响煤矿安全监管力的作用效果。另外，中国有大量的安全监管实践，这有助于安全监管力通过实践来跟踪和评价其效果，有助于我们逐步掌握安全监管力与安全监管力作用效果之间存在的规律。

（3）在实践中不断观察观察事故效应的安全公共产品的产出规律，为研究安全监管力推动的安全公共产品产出的理论提供实践依据。事故效应具有外部性。中国发生了大量的煤矿事故，中国事故效应的公共产品产出不足，以至于大量的事故、大量的预防和治理事故的经验并没有形成广为流行和认同的公共产品。当前，教科书、主流刊物中的论文鲜有关于中国治理事故的关键案例或者经典案例。我们在国际上的主流刊物发表的有关安全、危机管理研究的论文中经常可以读到关于印度最大的工业事故（Bhopal toxic gas release）经验总结和理论产出，但几乎读不到中国的最大一次工业事故作为典型事故案例的论述（发生在中国的最大一起工业事故是 1960 年 5 月 9 日山西大同老白洞发生的矿难，共造成 682 人死亡。但这起事故直到 20 世纪 90 年代才披露，而被部分公众所熟知则是在互联网在中国得到普及之后的事情。2004 年，该起事故被立碑纪念）。总体上来看，中国的文化传统、政治导向对于事故非常忌讳，以至于关于事故的报道也是遮遮掩掩，这非常不利于公共产品的产出，很多重大事故都没有被制作成经典案例供后人学习和总结经验教训。

在中国的煤矿生产安全治理能力现代化进程中，我们要不断推动针对中国煤矿的典型事故案例的安全公共产品的实践，为研究安全监管力推动的安全公共产品的产出理论提供实践依据。

从力的视角来看，煤矿安全生产治理能力的现代化的前提条件之一就是要做到安全监管力的现代化。不仅安全监管力要强大，还要做到科学用力、合理用力。安全监管力既具有自然属性也具有社会属性，推动安全监管力的现代化不仅需要科学的理论依据，同时也需要具有艺术性的实践。推进煤矿安全生产治理能力的现代化从某种意义上来说就是推动煤矿安全监管力的现代化。这个过程以形成煤矿安全监管力为起点，并逐步通过现代化的制度、技术、管理及实践来推进煤矿安全监管力的现代化，创造出强大的安全监管力，从而可以应对煤矿安全监管过程中出现的任何问题，推动中国的煤矿安全治理持续向好发展，实现中国煤矿生产安全治理能力的现代化。安全监管力的现代化最终目的是有助于中央政府在煤矿安全生产治理上省力，地方政府及监管部门在煤矿安全生产治理上有力，而监管对象在安全监管力的作用下能够将自身的生产力充分释放出来并用对地方。最终，有中国特色的煤矿生产安全治理体系在煤矿安全监管力的推动下真正能够做到让中央政府放心、地方政府省心、被监管煤矿企业开心。

致　谢

本书是以国家矿山安全监察局的委托项目为基础写成的。在该书的写作过程中，作者多次深入煤矿安全监管现场进行调研，收集了大量高质量的第一手资料。作者亦多次赴国家矿山安全监察局进行沟通学习，听取项目委托方的建议，几经修改，终成其稿，这其中有项目组成员的辛勤付出，更与国家矿山安全监察局、各省市监管部门、相关省市的应急管理厅、应急管理局及地方政府职能部门在本研究执行过程中不断拔高要求，提出建设性、创新性及指导性的建议分不开。

项目组成员大多有采矿和煤矿地质知识背景，在过去大多从技术、管理的视角来认知中国煤矿的安全问题，很少从监管者角度思考中国煤矿生产安全形势所发生的巨变。因此，项目组接手该项目后，开展了大量的调研工作，深入煤矿安全监管实践，并开始从监管者的角度思考中国煤矿安全监管方式方法在推动中国煤矿安全形势发生剧变时所起到的关键作用，才真正认识到中国煤矿安全监管的系统性和复杂性。随着项目组对于中国煤矿安全监管的认知不断加深，中国煤矿安全监管践行者提出的“安全监管力”理论所蕴含的重要理论和实践价值被逐步理解，中国煤矿安全监管形势的持续向好发展是经济、技术、管理和监管等多种力的作用下的结果。

在本项目在执行的过程中，项目组成员跟随国家局、地方局以及地方政府的相关工作人员实地调研了黑龙江、河北、山西及陕西等典型矿区及煤矿安全监管的具体的做法，学习了国家局、地方局及地方监管部门不怕吃苦、勇于担当的精神，是他们用自己的卓越领导才能推动了中国煤矿安全监管能力的不断提升，造就了今天中国煤矿安全生产形势的最好局面。

项目组在执行本项目的研究过程中，得到了煤矿安全监察的国家局、地方局以及地方政府的相关工作人员的大力支持。他们用自身在煤矿安全监管实践中所积累的丰富实践经验和安全监管知识，对如何高效地开展项目的研究工作提出了极具指导性、建设性和智慧性的建议，在他们的帮助下本项目才得以顺利开展，对此项目组深表感谢！

虽然本项目在煤矿安全监管方式方法上的研究已经告一段落，但国家局要求项目组总结安全监管理论，破解中国煤矿安全监管理论性不足的难题还没有完成，还大有文章可做。在随后的研究中，项目组将对以安全监管力理论为基础的煤矿安全监管理论进行进一步理论创新，并在方法的实用性和可用性上下功夫，同时要大力推动本项目研究成果的落地，力争让本项目的研究成果在煤矿安全监管实践中做到能用和管用。